新编高等职业教育电子信息、机电类规划教材·应用电子技术专业

# 数字电子技术

## （第3版）

徐丽香　主　编

黎旺星　副主编

电子工业出版社

**Publishing House of Electronics Industry**

北京·BEIJING

## 内 容 简 介

教材采用看、想、学、做的一体化教学模式，贯穿以应用为目的，以必需、够用为度的高职教学原则，通过典型产品引入课程内容，以启发性课程实验和课程设计为主导，把理论教学和实践教学有机地结合在一起，传授数字电子技术的知识，培训电子电路设计和制作的基本技能。

本教材内容包括：数字电路基础知识、逻辑门电路、组合逻辑电路、集成触发器、时序逻辑电路、脉冲波形的产生和变换、数/模、模/数转换、存储器、可编程逻辑器件、数字电子技术课程设计。

本书可作为高等职业技术学院理工科各专业学生的理论和实践教学的教材，也可作为教师的教学参考书，还可供有关工程技术人员自学。

**图书在版编目（CIP）数据**

数字电子技术／徐丽香主编．—3 版．—北京：电子工业出版社，2016.10
ISBN 978-7-121-29801-1

Ⅰ．①数… Ⅱ．①徐… Ⅲ．①数字电路－电子技术－高等学校－教材 Ⅳ．①TN79

中国版本图书馆 CIP 数据核字（2016）第 202742 号

策　　划：陈晓明
责任编辑：郭乃明　　　特约编辑：范　丽
印　　刷：北京捷迅佳彩印刷有限公司
装　　订：北京捷迅佳彩印刷有限公司
出版发行：电子工业出版社
　　　　　北京市海淀区万寿路 173 信箱　邮编　100036
开　　本：787×1 092　1/16　印张：14.75　字数：378 千字
版　　次：2006 年 9 月第 1 版
　　　　　2016 年 10 月第 3 版
印　　次：2022 年 1 月第 8 次印刷
定　　价：35.00 元

凡所购买电子工业出版社图书有缺损问题，请向购买书店调换。若书店售缺，请与本社发行部联系，联系及邮购电话：(010) 88254888，88258888。

质量投诉请发邮件至 zlts@phei.com.cn，盗版侵权举报请发邮件至 dbqq@phei.com.cn。

本书咨询联系方式：010-88254561。

# 前　言

数字电子技术是一门应用性很强的专业基础课，主要任务是在传授有关数字电子技术基本知识的基础上，培训分析和设计数字电路的能力。本教材根据初学者的学习规律，在内容的编写上力求通俗易懂，在内容的处理上符合高职教学"以应用为目的，以必需、够用为度"的原则，并体现以下特色。

## 1. 理论和实践的密切结合

教材内容由理论知识和实训内容构成。主体教学过程是：看、想、学、做。通过前述部分、多媒体课件在讲授内容前演示某些功能电路的工作过程，让读者通过观察，掌握器件的功能，快速入门，然后通过教学，并结合在实训内容中运用器件实现电路，把实践和理论有机地融合在一起。单元内容后面的想一想给读者进一步的启迪。

本教材内容的编写打破读者一定要懂得内部结构才能运用器件的传统思想。采用了编者多年来在教学实践中运用并行之有效的、既淡化不实用又难学的器件内部结构知识又突出器件实际应用知识的教学模式，重点传授从器件资料如符号、功能表等来掌握应用器件的方法，并结合采用常用芯片构成的典型电路的实例分析来强化学生的知识，培养学生举一反三的能力。

教师选用这本教材可完成数字电子技术课程整体教学过程，无须另行准备实训内容。本教材的实训项目有一定的挑战性，在提供给读者足够启发的基础上，由读者自行确定最终的实验电路，在参与制作的过程中激发读者学习的兴趣和潜能，培训他们的创新能力。

本书最后一章课程设计的课题可以由读者利用实习课的时间或课余时间完成，教师也可以在教学过程中作为设计的例子进行分析。这部分内容可帮助读者进一步明确各电路的功能并学习综合运用能力。

## 2. 实用的工程理念贯穿其中

本教材强调基本概念、突出实用的应用技术。本教材选用的实例是截取于典型电子产品整机电路中的部分电路，学生学习后可方便地把所学知识和实际应用紧密地结合在一起。

实用的工程理念始终贯穿在整个内容处理过程中。教材通过单元电路的实训项目，以及对总内容整合的课程设计，把资料查阅、电路整合、安装调试、报告编写等电子工程设计和制作的方法传授给读者，培养其再学习的能力，在基础课程中逐步培养完成项目和构筑工程的能力。

## 3. 完整的多媒体教学配套课件有助于教师的授课和学生的自学

本教材配套制作了完整的多媒体教学课件。内容包括课程的教学大纲，每一章节具体的教学安排，CAI教案，实训的设计方案，试题库和教学自测，以及主要功能电路的仿真等等。这些教学资料和教材的内容紧密结合，可方便教师的教和学生的学。

配套教学资料可以在网址：http://www.gdmec.cn/jingpin/shuzidianzi/main.htm 的网站上获得，也可通过电子邮箱 lixiangxu2004@163.com 与编者联系。

本书共 10 章，第 1 章至第 6 章由徐丽香编写，第 7 章到第 10 章由黎旺星编写，由徐丽香对全书进行了统稿。

由于编者水平有限，书中的错误和缺点在所难免，热忱欢迎使用者对本书提出批评与建议。

编　者

2016 年 4 月

# 目　　录

# 第1章 数字电路基础知识

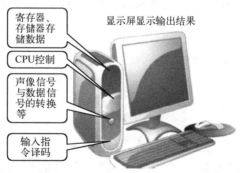

近年来，数字化已成为当今电子技术的发展潮流。数字手机取代模拟手机；高清晰数字电视已经在国内多个城市开播，模拟制式电视逐渐退出舞台；数字控制系统使工业发展进入一个新的里程；数字视听设备如 CD、DVD、MP3 等带给我们美的享受；数码相机和数码录像机帮你留住人生美妙的回忆；基于数字电子技术的计算机和 Internet 技术使世界成为一个大家庭。采用数字电子技术的还有身边的一些小型电子产品如数字钟、数字电子秤、数字化仪器仪表等等。如图 1.1 所示的计算机更是数字电子技术应用的典型例子。数字电路是数字电子技术的核心，是计算机和数字通信的基础。现在，让我们一起探索数字电子技术的奥秘吧。

通过本章学习，你可以知道：

(1) 二进制数及其在电路上的形式。

(2) 用二进制数表示其他数值和字符的方法。

(3) 研究二进制数关系是逻辑代数。

(4) 常用的逻辑代数关系是与、或、非。

(5) 逻辑关系的多种表示形式。

寄存器、存储器存储数据

显示屏显示输出结果

CPU控制

声像信号与数据信号的转换等

输入指令译码

键盘和鼠标为输入电路，内含编码电路，把每一个键或鼠标移动编制成不同的二进制码代表不同的控制指令

图1.1 计算机是数字电子技术应用的典型例子

## 1.1 数字信号和数字电路

### 1. 模拟信号与数字信号

模拟信号：在时间和幅度上都是连续的信号。

数字信号：在时间和幅度上都是离散的信号。

我们通常处理的电信号是模拟信号，如音乐、电视信号等，其信号形式是连续的，如图1.2（a）所示。这种信号在电路中难以不失真地存储、处理、分析和传输。把模拟信号通过一定的变换，可以变成在时间和数值上都不连续的（即称为离散）信号，即它们的变化在时间上是不连续的，一段时间只有一种取值，而且其取值的大小和增减变化都采用数字的形式，这一类信号称为数字信号，如图1.2（b）所示。数字信号由于在时间上是离散的，所以非常容易进行不失真的存储、处理、分析和传输。

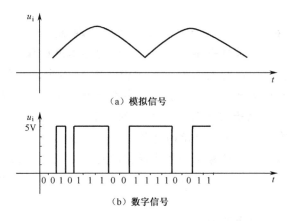

图 1.2　模拟信号与数字信号

数字信号在电路中只分辨两种状态：高电平和低电平。它们对应于数值"1"和"0"。通常用高电平表示"1"，低电平表示"0"。特别注意，这时的数字符号"0"和"1"并不是通常在十进制中表述的数字"0"、"1"，而只是一种符号，可以表示逻辑0和逻辑1，也可以表示事物彼此相关又互相对立的两种状态，如是与非、真与假、开与关、高与低等。

想一想：数字信号的"1"和"0"有没有大小之分，能否用"0"表示高电平，"1"表示低电平。

**2. 数字电路**

数字电路：工作于数字信号下的电路称为数字电路。

在电路中，并不可能出现数字"0"和"1"，而只能通过电压或电流的变化来代表"0"和"1"的信息。

数字电路通常是通过不同的电压值（通常又称为逻辑电平，Logic level）来代表和传输"0"和"1"这样的数字信息。通过示波器观察可以看到这些电压的波形是不断跳动的，通常称为数字波形。当波形仅有两个离散数值时，通常又称为脉冲波形。图1.2（b）所示是数字波形。图1.2（b）中用0V表示逻辑0，用5V表示逻辑1。图1.2（b）表示16位数据的波形。当然，如果把每一位信号所占用的脉冲宽度减小一半，也可以认为图1.2（b）表示32位数据的波形。所以在数字电路中，每一位数字信号所占的时间也是非常重要的，每一位数据信号所用的时间越长，数字电路信号传送的速度越慢。在数字电路中，通常是通过时钟脉冲作为数字系统中的时间参考信号，利用时钟脉冲的宽度来决定每一位数字信号的波形长度。图 1.3 所示即是时钟脉冲与读取信号时位数的对应关系。此时，假设每一个时钟周期对应读取一位数据。在数据存取过程中，为保证数据不出错，记录和读取信号应采用频率相同的时钟脉冲。

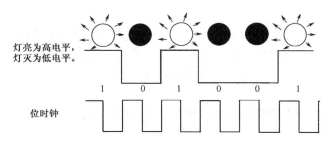

图 1.3　时钟脉冲与读取信号时位数的对应关系

**例 1.1**　某通信系统连续不间断地传送数据，每秒钟可传输 10000 位的数据，求每位数据的时间。

**解**：按题意，每位数据的时间为：

$$\frac{1}{10000} = 1 \times 10^{-4}(\text{s}) = 100\,\mu\text{s}$$

**想一想**：既然每位数据所占的时间是固定的，为什么在登录 Internet 网时，会有网速即单位时间内得到的数据量不同的情况出现？

知识拓展：在数字通信中，所传输出的数据通常不是直接用高电平表示 1 或者低电平表示 0 的，因为这样传送容易受噪声干扰误传。把 0、1 通过过调制，然后用不同形状的波形或数据的跳变沿来表示信号，如图 1.4 所示，就是用不同形状的信号分别表示 1 和 0，在接收端再解调恢复原来的表示方法，这样可以提高信号传送的保真度。数字信号调制解调的方法可通过阅读数字通信技术的书籍进行了解。图 1.4 中基带信号表示原始二进制数码，ASK 是幅移键控，FSK 是频移键控，PSK 是相移键控，它们都是数字信号的频带传输方法。试分析图 1.4 说明这几种键控方式分别是什么来表示 0 和 1 的。

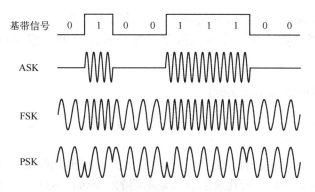

图 1.4　数字信号的频带传输

### 3. 数字电路优点

数字电路与模拟电路相比主要有下列优点：

（1）由于数字电路是以二值数字逻辑为基础的，只有"0"和"1"两个基本字符，只要处理两种电平：高电平与低电平，因此易于用电路来实现。这时电路中的二极管、三极管通常工作于导通、截止这两个对立的状态就可正常工作，解决了模拟电路的器件参数误差对电路的影响。

（2）高电平与低电平允许有一定的范围，因此数字电路的抗干扰能力较强。由数字电路组成的数字系统通过整形可以很方便地去除叠加于传输信号上的噪声与干扰；利用数字信号是离散的特点还可以加入检错、纠错信号减少传输引起的错误；加入控制和工作状态信号可以方便信号的处理。

（3）数字电路不仅能完成数值运算，而且能进行逻辑判断和运算，这在控制系统中是不可缺少的。

（4）数字信息便于长期保存，凡是可以区分两种状态的物体就可以记录数字信号，比如可将数字信息存入磁盘、光盘等长期保存。

数字电路由于其具有使用方便、可靠性好、精度高等特点，应用范围越来越广泛。如：电视、光盘机、数字仪器、数字通信、数控装置、雷达和电子计算机等，了解数字电路的功能和应用，以便合理选择、正确运用器件和设备。

 想一想：数字光盘和磁盘是通过什么方式来保存二进制数据的？

## 1.2 数制和编码

人们在日常生活中，习惯于用十进制数。在数字系统，例如数字计算机中，则只有二进制数。二进制数与我们常用的十进制数一样，可表示数值大小和符号。人们为了方便输入二进制数据，通常还使用十六进制数。

### 1.2.1 数制

数制：计数进位的简称。

当人们用数字量表示一个物理量的多少时，只用一个数字量在绝大多数情况下是不够的，因此必须采用多位数字量。而多位数字量按某种进位方式实现计数，这就是进位计数制。

#### 1. 十进制数（Decimal Number）

十进制数：采用0，1，2，3，…，9十个不同的数码来表示数。十进制数的基数是10，进位规律是"逢10进1"。

十个数码本来只能表示数值"0~9"十种取值，若超出此范围，可以通过多位数来表示。各数码处在不同数位时，所代表的数值是不同的。例如，331里有两个3数码，但是各自表示的数值是不同：高位的"3"表示300，低位的"3"表示30。

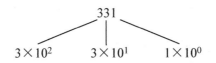

$$3 \times 10^2 \qquad 3 \times 10^1 \qquad 1 \times 10^0$$

其中，$10^2$，$10^1$，$10^0$称为十进制各数位的权。

任何数值都可以用十进制数表示。如$a_{n-1}a_{n-2}\cdots a_1a_0. a_{-1}a_{-2}\cdots a_{-m}$中，每一位都是十进制数的数码其中的一个数码，这样可以表示的值$N$的大小为：

$$[N]_{10} = a_{n-1}\times 10^{n-1} + a_{n-2}\times 10^{n-2} + \cdots + a_1\times 10^1 + a_0\times 10^0 + a_{-1}\times 10^{-1}$$
$$+ a_{-2}\times 10^{-2} + \cdots + a_{-m}\times 10^{-m}$$
$$= \sum_{i=-m}^{n-1} a_i\times 10^i$$

式中，$i$表示位数，以小数点为分界，向左位数依次为0，1，2，$\cdots$，$n-1$；向右位数依次为$-1$，$-2$，$\cdots$，$-m$。这样第$i$位数表示量的权值为$10^i$，即$a_i$实际所表示数值的大小为$a_i\times 10^i$，习惯上称为这一位的加权系数。

十进制数的下标可以用10或D（Decimal的缩写）表示，也可省略下标，标注时还可直接把英文缩写写在数值后面。

### 2. 二进制数（Bibary Number）

二进制数：用两个数码"0"和"1"表示数。进位规律是"逢2进1"，即加法运算规则为"1 + 1 = 10"。

特别注意这里"1 + 1"在十进制数中等于"2"，但二进制数中没有"2"这个字符，按二进制定义进制规则"逢2进1"，因此可以用"1"放在高一位来表示，即用"10"表示。

任何十进制数可表示的数据，二进制数也可以表示。如$a_{n-1}a_{n-2}\cdots a_1a_0. a_{-1}a_{-2}\cdots a_{-m}$中，每一位都是二进制数的数码"0"或"1"中的其中一个数码，这样可以表示的值$N$的大小为：

$$[N]_2 = a_{n-1}\times 2^{n-1} + a_{n-2}\times 2^{n-2} + \cdots + a_1\times 2^1 + a_0\times 2^0 + a_{-1}\times 2^{-1}$$
$$+ a_{-2}\times 2^{-2} + \cdots + a_{-m}\times 2^{-m}$$
$$= \sum_{i=-m}^{n-1} a_i\times 2^i$$

式中，$i$表示位数，以小数点为分界，向左位数依次为0，1，2，$\cdots n-1$；向右位数依次为$-1$，$-2$，$\cdots$，$-m$。这样第$i$位数表示量的权值为$2^i$，即$a_i$实际所表示数值的大小为$a_i\times 2^i$。

这种按权展开的方法，可以方便地把二进制数转换为十进制数制。如：

$[1101.01]_2 = 1\times 2^3 + 1\times 2^2 + 0\times 2^1 + 1\times 2^0 + 0\times 2^{-1} + 1\times 2^{-2} = 8 + 4 + 1 + 0.25 = [13.25]_{10}$

二进制数的下标通常用2或者用B（Binary的缩写）表示。可见，数码1在不同位置所表示的意义不同。示例见表1.1。

表1.1　部分不同位置的1数值所对应的十进制数

| 1所在位置的$i$值 | $\cdots$ | 5 | 4 | 3 | 2 | 1 | 0 | 小数点 | $-1$ | $-2$ | $\cdots$ |
|---|---|---|---|---|---|---|---|---|---|---|---|
| 权值 | | $2^5$ | $2^4$ | $2^3$ | $2^2$ | $2^1$ | $2^0$ | | $2^{-1}$ | $2^{-2}$ | |
| 所表示十进制数 | $\cdots$ | 32 | 16 | 8 | 4 | 2 | 1 | | 0.5 | 0.25 | $\cdots$ |

如：$[1101.01]_2$对照表1.1，根据$[1101.01]_2$中4个1所在的位置权值直接相加得$[1101.01]_2 = 8 + 4 + 1 + 0.25 = [13.25]_{10}$。

### 3. 十六进制数（Hexdecimal Number）

十六进制：用 0，1，2，…，9，A，B，C，D，E，F 十六个数码表示数。十六进制基数是 16，进位规律是"逢 16 进 1"。

用二进制表示数时，数码串很多，为书写和阅读方便，常用十六进制显示输入的二进制数，10 位十六进制数对应可表示 4 位二进制数。

十六进制每个数位的权是 16 的幂。十六进制的下标可用 16 或 H（Hex 的缩写）表示。如 $[a_{n-1}a_{n-2}\cdots a_1 a_0. a_{-1} a_{-2} \cdots a_{-m}]_{16}$ 中，每一位都是十六进制的数码"0，1，…，9，A，B，…，F"中的其中一个数码，这样可以表示的值 $N$ 的大小为：

$$[N]_{16} = a_{n-1} \times 16^{n-1} + a_{n-2} \times 16^{n-2} + \cdots + a_1 \times 16^1 + a_0 \times 16^0 + a_{-1} \times 16^{-1}$$

$$+ a_{-2} \times 16^{-2} + \cdots + a_{-m} \times 16^{-m}$$

$$= \sum_{i=-m}^{n-1} a_i \times 16^i$$

在程序设计、指令书写、数据地址分配中十六进制用得非常广泛。在计算机应用中，通常一个数字或英文字母需要用 8 位二进制数表示，而一个汉字需要 16 位二进制数表示，这时若用十六进制表示则分别需要 2 位和 4 位。

## 1.2.2 不同进制之间的相互转换

人们通常习惯采用十进制数进行计数和表示一些物理量的大小，而微型计算机或其他数字电路内部只有二进制数。此时，往往需要两者之间进行转换。下面介绍两种数制之间的转换方法。

### 1. 二进制数转换为十进制数

二进制数转换成十进制数，简记为"按权展开，相加即可"。

**例 1.2** 将二进制数 $[101.1]_2$ 转换成十进制数。

**解：**

$$[101.1]_2 = 1 \times 2^2 + 0 \times 2^1 + 1 \times 2^0 + 1 \times 2^{-1} = 4 + 0 + 1 + 0.5 = [5.5]_{10}$$

### 2. 十进制数转换为二进制数

十进制整数转换成二进制整数采用"除 2 取余，逆序排列"法。
十进制小数转换成二进制小数采用"乘 2 取整，顺序排列"法。
因整数部分和小数部分的转换方法不同，所以要分开转换。

**例 1.3** 将十进制数 $[67]_{10}$ 转换成二进制数。

**解：**

| 2 | 67 | 1 | 低位 |
|---|----|---|------|
| 2 | 33 | 1 | |
| 2 | 16 | 0 | |
| 2 | 8 | 0 | |
| 2 | 4 | 0 | |
| 2 | 2 | 0 | |
| 2 | 1 | 1 | 高位 |
|   | 0 |   | |

从例1.3中看出，"除2取余"，就是不断用2去整除十进制数直到商为0；"逆序排列"就是把得到的余数从最低位起逆序排列，即可得到相应的二进制数。所以，

$$[67]_{10} = [1000011]_2$$

**例1.4** 将 $[0.782]_{10}$ 转换成二进制数。

**解：**

$$0.782 \times 2 = 1.564 \quad 取整 = 1 \qquad 高位$$
$$0.564 \times 2 = 1.128 \quad 取整 = 1$$
$$0.128 \times 2 = 0.256 \quad 取整 = 0$$
$$0.256 \times 2 = 0.512 \quad 取整 = 0 \qquad 低位$$

如果需要，还可以继续乘下去。位数越多越精确，若只要4位小数，则

$$[0.782]_{10} \approx [0.1100]_2$$

显然，十进制数转换成二进制数表示以后可能存在误差。

**例1.5** 将 $[67.7822]_{10}$ 转换成二进制数。

**解：** 显然把 $[67]_{10}$ 和 $[0.782]_{10}$ 分别转换后合成可得转换结果为：

$$[67.782]_{10} = [1000011.1100]_2$$

十进制数转换成其他任意进制数都可用基数乘除法。即如十进制数转换成十六进制数，则整数部分"除2取余，逆序排列"改成"除16取余，逆序排列"即可，小数部分"乘2取整，顺序排列"改成"乘16取整，顺序排列"。其余类推。

**3. 二进制数与十六进制数之间的转换**

二进制数转换为十六进制数的方法为：以小数点为分界，4位一组，不足4位时整数部分高位补零，小数部分低位补零。

十六进制数转换为二进制数的方法：每1位十六进制数用4位二进制数表示。

**例1.6** 把 $[10010.00111]_B$ 转换成十六进制数，把 $[3F.25]_H$ 转换成二进制数。

**解：**

$$[10010.00111]_B = [0001\ 0010.\ 0011\ 1000]_B = [12.38]_H$$
$$[3F.25]_H = [0011\ 1111.0010\ 0101]_B = [11\ 1111.0010\ 0101]_B$$

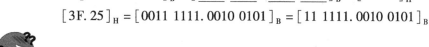 想一想：数学中的所有十进制数是否都可以用二进制数精确表示？

### 1.2.3 编码

编码：用一种代码表示其他事物的方法称为编码。

在数字系统中，只有二进制数。若要处理或存储符号，则只能把十进制的数码、不同文字的符号等其他信息用二进制数码来表示才能进行处理。建立这种二进制数与其他信息符号一一对应的关系称为编码，这时的二进制数就是一种代码。

由于 $n$ 位二进制数的取值组合为 $2^n$，所以，若所需编码的信息符号有 $M$ 项，则需用的二进制数码的位数 $n$ 应满足如下关系：

$$2^n \geq M$$

### 1. 二－十进制码（BCD 码）

二－十进制编码（Binary Coded Decimal，简称 BCD 码）：用 4 位二进制数码表示 1 位十进制数码的计数方法。

这些二进制数码的含义是按人们预先约定而赋予。十进制数 0～9 有十种数码。为区分每一个数码，至少采用 4 位二进制数码来对应表示 1 位十进制数码。4 位二进制数码共有十六种不同组合，用它来对 0～9 十个二进制数编码，只需十种组合，因而按不同的约定可以产生不同类型的 BCD 码。

### 2. 几种常见的 BCD 代码

常见的 BCD 码规定见表 1.2 所示。

**表 1.2　常见的 BCD 码**

| 十进制数 | 8421 码 | 2421（A）码 | 2421（B）码 | 5421 码 | 余 3 码 |
|---|---|---|---|---|---|
| 0 | 0000 | 0000 | 0000 | 0000 | 0011 |
| 1 | 0001 | 0001 | 0001 | 0001 | 0100 |
| 2 | 0010 | 0010 | 0010 | 0010 | 0101 |
| 3 | 0011 | 0011 | 0011 | 0011 | 0110 |
| 4 | 0100 | 0100 | 1010 | 0100 | 0111 |
| 5 | 0101 | 0101 | 1011 | 1000 | 1000 |
| 6 | 0110 | 0110 | 1100 | 1001 | 1001 |
| 7 | 0111 | 0111 | 1101 | 1010 | 1010 |
| 8 | 1000 | 1110 | 1110 | 1011 | 1011 |
| 9 | 1001 | 1111 | 1111 | 1100 | 1100 |
| 权 | 8421 | 2421 | 2421 | 5421 | 无权 |

表 1.2 中虽然是规定，但有一定规律，如 8421 码、2421 码、5421 码每一组代码中的每一位的权是固定不变的，其加权系数之和就是所表示的十进制数码；余 3 码是在 8421 码的基础上加 3 后得到的。8421 码是简单而常用的一种二－十进制编码。

**例 1.7**　（1）把 $[10001001]_{8421BCD}$ 码转换成十进制数。

　　　　　（2）把 $[38]_{10}$ 转换成 8421BCD 码。

**解：**

（1）$[\underline{1000}\ \underline{1001}]_{8421BCD} = [89]_{10}$

（2）$[38]_{10} = [\underline{0011}\ \underline{1000}]_{8421BCD}$

注：在二进制下 4 位加一横线表示 4 位二进制数对应 1 位十进制数。8421BCD 码中不可能出现 1010～1111 六种编码。

想一想：十进制数转换成 8421BCD 码的结果和用二进制数表示的结果是否相同。

### 3. 格雷码

格雷码：两个相邻代码之间仅有一位数码不同。

格雷码又称为反射循环码。格雷码可以有多种形式，表 1.3 列出了其中一种 3 位格雷码的排列顺序。从表中可以看出，格雷码的特点是两个相邻代码之间仅有 1 位数码不同。代码之间没有大小之分。

表 1.3　格雷码的排列

| 顺　序 | 0 | 1 | 2 | 3 | 4 | 5 | 6 | 7 |
|---|---|---|---|---|---|---|---|---|
| 格雷码 | 000 | 001 | 011 | 010 | 110 | 111 | 101 | 100 |

### 4. 字符代码

在数字系统和计算机中，需要编码的信息除了数字外，还有字符和各种专用符号。用二进制代码表示符号的编码方式有多种，目前广泛采用的有 ASCII 码（American Standard Code for Information Interchange，美国标准信息交换码）、UNICODE 等等。ASCII 码的编码可以表示数字、英文符号及部分控制符，具体见表 1.4。

表 1.4　ASCII（美国信息交换标准编码）表

| 字符 | ASCII 代码 | | | 字符 | ASCII 代码 | | | 字符 | ASCII 代码 | | |
|---|---|---|---|---|---|---|---|---|---|---|---|
| | 二进制 | 十进制 | 十六进制 | | 二进制 | 十进制 | 十六进制 | | 二进制 | 十进制 | 十六进制 |
| 回车 | 0001101 | 13 | 0D | ? | 0111111 | 63 | 3F | a | 1100001 | 97 | 61 |
| Esc | 0011011 | 27 | 1B | @ | 1000000 | 64 | 40 | b | 1100010 | 98 | 62 |
| 空格 | 0100000 | 32 | 20 | A | 1000001 | 65 | 41 | c | 1100011 | 99 | 63 |
| ! | 0100001 | 33 | 21 | B | 1000010 | 66 | 42 | d | 1100100 | 100 | 64 |
| " | 0100010 | 34 | 22 | C | 1000011 | 67 | 43 | e | 1100101 | 101 | 65 |
| # | 0100011 | 35 | 23 | D | 1000100 | 68 | 44 | f | 1100110 | 102 | 66 |
| $ | 0100100 | 36 | 24 | E | 1000101 | 69 | 45 | g | 1100111 | 103 | 67 |
| % | 0100101 | 37 | 25 | F | 1000110 | 70 | 46 | h | 1101000 | 104 | 68 |
| & | 0100110 | 38 | 26 | G | 1000111 | 71 | 47 | i | 1101001 | 105 | 69 |
| , | 0100111 | 39 | 27 | H | 1001000 | 72 | 48 | j | 1101010 | 106 | 6A |
| ( | 0101000 | 40 | 28 | I | 1001001 | 73 | 49 | k | 1101011 | 107 | 6B |
| ) | 0101001 | 41 | 29 | J | 1001010 | 74 | 4A | l | 1101100 | 108 | 6C |
| * | 0101010 | 42 | 2A | K | 1001011 | 75 | 4B | m | 1101101 | 109 | 6D |
| + | 0101011 | 43 | 2B | L | 1001100 | 76 | 4C | n | 1101110 | 110 | 6E |
| , | 0101100 | 44 | 2C | M | 1001101 | 77 | 4D | o | 1101111 | 111 | 6F |
| − | 0101101 | 45 | 2D | N | 1001110 | 78 | 4E | p | 1110000 | 112 | 70 |
| . | 0101110 | 46 | 2E | O | 1001111 | 79 | 4F | q | 1110001 | 113 | 71 |
| / | 0101111 | 47 | 2F | P | 1010000 | 80 | 50 | r | 1110010 | 114 | 72 |
| 0 | 0110000 | 48 | 30 | Q | 1010001 | 81 | 51 | s | 1110011 | 115 | 73 |
| 1 | 0110001 | 49 | 31 | R | 1010010 | 82 | 52 | t | 1110100 | 116 | 74 |
| 2 | 0110010 | 50 | 32 | S | 1010011 | 83 | 53 | u | 1110101 | 117 | 75 |
| 3 | 0110011 | 51 | 33 | T | 1010100 | 84 | 54 | v | 1110110 | 118 | 76 |
| 4 | 0110100 | 52 | 34 | U | 1010101 | 85 | 55 | w | 1110111 | 119 | 77 |
| 5 | 0110101 | 53 | 35 | V | 1010110 | 86 | 56 | x | 1111000 | 120 | 78 |
| 6 | 0110110 | 54 | 36 | W | 1010111 | 87 | 57 | y | 1111001 | 121 | 79 |
| 7 | 0110111 | 55 | 37 | X | 1011000 | 88 | 58 | z | 111010 | 122 | 7A |
| 8 | 0111000 | 56 | 38 | Y | 1011001 | 89 | 59 | | | | |
| 9 | 0111001 | 57 | 39 | Z | 1011010 | 89 | 5A | { | 1111011 | 123 | 7B |
| : | 0111010 | 58 | 3A | [ | 1011011 | 91 | 5B | \| | 1111100 | 124 | 7C |
| ; | 0111011 | 59 | 3B | \ | 1011100 | 92 | 5C | } | 1111101 | 125 | 7D |
| < | 0111100 | 60 | 3C | ] | 1011101 | 93 | 5D | ~ | 111110 | 126 | 7E |
| = | 0111101 | 61 | 3D | ^ | 1011110 | 94 | 5E | | | | |
| > | 011110 | 62 | 3E | − | 1011111 | 95 | 5F | | | | |

上述这些编码都是人为的规定，只有大家都采用相同的编码，才能正确交流信息。对于汉字的编码常用的有 GB2312 编码和中国台湾采用的 BIG5 码。

### 5. 编码的应用

图 1.5 所示是用十六进制编辑软件观察到的计算机内部的编码形式。计算机内部只有二进制数，任何符号在计算机内部都以二进制形式存在。从图 1.5 可以看到，一个文件保存的内容为"1234567890　abcdefghijklmnopqrstuvwxyz　数字电子技术"在计算机内的数据形式。前面的数码和英文符号采用 ASCII 码形式编码，每个字符占用 8 位二进制数（2 位十六进制数，称为 1 个字节）；汉字采用 GB2312 编码，每个汉字采用 16 位二进制数（4 位十六进制数，2 个字节，称为 1 个字长）表示，实际文件内的数据如图 1.5 所示，图中用计算机内部编码以十六进制显示来表示文件内容在计算机内的形式。特别注意，图中数据以十六进制形式显示，实际上在计算机内只有二进制数，用两种不同的状态区分，用十六进制显示比较简洁。如文件内容中的"1"，在计算机内存储为二进制数"00110001"，用十六进制显示为"31"。

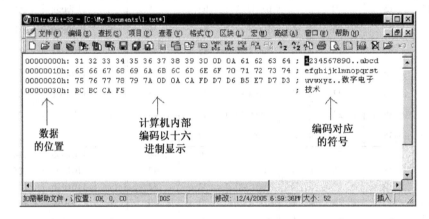

图 1.5　计算机内部的编码形式

想一想：计算机浏览网站时出现乱码可能是什么原因？如果要保密通信，能否采用自行设计的编码方式进行？

## 1.3　逻辑代数基础

逻辑代数的研究对象逻辑变量取值只有"逻辑 1"和"逻辑 0"。由于二进制数中只有"1"和"0"两个符号，因此，1 位二进制数可以用一个逻辑变量来表示。由此可见，逻辑代数可以用于研究二进制数的关系。在分析和设计数字电路时，逻辑代数（又称为布尔代数）是最基本的数学工具。逻辑代数的逻辑变量"逻辑 0"和"逻辑 1"中的"0"和"1"并不表示数量的大小，而只是表示两种对立的逻辑状态。

### 1.3.1　逻辑变量与逻辑函数

逻辑变量：只有"0""1"两种取值的变量。

逻辑函数：描述变量关系的函数。

逻辑变量通常用来表示事物的两种对立状态，如：开关的状态，要么是通，要么是断；灯的状态，要么灯亮，要么灯灭；"我是学生"这句话，要么为真，要么为假。逻辑变量通常用字母来表示，如图1.6串联开关指示灯控制电路中，两个开关的状态对应用A和B来表示，灯的状态可用Y来表示；

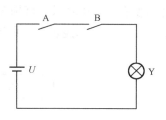

图1.6　串联开关控制电路

同时，可规定"开关通"为"逻辑1"，"开关断"为"逻辑0"；"灯亮"时为"逻辑1"，"灯灭"时为"逻辑0"。这样图1.6此时的状态就可以用"A＝0，B＝0，Y＝0"来描述。

由图1.6中明显可知，开关A和B取值决定Y的取值，即逻辑变量Y的取值由逻辑变量A、B决定。逻辑变量之间的关系称为逻辑关系，它描述了事物变化发展的因果关系。逻辑关系通常用逻辑函数来表示，如$Y = f_{(A,B)}$，这里表示Y的取值由A、B决定。作为"因"的A和B称为输入变量，作为"果"的Y称为输出变量，$f$表示逻辑关系。

### 1.3.2　基本的逻辑运算

逻辑代数的基本逻辑运算：与运算、或运算、非运算。

逻辑代数的所有逻辑运算关系都可以由三种基本运算关系互相组合得到。

在逻辑分析中，逻辑真值表是非常重要的工具，逻辑真值表是列出所有输入变量（设有$n$个）的各种可能取值组合（$2^n$），遵循某种逻辑关系计算出输出变量结果的表格；每种输入组合将对应一个输出结果，即列出所有可能的输入取值与输出结果之间的关系。表1.5列出了图1.6串联开关控制电路两个输入变量A、B的所有四种取值组合，即"A、B"的取值分别为"0、0"，"0、1"，"1、0"，"1、1"，除此之外，没有其他的取值可能。

#### 1. 与运算

与运算：输入变量为全1时，输出变量为1，否则输出变量为0。

符合表1.5真值表的逻辑关系，称为与运算，又称为与逻辑。其逻辑表达式可记做：

$$Y = A \cdot B \qquad (1-1)$$

A·B读做"A与B"，式（1-1）中小圆点"·"表示A、B的与逻辑运算关系，又称为逻辑乘。小圆点可省略，写成Y＝AB。

**表1.5　与逻辑真值表**

| A | B | Y |
|---|---|---|
| 0 | 0 | 0 |
| 0 | 1 | 0 |
| 1 | 0 | 0 |
| 1 | 1 | 1 |

从表1.5中可知，"与"运算规则是：输入变量（A、B）全为1时，输出变量（Y）为1；否则，输出变量（Y）为0。简记为"全1出1，有0出0"。

"与逻辑"用语言叙述是：表示当决定一事件发生的所有条件均具备时，事件才发生；否则，事件不发生。

在现实生活中，也有很多与逻辑运算的例子。如图1.6中，若要灯亮，条件是两个开关同时接通，否则，灯不亮。这种指示灯的亮灭与开关的通断的逻辑关系称为"与逻辑"。灯Y与开关A、B的关系如果用文字描述如表1.6所列。若规定"开关通"为"逻辑1"，"开关断"为"逻辑0";"灯亮"时为"逻辑1","灯灭"时为"逻辑0"。则开关可以分别用逻辑变量 A、B 表示,灯用 Y 表示。Y 与 A、B 的关系用文字描述见表 1.6,显然 Y 与 A、B 的关系符合"与逻辑",可以用表达式记做:Y = A·B。

表 1.6 与逻辑例子

| 开关 A 状态 | 开关 B 状态 | 灯 Y 状态 |
| --- | --- | --- |
| 断 | 断 | 灭 |
| 断 | 通 | 灭 |
| 通 | 断 | 灭 |
| 通 | 通 | 亮 |

实现"与逻辑"功能的电路称为"与门"。与门的逻辑符号如图 1.9(a)所示。图 1.9(b)表示输入端 A、B 波形与输出端 Y 波形的对应关系。在数字电路中,正逻辑规定用高电平表示"逻辑1",低电平表示"逻辑0",反之为负逻辑。本书采用正逻辑,即用高电平表示 1,低电平表示 0,虚线表示时间对应关系。从波形图中很容易发现,输入与输出的对应关系和真值表的结果是一样的。

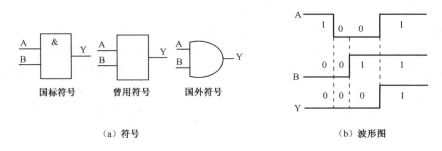

(a)符号      (b)波形图

图 1.7 与门逻辑符号与波形

## 2. 或运算

或运算:输入变量全 0 时,输出变量为 0,否则输出变量为 1。

符合表 1.7 真值表的逻辑关系,称为或运算,又称为或逻辑。其逻辑表达式可记做:

$$Y = A + B \tag{1-2}$$

A + B 读做 A 或 B。"+"表示或运算,又称为逻辑加。"或"运算规则是:输入变量(A、B)全为 0 时,输出变量(Y)为 0;否则,输出变量(Y)为 1。简记为"全 0 出 0,有 1 出 1"。

注意:逻辑运算不同于二进制数运算。在二进制加法"1 + 1 = 10"中,此时 0、1 表示数码,它们的组合表示数量,"+"符号表示相加。而在或逻辑运算中,若输入变量 A = B = 1,则输出变量 Y = A + B = 1 + 1 = 1,此时 1 表示逻辑变量取值,任何逻辑变量必定只有一种取值,非 0 即 1,它并不表示数量的多少,所以 Y 的取值不可能为 10。

"或逻辑"用语言叙述为:决定一事件发生的各条件中,只要有一个或一个以上条件具备时,事件便发生;只有当条件全不具备时,事件才不发生。

如图 1.8 中，若要灯亮，条件是两个开关只要一个接通，仅当两个开关同时断开时，灯不亮。灯 Y 与开关 A、B 的关系如果用文字描述如表 1.8 所列。对应逻辑真值表如表 1.7 所列。显然，Y = A + B，即 Y 等于 A 或 B。

在数字电路中，实现或逻辑功能的电路称为或门。或门的符号如图 1.9（a）所示。图 1.9（b）表示或门输出端 Y 波形与输入端 A、B 波形的对应关系。

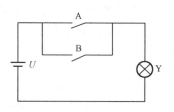

图 1.8　并联开关控制电路

| 表 1.7　或逻辑真值表 | | |
|---|---|---|
| A | B | Y |
| 0 | 0 | 0 |
| 0 | 1 | 1 |
| 1 | 0 | 1 |
| 1 | 1 | 1 |

| 表 1.8　或逻辑例子 | | |
|---|---|---|
| 开关 A | 开关 B | 灯 Y |
| 断 | 断 | 灭 |
| 断 | 通 | 亮 |
| 通 | 断 | 亮 |
| 通 | 通 | 亮 |

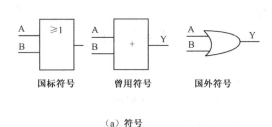

（a）符号

（b）波形图

图 1.9　或门逻辑符号与波形

## 4. 非运算

非运算：输出变量与输入变量互为相反。

符合表 1.9 真值表的逻辑关系称为非运算，又称为非逻辑。其逻辑表达式可记做：

$$Y = \overline{A} \tag{1-3}$$

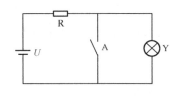

图 1.10　单开关控制电路

$\overline{A}$ 读做 A 非。非逻辑表示了逻辑关系中相反的关系，即"入 0 出 1，入 1 出 0"。

若开关和灯的状态的逻辑规定同上所述，则图 1.10 所示单开关电路中灯 Y 与开关 A 的关系就是非逻辑的一个例子，图中 R 是限流电阻，保证在开关接通时电源不会直接短路，对逻辑关系不做影响。当开关 A 接通时，指示灯 Y 不亮；而当开关 A 断开时，指示灯 Y 亮。如果用文字描述如表 1.10 所列，用逻辑真值表表示则如表 1.9 所列。显然，Y = $\overline{A}$，即 Y 等于 A 非。

| 表 1.9　非逻辑真值表 | |
|---|---|
| A | Y |
| 0 | 1 |
| 1 | 0 |

| 表 1.10　非逻辑例子 | |
|---|---|
| 开关 A | 灯 Y |
| 断 | 亮 |
| 通 | 灭 |

在数字电路中，实现非逻辑功能的电路称为非门。非门的符号如图 1.11（a）所示。图 1.11（b）表示非门输出端 Y 波形与输入端 A 波形的对应关系，很明显，它们总是相反的。

（a）符号　　　　　　　　　　　　　　（b）波形图

图 1.11　非逻辑符号与波形

**想一想：**能否举例说明日常生活中存在着与、或、非逻辑关系。

#### 5. 复合逻辑运算

复合逻辑运算：与、或、非的混合运算。

现实中，大部分逻辑函数均是与、或、非三种基本逻辑运算的组合。任何逻辑运算均可以由这三种基本逻辑运算的组合来表示。

当与、或、非三种基本逻辑运算组合在一起时，其运算规律是：

（1）在一个式子中有逻辑乘和逻辑或时，应先做逻辑乘后做逻辑或。如 $A \cdot B + C \cdot D$，就应先做 A 逻辑乘 B 和 C 逻辑乘 D，然后再把两项逻辑乘的结果相或。

（2）式子中有括号，应先做括号内的运算。如 $(A + B) \cdot C$，是先做括号内的或运算，然后再做逻辑乘。

（3）式子中有非号时，先做"非"号下表达式的运算，再进行非运算。在做非运算时，要特别注意"非"符号的长短，例如 $\overline{AB + CD}$，是先做逻辑乘（A 与 B、C 与 D），再做逻辑或（AB + CD），最后做非运算，而 $\overline{AB} + \overline{CD}$，是先做逻辑乘运算再做非运算，最后做逻辑或运算。

**例 1.8**　写出表达式 $F_1 = A\overline{B} + \overline{A}B$ 的真值表。

**解：**可以根据 A、B 依次列出 $\overline{A}$（与 A 取值相反）、$\overline{B}$（与 B 取值相反）、$A\overline{B}$（A 与 $\overline{B}$）、$\overline{A}B$（$\overline{A}$ 与 B）的取值，最后算出 $F_1$ 的取值，见表 1.11。

表 1.11　$F_1 = A\overline{B} + \overline{A}B$ 的真值表

| A | B | $\overline{A}$ | $\overline{B}$ | $A\overline{B}$ | $\overline{A}B$ | $F_1$ |
|---|---|---|---|---|---|---|
| 0 | 0 | 1 | 1 | 0 | 0 | 0 |
| 0 | 1 | 1 | 0 | 0 | 1 | 1 |
| 1 | 0 | 0 | 1 | 1 | 0 | 1 |
| 1 | 1 | 0 | 0 | 0 | 0 | 0 |

表 1.11 中，$F_1$ 与 A、B 的关系是一种比较常用的逻辑关系，称为异或运算。其特点是两个输入变量 A、B 逻辑值相同时，输出函数 $F_1$ 为 0；两个输入变量 A、B 逻辑值相异时，

输出函数 $F_1$ 为 1。简记为"相同为 0，相异为 1"。异或运算符号参见表 1.12，表达式为 $F_1 = A \oplus B$。

在逻辑关系中，通常把变量 A、B 的形式称为原变量，$\overline{A}$、$\overline{B}$ 的形式称为反变量。

**表 1.12　复合逻辑运算的符号和表达式**

| 名　　称 | 逻辑符号 | 表达式 |
|---|---|---|
| 与非运算 | A、B 输入 &，输出 Y | $Y = \overline{AB}$ |
| 或非运算 | A、B 输入 ≥1，输出 Y | $Y = \overline{A + B}$ |
| 与或非运算 | A、B、C、D 输入 &、≥1，输出 Y | $Y = \overline{AB + CD}$ |
| 异或运算 | A、B 输入 =1，输出 Y | $Y = A \oplus B = A\overline{B} + \overline{A}B$ |
| 同或运算 | A、B 输入 =1，输出 Y | $Y = A \odot B = AB + \overline{A}\,\overline{B}$ |

**例 1.9**　写出表达式 $F_2 = AB + \overline{A}\,\overline{B}$ 的真值表。

**解**：可以根据 A、B 依次列出 $\overline{A}$（与 A 取值相反）、$\overline{B}$（与 B 取值相反）、AB（A 与 B）、$\overline{A}\,\overline{B}$（$\overline{A}$ 与 $\overline{B}$）的取值，最后算出 $F_2$ 的取值。具体结果见表 1.13。

**表 1.13　$F_2 = AB + \overline{A}\,\overline{B}$ 的真值表**

| A | B | $\overline{A}$ | $\overline{B}$ | AB | $\overline{A}\,\overline{B}$ | $F_2$ |
|---|---|---|---|---|---|---|
| 0 | 0 | 1 | 1 | 0 | 1 | 1 |
| 0 | 1 | 1 | 0 | 0 | 0 | 0 |
| 1 | 0 | 0 | 1 | 0 | 0 | 0 |
| 1 | 1 | 0 | 0 | 1 | 0 | 1 |

表 1.13 中，$F_2$ 与 A、B 的关系与表 1.11 中 $F_1$ 与 A、B 的关系是相反的，即 $F_2 = \overline{F_1}$，$F_2$ 的运算称为同或运算。其特点是两个输入变量 A、B 逻辑值相同时，输出函数 $F_2$ 为 1；两个输入变量 A、B 逻辑值相异时，输出函数 $F_2$ 为 0。简记为"相同为 1，相异为 0"。同或运算符号参见表 1.12。

对照表 1.11 和表 1.13 可知，异或逻辑和同或逻辑的输出结果刚好相反，即异或逻辑取反后为同或逻辑。

常用的复合逻辑运算有与非、或非、与或非、异或、同或等。它们的逻辑符号和表达式见表 1.12。

### 1.3.3 逻辑运算的应用

逻辑运算在数字电路中的应用非常广泛，是构成数字电路工作的最基本单元。下面讲解其一些简单的应用。

#### 1. 加解密运算

用异或关系可实现 4 位二进制数的加密与解密。未加密二进制数用 $D_i$ 表示，加密用的二进制数密码用 $E_i$ 表示，加密后的二进制数用 $F_i$，解密后的二进制数用 $M_i$ 表示，i 表示其中第 i 位。

加密：$F_i = D_i \oplus E_i$

加密后的数据 $F_i$ 称为密文，这些数据若没有密码是不可能知道 $D_i$ 数据的。

解密：$M_i = F_i \oplus E_i$

解密后，可以恢复出与 $D_i$ 相同的 $M_i$，即 $M_i = D_i$。

表 1.14 中未加密 4 位二进制数为 $D_i = A_3 A_2 A_1 A_0 = 1001$，加密和解密用的 4 位二进制数密码为 $E_i = B_3 B_2 B_1 B_0 = 0101$，经对应每 1 位二进制数进行异或运算加密后数据为 $F_i = A_3 A_2 A_1 A_0 \oplus B_3 B_2 B_1 B_0 = 1100 = C_3 C_2 C_1 C_0$，$M_i = C_3 C_2 C_1 C_0 \oplus B_3 B_2 B_1 B_0 = 1001$。具体运算见表 1.14。

表 1.14　加解密运算

| 数 据 名 称 | 第 3 位 | 第 2 位 | 第 1 位 | 第 0 位 |
|---|---|---|---|---|
| 未加密的 4 位二进制数 $D_i$ | 1 | 0 | 0 | 1 |
| 加密用的 4 位二进制数密码 $E_i$ | 0 | 1 | 0 | 1 |
| 加密后的 4 位二进制数 $F_i$ | 1 | 1 | 0 | 0 |
| 解密用的 4 位二进制数密码 $E_i$ | 0 | 1 | 0 | 1 |
| 解密后的 4 位二进制数 $M_i$ | 1 | 0 | 0 | 1 |

可见，只有解密时用和加密时相同的密码才能正确恢复原数据。

#### 2. 信号传送控制

设信号输入端为 A，控制端为 B，从 F 端输出。可选用多种门实现 A 信号通断控制。图 1.12 是分别利用与、或、异或门电路来控制信号的传送。

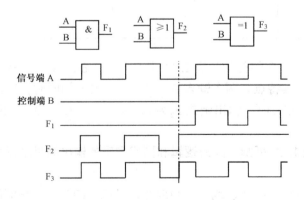

图 1.12　门电路控制信号传送

（1）利用与门 $F_1 = AB$：当 $B = 1$ 时，$F_1 = A$，信号可以传送；$B = 0$ 时，$F_1 = 0$，信号不可传送。

（2）利用或门 $F_2 = A + B$：当 $B = 0$ 时，$F_2 = A$，信号可以传送；$B = 1$ 时，$F_2 = 1$，信号不可传送。

（3）利用异或门 $F = A \oplus B = A\overline{B} + \overline{A}B$：当 $B = 0$ 时，$F_3 = A$，信号可以传送；$B = 1$ 时，$F_3 = \overline{A}$，信号取反传送。

想一想：

（1）能否列举一些逻辑运算在日常生活中运用的例子？

（2）如要求三个开关均能控制同一盏灯，应如何实现？

### 1.3.4 逻辑函数及其表示方法

逻辑函数：描述输入与输出之间的关系。

当输入变量的取值确定之后，输出变量的取值也就被确定了。逻辑函数的一般表达式可以写做：

$$Y = f_{(A, B, C, D, \cdots)} \qquad (1-4)$$

式（1-4）中 Y 表示输出变量，A、B、C、D，…表示输入变量，$f$ 表示输出变量与输入变量的逻辑关系。任何一种具体事物的因果关系都可以用逻辑函数来描述。任何逻辑函数均可由三种基本逻辑运算组合而成。

逻辑函数的描述方式有逻辑真值表（简称真值表）、逻辑函数表达式（也称表达式）、逻辑图、工作波形图及卡诺图，它们之间可以相互转换。以下介绍前面四种表示方法和它们之间相互转换的方法。用卡诺图表示逻辑函数的方法在后面介绍。

**例 1.10** 有 A、B 两个开关同时控制同一盏电灯 Y。两开关对灯控制的逻辑关系如表1.15 所示。

**解：** 把它们转化成用逻辑问题的输入变量和输出变量，并做出逻辑规定：开关为输入变量，用 A、B 表示，开关拨上为 1，拨下为 0；电灯为输出变量，用 Y 表示，灯亮为 1，灯灭为 0。

表 1.15 例 1.10 逻辑关系表

| 开关 A | 开关 B | 灯 Y |
|---|---|---|
| 拨下 | 拨下 | 灭 |
| 拨下 | 拨上 | 亮 |
| 拨上 | 拨下 | 亮 |
| 拨上 | 拨上 | 灭 |

#### 1. 真值表

真值表：列出所有输入变量（设有 $n$ 个）的各种可能取值组合（$2^n$）下相应函数取值的表格。

一个确定的逻辑函数只有一个逻辑真值表。即真值表具有唯一性。

真值表能够直观、明了地反映变量取值和函数值的对应关系，即逻辑功能。当变量多时，表格就比较烦琐。为使输入变量的取值组合不出现遗漏或重复，输入变量的取值组合最好按二进制递增（或递减）的顺序排列。

表1.15所描述的逻辑关系表可转换为表1.16的真值表。

表1.16 例1.10真值表

| A | B | Y |
|---|---|---|
| 0 | 0 | 0 |
| 0 | 1 | 1 |
| 1 | 0 | 1 |
| 1 | 1 | 0 |

从表1.16可知，此电路的逻辑功能是：

（1）当两输入变量相异时，输出为1。

（2）当两输入变量相同时，输出为0。

即实现异或逻辑运算。

### 2. 逻辑函数表达式

逻辑函数表达式：表达逻辑变量之间关系的表达式。

从真值表1.16可知，在A、B状态的四种组合中只有第二种（A=0，B=1）和第三种（A=1，B=0）两种状态组合才能使函数值Y为1。"$\overline{A}B$"当且仅当在第二种取值组合（A=0，B=1）时取值为"1"；$A\overline{B}$当且仅当在第三种取值组合（A=1，B=0）时取值为"1"；所以，$\overline{A}B+A\overline{B}$当且仅当"A、B"在第二、三种取值时为1，其余为0，即Y $=\overline{A}B+A\overline{B}$。

由此可见，由真值表写出表达式的方法如下：对应于真值表，输入变量取1值的用原变量表示，取0值的用反变量表示，每种输入组合的输入变量间用"与"运算。若AB在真值表中的取值为10，可表示为$A\overline{B}$；然后把所有使输出变量Y为1的输入组合用"或"运算，此真值表有两项使Y取值为1的组合，所以其函数表达式为：

$$Y = \overline{A}B + A\overline{B} \tag{1-5}$$

逻辑函数表达式是一种用与、或、非等逻辑运算组合起来的表达式。用它表示逻辑函数，形式简洁，书写方法，便于推演、变换。同一逻辑函数可以有多种形式的逻辑函数表达式。如异或逻辑运算还可以表示为 Y = A⊕B。但根据上述方法从真值表中只能对应写出一种表达式，这种表达式称为最小项表达式。有关最小项表达式的内容将在后面内容进行表述。最小项表达式可以转换成其他形式。

想一想：

（1）已知真值表是否一定可以写出表达式？

（2）如有 A、B、C 三输入变量，共有几种取值组合？在 ABC 为何值时，可使 $F = \overline{ABC}$ =1？

（3）总结已知真值表写表达式的方法。

### 3. 逻辑图

函数的逻辑图：将逻辑函数表达式中各变量间的与、或、非等运算关系用相应的逻辑符号表示出来。

式（1-5）的逻辑关系可以用图 1.13 表达，用非门、与门和或门组合连接来实现。

逻辑图与数字电路所用的器件有明显的对应关系，便于制作实际电路。根据逻辑表达式，很容易选用相应的门电路来实现。但它不便于直接进行逻辑函数的推演和变换。

### 4. 波形图

波形图：反映输入和输出波形变化规律的图形，也称为时序图。

波形图能直接反映变量与时间的关系，以及函数值随时间变化的规律，它同实际电路中的电压波形相对应，故常用于数字电路的分析检测和设计调试中。

在波形图中，通常是用高电平表示 1，低电平表示 0。图 1.14 就是例 1.10 的波形图。波形图也可描述输出变量（Y）与输入变量（A、B）的关系。

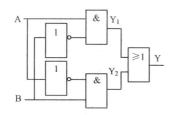

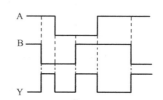

图 1.13　式（1-5）的逻辑图　　　　图 1.14　例 1.10 的波形图

### 5. 各种表示方法间的相互转换

既然各种表示方法都可描述同一逻辑函数，它们之间必然可以互相转换。下面举例说明。

例 1.11　表 1.17 是某逻辑函数的真值表，试将它转换成逻辑表达式，并画出逻辑图。

表 1.17　例 1.11 真值表

| A | B | C | Y |
|---|---|---|---|
| 0 | 0 | 0 | 1 |
| 0 | 0 | 1 | 0 |
| 0 | 1 | 0 | 0 |
| 0 | 1 | 1 | 0 |
| 1 | 0 | 0 | 0 |
| 1 | 0 | 1 | 0 |
| 1 | 1 | 0 | 0 |
| 1 | 1 | 1 | 1 |

**解**：（1）由真值表转换成逻辑表达式。

方法：将真值表中使 Y = 1 的各输入组合中的 1 用原变量表示，0 用反变量表示，变量间进行逻辑乘，再把所有使 Y = 1 的项进行逻辑加，可得下式：

$$Y = \overline{A}\,\overline{B}\,\overline{C} + ABC$$

（2）由逻辑表达式画出逻辑图。

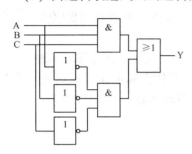

图 1.15　例 1.11 的逻辑图

方法：把函数表达式"非号、逻辑乘号和逻辑加号"分别用相应的门电路的逻辑符号表示，可画得如图 1.15 所示的逻辑图。

**例 1.12**　已知函数的逻辑表达式为 $Y = AB + \overline{B}C$，求它对应的真值表。并按图 1.16 中的输入波形，画出输出波形图。

**解**：（1）根据表达式写出真值表。

方法：将输入变量 A、B、C 的所有取值组合逐一代入表达式中进行计算，即可得到函数 Y 的真值表，如表 1.18 所示。

表 1.18　例 1.12 真值表

| A | B | C | Y |
|---|---|---|---|
| 0 | 0 | 0 | 0 |
| 0 | 0 | 1 | 1 |
| 0 | 1 | 0 | 0 |
| 0 | 1 | 1 | 0 |
| 1 | 0 | 0 | 0 |
| 1 | 0 | 1 | 1 |
| 1 | 1 | 0 | 1 |
| 1 | 1 | 1 | 1 |

（2）根据表达式和输入波形，画出输出波形。

方法：以输入波形的每一次跳变边缘（从 0 到 1 或从 1 到 0）为界，把输入波形每一部分的高电平表示为 1，低电平表示为 0，代入表达式，得出 Y 的结果。然后以 Y 为 1 画高电平，Y 为 0 画低电平，可得图 1.16 中的输出波形 Y。

**例 1.13**　已知函数 Y 的逻辑图如图 1.17 所示，写出 Y 的逻辑表达式并列出其真值表。

**解**：（1）从逻辑图写出逻辑表达式。

方法：① 逐级写出函数输出端表达式：

$$Y_1 = AB$$

$$Y_2 = \overline{A}\,\overline{B}$$

② 最后得到函数 Y 的表达式：

$$Y = AB + \overline{A}\,\overline{B}$$

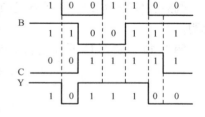

图 1.16　例 1.12 的波形图

（1-6）

（2）列出真值表。把 AB 的每一种输入组合代入表达式，即可得出它的真值表，见表 1.19。

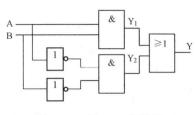

图 1.17　例 1.13 逻辑图

**表 1.19　例 1.13 真值表**

| A | B | Y |
|---|---|---|
| 0 | 0 | 1 |
| 0 | 1 | 0 |
| 1 | 0 | 0 |
| 1 | 1 | 1 |

从真值表可知这种电路的功能为同或逻辑运算。

想一想：如果已知逻辑函数的任一种表示方法，是否就可以推算出其他所有的表示方法？

# 实训 1　认识常用实训设备和集成电路，制作逻辑笔

## 1. 实训目的

（1）熟悉门电路应用分析。
（2）熟悉实训箱各部分电路的作用。
（3）掌握通信逻辑笔的制作和使用，对高、低电平、脉冲串的信号建立相应的概念。
（4）学会用门电路解决实际问题。

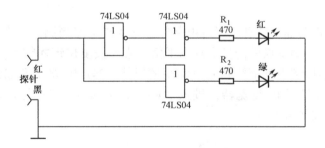

图 1.18　逻辑笔的实训电路

## 2. 实训仪器及材料

数字电路实训箱以及各种集成电路若干

| 六非门 | 74LS04 | 1 片 |
|---|---|---|
| 发光二极管 | 红、绿 | 各 1 只 |
| 电阻 | 470 Ω | 2 只 |

### 3. 实训内容

（1）数字箱的使用。熟悉数字箱的使用，通过对开关、显示、脉冲产生电路等的测试、连接和控制，掌握数字箱各部分的作用。

利用数字箱的数码显示管显示学生本人的学号。

（2）安装逻辑笔。安装图1.18所示的逻辑笔。该逻辑笔使用一般将黑色探针接电路地，用红色探针测试逻辑电路。根据两个发光二极管的发光状态可以判断测试点是逻辑高电平、低电平、或是脉冲串及高阻状态。

74LS04是六反相非门。图1.19所示是从集成电路手册上所查得的管脚图及相应的说明。

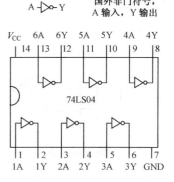

图1.19　74LS04管脚图

当红笔所接为高电平时，经两级非门后，输出仍为高电平，从而驱动表示高电平的红色指示灯发亮。而经一级非门后为低电平，则表示低电平的绿灯不亮。

当红笔所接为低电平时，经两级非门后，输出仍为低电平，表示高电平的红色指示灯不亮。而经一级非门后为高电平，驱动表示低电平的绿灯发亮。

### 4. 实训报告

（1）分析电路工作原理。

（2）按图接线实训，测试学习机上各种电平、脉冲与上面分析对照。

（3）根据实训结果编写该逻辑笔使用说明及注意事项。

（4）想一想，在逻辑笔电路中，既然经过两个非门后，从逻辑功能上来说，相当于原输入的逻辑变量取值，那电路中的两个非门是不是可以取消。

### 5. 想想做做

能否用74LS00即与非门实现逻辑笔电路？这种逻辑电路当测试一个固定点的电平后显示相应的电平值，离开测试点后仍显示其电平值，直到按复位键才能测另外测试点的电平。制成实际的电路，然后利用废钢笔套制成实用逻辑笔。74LS00的内部管脚连接图可以通过Internet查询。方法：打开IE浏览器，进入"www.21ic.com"，然后进入"器件资料"，输入IC型号即可查询到使用手册。

 **本章学习指导**

（1）数字信号是时间和幅度都是离散的信号。由于其离散性，在应用中很容易实现分析和存储。数字信号在电路中是以逻辑电平的形式保存。在传送过程中是以脉冲波的形式存在的。

（2）数字电路中采用二进制数，它只有1、0两个代码，在运算中遵从"逢2进1"的规则。它转换成十进制数的方法是"按权展开"。十进制整数转换成二进制整数时，方法为："除2取余，逆序排列。"由于二进制数书写较长，故又有十六进制数。在数字电路中，二进制数不仅可以表示数，也可以表示逻辑状态，两者之间是不同的。

（3）在数字系统中，为了表示数值、文字符号等，往往要建立它们与二进制码对应的关系，这称为编码。编码的形式有多种，其中有BCD码、格雷码和机器码。

（4）逻辑代数是进行逻辑运算的数学工具。逻辑变量是用来表示逻辑关系的一种二值量，它只有 0 和 1 两种取值，此时的 0 和 1 不是数量大小符号，而是代表两种相对的状态，如高、低电平。与、或、非是三种最基本的逻辑运算，逻辑代数的运算规则和公式是逻辑化简和变换的依据。

（5）逻辑代数有五种表示方法：真值表、表达式、逻辑图、波形图和卡诺图，它们之间可以进行互换。

 习 题 1

1.1 数字信号的特点是什么？数字信号在电路传送中是以什么形式存在的？

1.2 为什么在计算机中通常采用二进制数？

1.3 说明二进制、十进制和十六进制各自的适用场合。

1.4 将下列十进制数分别用二进制数、十六进制数和 8421BCD 码来表示：

$[38]_{10}$ $[57.625]_{10}$ $[256]_{10}$

1.5 将下列二进制数转换成十进制数、十六进制数。

（1）$[1001.01011]_2$ （2）$[10010011]_2$ （3）$[1111.1011]_2$ （4）$[1101100]_2$

1.6 将下列十六进制数转换成二进制数、十进制数。

（1）2FBC （2）8DF （3）FFF

1.7 计算机内数据存储的形式如何？

1.8 逻辑代数有几种基本运算？写出它们各自的表达式和逻辑符号。

1.9 一个电路有三个输入端 A、B、C，当其中两个输入端为 1 信号输入时，输出 Y 为 1 信号，其余输入组合对应输出为 0 信号，试列出真值表，写出函数式，画出逻辑图，并根据图 1.20 所示输入波形画出对应的输出波形。

1.10 电路如图 1.21 所示，设开关闭合为 1，断开为 0，灯亮为 1，灯灭为 0。列出反映逻辑 L 和 A、B、C 关系的真值表，并写出逻辑函数 L 的表达式。

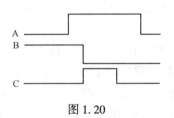

图 1.20

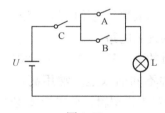

图 1.21

# 第2章 逻辑门电路

在第1章，我们初步认识了与、或、非三种基本逻辑运算和与非、或非、异或等常用逻辑运算。在第1章的实训里，我们运用集成电路来代替逻辑符号进行电路的制作，这些集成电路又称为 IC。我们研究集成电路，是以"黑匣子"的思想，着重研究其逻辑功能和外部特性，不深究其内部结构。但略为了解"黑匣子"内部结构，将有助于我们更好地使用这些器件。本章将逐步揭开这些"黑匣子"的奥秘。

通过这一章的学习，主要掌握如下知识：

（1）TTL 与非门的结构和常用参数。

（2）各种功能的门电路。

（3）门电路的各种输出结构。

（4）TTL 和 CMOS 门电路使用常识。

## 2.1 概述

门电路是构成数字电路的基本逻辑单元。门电路是由半导体器件二极管、三极管、场效应管等构成的开关电路。

逻辑变量的取值只有"1"和"0"两种。此时的"1"和"0"并不表示数量的大小，而是表示两种不同的取值。常用高电平（H）来表示逻辑"1"，低电平（L）表示逻辑"0"。这种规定为正逻辑，反之为负逻辑。本书一律采用正逻辑表示。高、低电平是一种相对值，可以规定3V为高电平，0V为低电平，也可以规定0V为高电平，-3V为低电平。同时，高、低电平并不对应唯一值，是有一定的取值范围。如规定3V为高电平，0V为低电平。当电压为3.7V时，也可认为它是高电平。高、低电平取值范围的大小由具体电路规定。

门电路可以用分立元件如二极管、三极管搭接而成，也可以直接采用集成电路来实现。集成电路（Intergrated Circuit，简称 IC）是将元器件和互连线集成于同一半导体芯片上而制成的电路或系统。根据集成器件数量，分为晶体管数小于100的小规模集成电路（SSI）、晶体管数在 100~1000 之间的中规模集成电路（MSI）、晶体管数在 1000~10 万之间的大规模集成电路（LSI）、晶体管数在 10 万~100 万之间的超大规模集成电路（VLSI）以及晶体管数超过 100 万的巨大规模集成电路（GSI）等。

常用的门电路是小规模集成电路，从电路结构及工艺实现方面看，具有代表性的集成电路有 TTL（晶体管-晶体管逻辑）门电路和 CMOS（互补金属氧化物半导体逻辑）门电路。

## 2.2　TTL 门电路

TTL 门电路是晶体管 – 晶体管逻辑（Transistor-Transistor Logic）门电路的简称，主要的构成元件是二极管和三极管。二极管具有单向导向性，通常工作于正向导通和反向截止状态，相当于开关的导通和截止。三极管根据输入信号的大小，工作状态有三种，截止、放大、饱和。在 TTL 电路中，三极管通常工作于截止和饱和状态，也可等效成开关的接通和断开。

下面以 TTL 与非门为例讲解 TTL 门电路使用时的外特性。

### 2.2.1　TTL 与非门

图 2.1 是两种 TTL "与非"门的外引脚排列图及外封装图，图中所示的 74LS20 和 74LS00 都是 TTL 与非门。一片集成电路内的各个逻辑门互相独立，可以单独使用，但其电源引脚（电源正极 $V_{CC}$ 和电源负极 GND）是共用的。

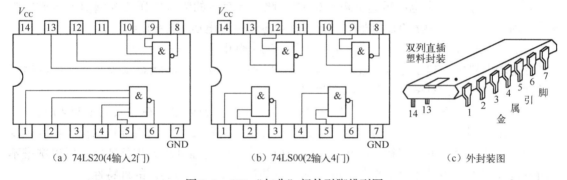

（a）74LS20(4输入2门)　　　（b）74LS00(2输入4门)　　　（c）外封装图

图 2.1　TTL "与非"门外引脚排列图

如果 74LS00 的①脚和②脚作为 A、B 端输入，那③脚就是输出，设定为 Y，则 $Y = \overline{AB}$，这就是与非关系。

在电路设计时，必然要清楚电路的电压值，那这种 TTL 门电路的输入电压多少时定为高电压输入，而所谓的输出高电压又是多少呢？这是作为器件使用者必须了解的。因为只有了解信号的大小才能够实现前后电路的连接，或者对后续电路的控制。下面将通过实验测试的方法了解 TTL 门电路的主要外特性。

### 2.2.2　TTL 门电路电压传输特性测试

TTL 与非门的电压传输特性测试电路及典型曲线如图 2.2 所示。电压传输特性是指输入电压从零逐渐增加到高电平时，输出电平随输入电平变化的特性，通常用电压传输特性曲线来表示。

TTL 门电路在设计时，设定其工作电压为 +5V。如图 2.2 所示连接好电路，利用可调电位器控制输入电压的高低，并采用电压表对 74LS00 进行电压传输特性的测试。在图 2.2 中，门电路的②脚接高电平，表示为 1，则根据 $Y = \overline{AB} = \overline{A \cdot 1} = \overline{A}$ 来进行研究。如若②脚接低电平，表示为 0，则根据 $Y = \overline{AB} = \overline{A \cdot 0} = 1$，输出固定为某一电平值，很难观察其特性。

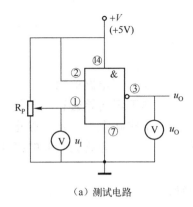

（a）测试电路

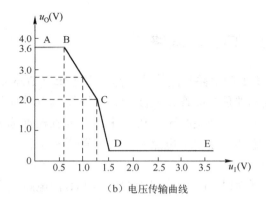

（b）电压传输曲线

图 2.2　电压传输曲线

各种类型的 TTL 门电路的传输特性曲线大同小异，可分为四段。

（1）AB 段。当输入电平 $u_I < 0.6V$ 时，电路输出高电平，$u_O = U_{OH} = 3.6V$。

（2）BC 段和 CD 段。BC 段，当 $0.6V \leqslant u_I \leqslant 1.4V$，输出随输入的上升而下降。

$u_I > 1.4V$ 后，输出电压迅速下降到 0.3V，此时所对应的输入电压称为阈值电压或门限电平，用 $U_{TH}$ 表示。一般 TTL 与非门转折区所对应的输入电压 $U_{TH} \approx 1.4V$。

（3）DE 段。$u_I > 1.5V$ 后，随着 $u_I$ 的上升，输出低电平 $u_O = U_{OL} = 0.3V$。

在逻辑电路中，TTL 与非门通常工作于 AB 段和 DE 段，电路状态比较明确，可以避免与其他电路连接时，对逻辑取值判断产生误差。

TTL 与非门电路电压传输特性如图 2.2（b）所示，其原因是，在输入电压变化时，TTL 与非门电路内部的二极管和三极管的工作状态会发生相应的变化，从而导致输出电压发生变化。门电路使用时，可以把相应的集成电路当成一个单独的器件单元进行考虑，所以本书不分析其构成门电路的晶体管工作状态的变化。希望读者重点掌握器件的外特性。

 想一想：

（1）图 2.2 的电压传输曲线中，门电路正常工作时，输入电压应在哪些范围？如果输入电压不在此范围，会出现什么情况？

（2）门电路能否作为放大器使用？

### 2.2.3　TTL 门电路的主要参数

问题：某一型号的红色发光二极管工作电压为 1.5～2V，正向导通电流为 3～20mA，正向电流越大，发光二极管的亮度越大，若电流大于允许的最大值，则可能烧毁发光二极管；正向导通电流太小，则发光二极管发光不明显。有人想用与非门控制多只发光二极管同时发光，按图 2.3 所示连接电路。问：这样的连接方法能否让发光二极管正常发光？为什么？如果门电路不能驱动发光二极管发光，则减少所驱动的发光二极管的数量是否能使发光二极管发光？

图 2.3 中，实际上只有（c）图中的发光二极管能正常发光，其他连接方法发光二极管都无法发光。原因是 TTL 与非门输出的电流或电压无法驱动发光二极管正常发光。所以为了正确使用 TTL 集成电路，要特别注意其参数，否则电路不能正常工作。下面介绍 TTL 集成电路的主要参数。

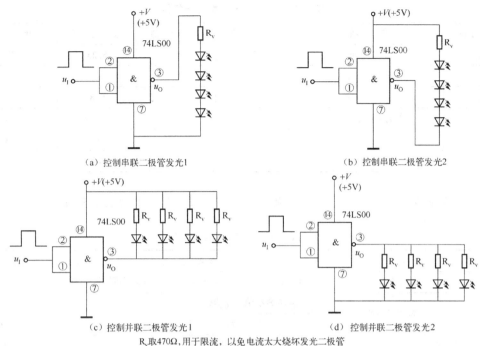

（a）控制串联二极管发光1　　　　　　　　　　　（b）控制串联二极管发光2

（c）控制并联二极管发光1　　　　　　　　　　　（d）控制并联二极管发光2

$R_v$取470Ω，用于限流，以免电流太大烧坏发光二极管

**图 2.3　TTL 与非门控制发光二极管发光**

通常情况下，利用器件说明文档了解器件是最有帮助的。现有的器件参数说明主要以英文为主。下面以在网站 http://www.21icsearch.com/中下载的 74LS00 为例对 TTL 门电路的功能进行说明。图 2.4 所示是 TTL 与非门 74LS00 的主要参数截图，用中文表示则见表2.1 和表2.2。

## Recommended Operating Conditions

| Symbol | Parameter | Min | Nom | Max | Units |
|---|---|---|---|---|---|
| $V_{CC}$ | Supply Voltage | 4.75 | 5 | 5.25 | V |
| $V_{IH}$ | HIGH Level Input Voltage | 2 | | | V |
| $V_{IL}$ | LOW Level Input Voltage | | | 0.8 | V |
| $I_{OH}$ | HIGH Level Output Current | | | −0.4 | mA |
| $I_{OL}$ | LOW Level Output Current | | | 8 | mA |
| $T_A$ | Free Air Operating Temperature | 0 | | 70 | °C |

## Electrical Characteristics

over recommended operating free air temperature range (unless otherwise noted)

| Symbol | Parameter | Conditions | Min | Typ (Note 2) | Max | Units |
|---|---|---|---|---|---|---|
| $V_{OH}$ | HIGH Level Output Voltage | $V_{CC}$ = Min, $I_{OH}$ = Max, $V_{IL}$ = Max | 2.7 | 3.4 | | V |
| $V_{OL}$ | LOW Level Output Voltage | $V_{CC}$ = Min, $I_{OL}$ = Max, $V_{IH}$ = Min | | 0.35 | 0.5 | V |
| | | $I_{OL}$ = 4 mA, $V_{CC}$ = Min | | 0.25 | 0.4 | |
| $I_I$ | Input Current @ Max Input Voltage | $V_{CC}$ = Max, $V_I$ = 7V | | | 0.1 | mA |
| $I_{IH}$ | HIGH Level Input Current | $V_{CC}$ = Max, $V_I$ = 2.7V | | | 20 | μA |
| $I_{IL}$ | LOW Level Input Current | $V_{CC}$ = Max, $V_I$ = 0.4V | | | −0.36 | mA |
| $I_{OS}$ | Short Circuit Output Current | $V_{CC}$ = Max (Note 3) | −20 | | −100 | mA |
| $I_{CCH}$ | Supply Current with Outputs HIGH | $V_{CC}$ = Max | | 0.8 | 1.6 | mA |
| $I_{CCL}$ | Supply Current with Outputs LOW | $V_{CC}$ = Max | | 2.4 | 4.4 | mA |

**Note 2:** All typicals are at $V_{CC}$ = 5V, $T_A$ = 25°C.

**图 2.4　74LS00 的电路参数**

表2.1 TTL门电路的工作条件

| 参数名称 | 参数 | 最小值 | 典型值 | 最大值 | 单位 |
|---|---|---|---|---|---|
| $V_{CC}$ | 供电电压 | 4.75 | 5 | 5.25 | V |
| $V_{IH}$ | 输入高电平 | 2 | | | V |
| $V_{IL}$ | 输入低电平 | | | 0.8 | V |
| $I_{OH}$ | 高电平输出电流 | | | −0.4 | mA |
| $I_{OL}$ | 低电平输出电流 | | | 8 | mA |
| $T_A$ | 正常工作的温度 | 0 | | 70 | ℃ |

说明：表中规定流入集成电路的电流为正，从集成电路流出的电流为负。

表2.2 TTL门电路的电参数

| 信号 | 特性 | 工作状态 | 最小值 | 典型值 | 最大值 |
|---|---|---|---|---|---|
| $V_{OH}$ | 输出高电压 | $V_{CC}$取最小值，$I_{OH}$取最大值，$U_{IL}$取最小值 | 2.7V | 3.4V | |
| $V_{OL}$ | 输出低电平 | $V_{CC}$取最小值，$I_{OL}$取最大值，$U_{IL}$取最小值 | | 0.35V | 0.5V |
| | | $V_{CC}$取最小值，$I_{OL}=4mA$ | | 0.25V | 0.4V |
| $I_I$ | 最大输入电压情况下的输入电流 | $V_{CC}$取最大值，$V_I=7V$ | | | 0.1mA |
| $I_{IH}$ | 高电平输入电流 | $V_{CC}$取最大值，$V_I=2.7V$ | | | 20μA |
| $I_{IL}$ | 低电平输入电流 | $V_{CC}$取最大值，$V_I=0.4V$ | | | −0.36mA |
| $I_{IOS}$ | 短路电流 | $V_{CC}$取最大值 | −20mA | | −100mA |
| $I_{ICCH}$ | 输出高电平时的供电电流 | $V_{CC}$取最大值 | | 0.8mA | 1.6mA |
| $I_{ICCL}$ | 输出低电平时的供电电流 | $V_{CC}$取最大值 | | 2.4mA | 4.4mA |

说明：所有典型参数是在 $V_{CC}=5V$，$T_A=25℃$ 的条件下测试的。

根据表2.1，结合图2.2（b），可知 TTL 门电路的供电电压为 +4.75～5.25V，即 +5±0.5V。主要参数分析如下。

（1）输出高电平 $V_{OH}$。表2.1 中的 74LS00 的 $V_{OH}$ 典型值为3.4V，习惯用3.6V 表示。通常高于 2.7V 就认为输出高电平。图2.3（a）即使在门电路输出高电平时，为3.6V，无法满足 4 只发光二极管发光所需的至少 6V 的电压条件。

（2）输出低电平 $V_{OL}$。$V_{OL}$典型值为 0.35V，习惯用 0.3V 表示。图2.3（b）即使在门电路输出低电平时，与电源之间的电压差仅 4.7V，也无法满足 4 只发光二极管发光所需的至少6V 的电压条件。

（3）开门电平 $V_{ON}$ 和关门电平 $V_{OFF}$。开门电平是在保证输出为额定低电平时，所允许的最小输入高电平值，其典型值为 1.5V。

关门电平是在保证输出至少为额定高电平（通常为3.0V）的 90%（2.7V）的情况下，允许的最大输入低电平值，其典型值为1.0V。

（4）噪声容限。当输入端高、低电平受到干扰而发生变化时，并不引起输出端低、高电平的变化，即在保证电路正常输出的前提下，允许输入电平有一定的波动范围。噪声容限就是指输入电平的允许波动范围。它包括以下两个参数。

① 输入高电平噪声容限 $V_{NH}$：输入高电平时，保证 TTL 电路仍可正常输出的最大允许

负向干扰电压。从图2.5可以看出：

$$V_{NH} = V_{IH} - V_{ON}$$

② 输入低电平噪声容限 $V_{NL}$：输入低电平时，保证与非门输出仍为高电平时的最大允许正向干扰电压。从图2.5可以看出：

$$V_{NL} = V_{OFF} - V_{IL}$$

输入信号的噪声容限越大，说明集成门电路的抗干扰能力越强。

（5）低电平输入电流 $I_{IL}$ 和高电平输入电流 $I_{IH}$。低电平输入电流 $I_{IL}$ 在选用产品时，此值越小越好，以减轻对前级电路的影响，产品规定 $I_{IL} < 0.36\text{mA}$。高电平输入电流 $I_{IH}$ 是当输入高电平时，从 TTL 门流向输入端的电流，产品规定 $I_{IH} < 20\mu\text{A}$。

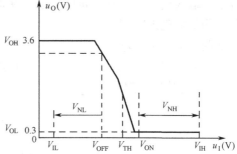

图2.5 从电压传输曲线上求 $V_{NL}$、$V_{NH}$

（6）输出电流 $I_O$。TTL 门电路输出与负载电阻 $R_L$ 按图2.6（a）所示连接时，称为拉电流负载。当电路输出高电平时，有一电流流出门电路，经负载电阻 $R_L$ 到地，并随电阻值的减小而增大，此时的输出电流称为拉电流 $I_{OH}$。若 $I_{OH}$ 太大，输出电压将下降，输出电压将可能偏离额定高电平，造成后级电路不能正常工作。$R_{HS}$ 为 TTL 门电路输出高电平时的输出阻抗，通常约为 $100\Omega$。

TTL 门电路输出与负载电阻 $R_L$ 按图2.6（b）连接时，称为灌电流负载。当输出为低电平，外负载电流将流经负载 $R_L$ 流入门电路，并随 $R_L$ 阻值的减小而增大，称为灌电流 $I_{OL}$。若 $I_{OL}$ 太大，输出值将偏离规定的低电平值。$R_{LS}$ 为 TTL 门电路输出低电平时的输出阻抗，通常约为 $20 \sim 30\Omega$。

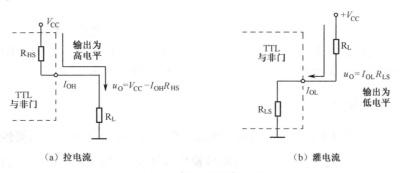

图2.6 拉电流和灌电流

不管是拉电流负载还是灌电流负载，$R_L$ 太小都会使电流太大，这不仅导致输出电压偏离正常值，还可能烧毁集成电路，所以门电路的输出负载不能太小，特别是禁止输出端直接与电源或地相连。

图2.3（d）发光二极管不发亮的原因是虽然输出高电平时，满足二极管发光的电压条件。但此时输出电流太小，最大为 $0.4\text{mA}$，4 只发光二极管，每只只能得到 $0.1\text{mA}$ 的电流，发光二极管无法正常发光

（7）扇出系数 $N_0$。扇出系数 $N_0$ 是指与非门能驱动同类门的个数。由于门电路的拉电流和灌电流不能无限制增大，而连接的负载（后级输入门电路）总要从输出电路中拉出或灌入电流，故门电路能正常驱动的个数是有限制的。如 $V_{OL}$ 不超过额定低电平时允许的最大灌

电流为 $I_{\text{OL}}$，则其能驱动同类门的个数为 $N_0 = I_{\text{OL}}/I_{\text{IL}}$。扇出系数越大，说明这一类门电路的带负载能力越强。

（8）平均传输延迟时间 $t_{\text{pd}}$。在 TTL 电路工作时，由于开关器件的转换需要时间，使输出波形与输入波形上存在一定的滞后，从而限制了门电路的工作速度，评价这一速度的参数就是平均传输延迟时间 $t_{\text{pd}}$。

如图 2.7 所示，输入 $u_{\text{I}}$ 波形上升沿的中点与输出 $u_{\text{O}}$ 波形的下降沿的中点之间的时间间隔称为导通延迟时间 $t_{\text{pHL}}$；而 $u_{\text{I}}$ 下降沿中点与 $u_{\text{O}}$ 上升沿中点之间的时间间隔称为截止延迟时间 $t_{\text{pLH}}$。平均传输延迟时间 $t_{\text{pd}} = (t_{\text{pHL}} + t_{\text{pLH}})/2$。$t_{\text{pd}}$ 越小，说明它的工作速度越快。

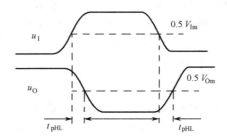

图 2.7　TTL 与非门的传输延迟时间

（9）功耗。门电路的电源电压与电源供给电路的平均电流的乘积称为功耗。通常随门电路工作速度的增加，功耗随之增加，通常定义工作速度与功耗的乘积为数字电路的品质因素，该值越小，表明门电路在较高的工作速度下，仍能保持较小的功耗。

想一想：请用参数计算，图 2.3 中哪些电路经减少发光二极管后能够发亮。同时想一想，利用门电路驱动发光二极管发光时，最好是利用输出高电平直接驱动比较好，还是把发光二极管通过限流电阻接电源，然后在低电平输出时来驱动好一点？

### 2.2.4　电路应用

利用图 2.1 所示 74LS00 可控制信号的传送。电路如图 2.8 所示。A 是要传送的信号，B 是控制信号，当 B = 1 时，信号可以经反相后输出（因为：$F = \overline{AB} = \overline{A \cdot 1} = \overline{A}$），而当 B = 0 时，输出为 1（因为，$F = \overline{AB} = \overline{A \cdot 0} = \overline{0} = 1$），A 信号无法传送。逻辑门电路可以控制信号是否可以传送，有类似"门"的作用，顾名思义称为"门电路"。

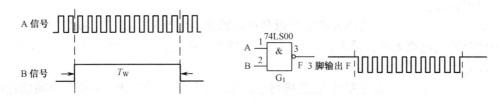

图 2.8　与非门电路选通信号

想一想：如果要选通传送信号，希望信号经选通后原信号同相输出，可用什么门电路来实现控制？要实现图 2.12 所示的电路可选用哪些电子元件？

### 2.2.5 TTL 与非门的改进系列

数字电路的发展，对集成电路的要求更高。集成电路的改进主要从提高工作速度，降低功耗，增强抗干扰能力等方面进行。常用的三种改进型的 TTL 与非门的特性见表 2.3。

表 2.3 三种改进型的 TTL 与非门的特性

| 名　称 | 速　度 | 功　耗 | 抗干扰能力 |
| --- | --- | --- | --- |
| 抗饱和 TTL 电路（STTL） | 快 | 小 | 一般 |
| 有源泄放 TTL 门电路 | 最快 | 一般 | 强 |
| 低功耗肖特基电路（LS-TTL） | 较快 | 最小 | 一般 |

## 2.3 TTL 门电路的输出结构

TTL 门电路除了与非门以外，还有其他功能的门电路，如与门、非门、或门、或非门、与或非门、异或门、同或门等种类。各种各样的门电路给逻辑设计带来极大的便利，这些门电路除了逻辑功能不同以外，由于它们输入部分和输出部分电路基本相同，所以它们的外部特性和与非门相似。

普通的 TTL 门电路的输出端是不允许直接连接在一起的。如图 2.9 所示，如果门 $Z_2$ 的输出是高电平，设为 3.4V；另一个门 $Z_1$ 的输出是低电平，设为 0.35V，如果两输出端直接相连，相当于高低差异很大的电压直接并在一起，必将有很大的电流从电源经 $Z_2$ 流向门 $Z_1$，经 $Z_1$ 到地。这个电流远远超过正常工作电流，会使电路损坏。

为了使门电路的应用具有更强的适应性，运用更灵活，能够适应逻辑运算以外的其他要求，如更改输出高电压，控制门电路是否工作等，出现了一些输出结构比较特别的门。TTL 门电路的输出结构有以下三种：

（1）推拉式结构。与非门常用的输出结构。

（2）集电极开路输出结构。即 OC 门。

（3）三态输出结构。即 TSL 门。

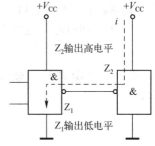

图 2.9 普通 TTL 与非门禁止输出端直接相连

### 2.3.1 集电极开路门

集电极开路门（简称 OC 门，Open Collector 的缩写）：输出端需要外加上拉电阻然后接外加电源的集电极开路门电路，输出的高电平电压值与外加电源相同。

#### 1. 功能分析

OC 门在制作时，缺少一些影响参数的器件，可理解为"残缺的门"，相当于图 2.10（a）

所示只带门框，不带门板的门。这种门电路使用时，用户要外接电路，相当于给门框配门板才能使有。这种电路使用时，必须外加一个外接电阻 $R_P$ 连接电源 $+V_{CC}'$，才能实现相应的逻辑功能，这种电路称为集电极开路门（简称 OC 门），$R_P$ 称为上拉电阻。此处以 OC 输出结构的与非门逻辑符号如图2.10（b）所示，即电路仍实现与非门功能：$Y = \overline{A \cdot B}$。图2.10（b）还画上了外加的上拉电阻和电源。OC 门与常用的 TTL 与非门电路的差异就是输出高电平时，由于门电路截止，输出的高电平不是通常的 3.4V 或 3.6V，而是与外接的 $V_{CC}'$ 相同。

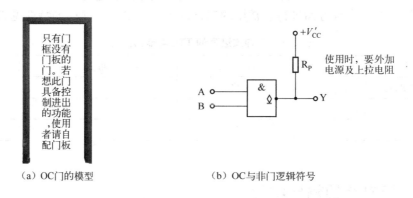

（a）OC门的模型　　　　　　　　　　（b）OC与非门逻辑符号

图2.10　集电极开路与非门

这种 OC 输出结构的门电路由于电源 $+V_{CC}'$ 和上拉电阻 $R_P$ 是外接，只要合理配置其参数，使得灌电流不要大于门电路的允许值，就允许将几个 OC 门的输出端直接连在一起，也可以一个门单独使用。当 OC 门单独使用时，由于输出高电平为 $V_{CC}'$，可以方便地改变输出高电平的电压值，提高输出电路带负载能力。

### 2. OC 门的主要用途

（1）线与。从图2.11（a）中可以看出，仅当所有 OC 门的输出都是高电平时，Z 才为高电平，任一个 OC 门输出为低电平时，Z 就是低电平，所以输出 Z 的逻辑表达式为：

$$Z = \overline{AB} \cdot \overline{CD} \cdot \overline{EF}$$

从表达式中可知，此电路通过输出线的相连，就实现了"与逻辑"功能，这称为"线与"。

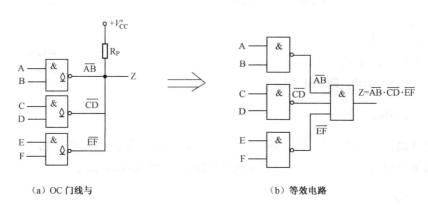

（a）OC 门线与　　　　　　　　　　（b）等效电路

图2.11　OC 门线与

在使用 OC 门实现"线与"时，外接上拉电阻 $R_P$ 的选择非常重要，只有 $R_P$ 选择得当，才能保证 OC 门输出满足要求的高电平和低电平。图 2.12 标出了外接上拉电阻 $R_P$ 时要考虑的电流方向。$R_P$ 阻值的选择可参考下式：

$$\frac{V_{CC} - V_{OL(max)}}{I_{OL(max)} - m \cdot I_{IL}} < R_P < \frac{V_{CC} - V_{OH(min)}}{m' \cdot I_{IH}}$$

式中，$V_{OH(min)}$ 是 OC 门输出高电平的下限值；

　　　$I_{IH}$ 是负载门的输入高电平电流；

　　　$m'$ 是负载门输入端的个数（不是负载门的个数）；

　　　$V_{OL(max)}$ 是 OC 门输出低电平的上限值；

　　　$I_{OL(max)}$ 是 OC 门输出低电平时的灌电流能力；

　　　$I_{IL}$ 是负载门的输入低电平电流；

　　　$m$ 是负载门输入端的个数。

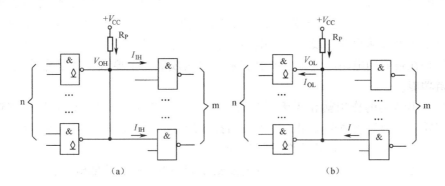

图 2.12　外接上拉电阻 $R_P$ 的选择

一般 $R_P$ 可选 1kΩ 左右的电阻。

除 TTL 与非门电路外，其他类型门电路也有集电极开路门形式，只要其输出电路形式是 OC 门就允许接成"线与"形式。

（2）电平转移。一般 TTL 电路输出高电平为 3.6V，在需要不同高电平电压值输出的情况下，也可以用 OC 门实现。如图 2.13 所示电路中，OC 门的输出经负载电阻 $R_L$ 接向 +10V 电源电压 $V_{CC}$，这样，当电路输入低电平时输出管截止，输出高电平电压值为 10V。

（3）用做驱动电路。OC 门通常具有较大电流驱动能力，可直接用它驱动指示灯、继电器、脉冲变压器等等，其连接见图 2.14 所示。

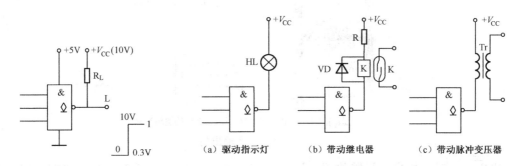

图 2.13　OC 门实现电平转移　　　　　　图 2.14　OC 门作驱动电路

想一想：

（1）为什么在电路制作时，有些电路必须加上拉电阻才能工作？

（2）一只红色发光二极管正向导通时所需的电压大约为 1.6V，普通的与非门能够驱动多少个串联的发光二极管？如果需要驱动的发光二极管为 5 只，可利用什么门电路？

### 2.3.2 三态门

三态门（简称 TSL，Tristate Logic 的缩写）又称为三态输出门，它的输出端有三种状态：

（1）门导通，输出低电平。

（2）门截止，输出高电平。

（3）高阻态，或称禁止态，此时输出端相当于是悬空的，即与内部电路断开。

在数字电路中，经常需要进行多个部件之间的数据传送，这些数据的传送通常通过"总线"来实现；也就是说这些部件的输出端要直接连接在一起。直接连接在总线上、控制部件的信号是否可以输出到总线上的门电路就是三态门电路。

三态门是在普通门电路的基础上加上控制电路构成的。主要改变的是电路的输出结构，不改变逻辑功能。

三态门输出结构的作用就相当于图 2.15（a）所示的给门加锁，即成为"带锁的门"。加锁后的门要实现控制物体的进出，除了按门打开的方向用力推动以外，还首先必须保证门锁是打开的，否则大力推动门也无法把门打开。

三态门的控制端又称为使能端，可以是如图 2.15（b）所示的低电平有效，也可以是如图 2.15（c）所示的高电平有效。

#### 1. 功能分析

图 2.15（b）中，当 $\overline{EN}=0$ 时，与电路要求输入能控制输出的工作条件相符合，此时相当于门锁已开，输入信号可以控制输出信号，即此时的三态门相当于一个正常的二输入端与非门，输出结果完全取决于数据输入端的状态，输出 $L=\overline{AB}$，称为正常工作状态。

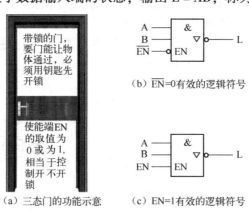

（a）三态门的功能示意　（c）EN=1 有效的逻辑符号

图 2.15　三态输出门

当 $\overline{EN}=1$ 时，相当于门锁关闭，门外任何变动都影响不了门里物体的状态，这时门电路的输出端状态不受输入信号的影响，从电路结构上认为对地和对电源都相当于开路，呈现高电阻，所以称这种状态为高阻态，或禁止态。此时输出端相当于悬空，内部电路与引脚断开。

三态门在工作时，用万用表电压挡测其输出端，可能测得三种情况：

（1）输出端对地电压约为 3.4V，此时输出相当于逻辑 1。

（2）输出端对地电压小于 0.3V，对正电源端电压大于 4.7V，此时输出相当于逻辑 0。

（3）输出端对地和对正电源端电压均为 0V，即输出端悬空，为高阻态。

### 2. 三态门的用途

三态门主要用于控制信号的传输。例如，应用在计算机系统各部件的输出级实现总线传输。总线就是数字电路系统中所有器件都允许与它相连，并通过它与其他器件进行信息传递的传输线，相当于公共交通中的主干道，各支路上的汽车都可以通行在主干道上，然后进入各自的目的地支路。但是每一时刻只允许一辆汽车在主干道上行驶，不同时间可以行驶不同的车辆。在同一传输线上传递几个信号必须分时进行。

图 2.16 所示是三态门的主要用途：

（1）用做多路开关。$E = 0$ 时，门 $G_1$ 使能，$G_2$ 禁止，$Y = A$；$E = 1$ 时，门 $G_2$ 使能，$G_1$ 禁止，$Y = B$。

（2）信号双向传输。$E = 0$ 时信号向右传送，$B = A$；$E = 1$ 时信号向左传送，$A = B$。

（3）构成数据总线。让各门的控制端轮流处于低电平，即任何时刻只让一个三态门处于工作状态，而其余三态门均处于高阻状态，这样总线就会轮流接收各三态门的输出而不互相干扰。

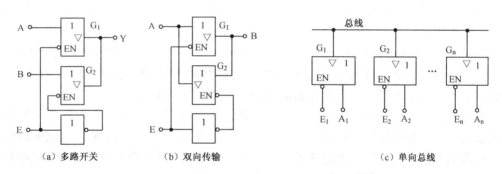

|（a）多路开关|（b）双向传输|（c）单向总线|

图 2.16 三态门的应用

图 2.17 是利用三态门进行数据的双向传送应用于微机读写控制的连接图，此时的控制端 EN 可作为读/写（$R/\overline{W}$）选择端。当此端为低电平时，由微处理器向存储器写入信号，数据传送从左往右；当此端为高电平时，微处理器（CPU）从存储器读出数据，数据传送从右往左。

 想一想：

（1）哪种输出结构的门电路的输出端可以直接连接在一起？一根传输线同一时刻可以表示多少位二进制数？试举一些总线应用的例子。

（2）在数据总线中，不同时刻传送不同的信号，通常称为时分复用传递信号的方式，如何理解？

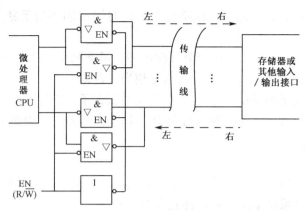

图 2.17　利用三态门进行数据双向传送

## 2.4　CMOS 集成门电路

CMOS 集成门电路是互补金属氧化物半导体器件的简称。

MOS 逻辑门电路是继 TTL 之后发展起来的另一种应用广泛的数字集成电路。由于它功耗低，抗干扰能力强，工艺简单，几乎所有的大规模、超大规模数字集成器件都采用 MOS 工艺。就其发展趋势看，MOS 电路特别是 CMOS 电路有可能超越 TTL 成为占主导地位的逻辑器件。

在三极管里参与导电的载流子是电子和空穴，而金属 – 氧化物半导体场效应管（MOS 管）的电流是一种载流子的运动，所以 MOS 电路又叫单极型电路。MOS 管是一种电压控制电流的器件，它是利用栅源之间的电压 $u_{GS}$ 来控制漏极电流 $I_D$ 的一种器件。它和晶体管一样可以当做开关使用。

在 MOS 管中，利用电子导电的称为 N 沟道 MOS 管，由它组成的电路称为 NMOS 电路；利用空穴导电的称为 P 沟道 MOS 管，由它组成的电路称为 PMOS 电路。另外一种电路，既有 NMOS 管又有 PMOS 管，称为互补 MOS 电路，简称 CMOS 电路。

MOS 管的输入阻抗非常大，无输入电流。即 CMOS 集成电路是没有电流流入到集成电路的内部的。这一特性导致 CMOS 门电路如果输入端聚集了电荷，是无法形成电流泄放掉了，这种情况类似于在天气干燥的冬天，穿化纤类的衣服容易起静电一样。聚集电荷数量过大时，CMOS 集成电路容易造成击穿。

### 2.4.1　常用 CMOS 门电路

CMOS 门电路有和 TTL 功能相当的逻辑门，如：与门、或门、与非门、或非门、与或非门、三态门、异或门和类似 TTL 的 OC 门的 OD 门（漏极开路的门电路）等，其逻辑符号和表达式与 TTL 门电路完全一致。此外，CMOS 传输门也是常用的 CMOS 门电路。TTL 门电路只能用于控制数字信号的传递，而 CMOS 模拟开关可用来控制模拟信号的传递。

在 CMOS 模拟开关的传输门的逻辑符号如图 2.18（a）所示，图 2.18（b）则为其等效开关。这种传输门只要转换控制端 C 的电压，即可控制模拟开关的通和断，实现 $u_1$ 和 $u_0$ 的双向传输。图中当 C = 1 时，认为控制端处在选通状态时，输出端的状态与于输入端的状态相当，即 $u_0 = u_1$；当 C = 0 是，认为控制端处于截止状态时，则不管输入端电平如何，输出端都呈高阻状态。在使用时，控制端不允许悬空。

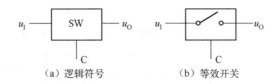

（a）逻辑符号　　　　　　　（b）等效开关

图 2.18　CMOS 模拟开关的逻辑符号

模拟开关在电子设备中主要起接通信号或断开信号的作用。由于模拟开关具有功耗低、速度快、无机械触点、体积小和使用寿命长等特点，因而在自动控制系统和计算机中得到了广泛应用。

### 1. 模拟开关的种类

根据电路的特性和集成度的不同，MOS 模拟开关集成电路可分为很多种类。现将常用的模拟开关集成电路的型号、名称及特性列入表 2.4 中。

表 2.4　常用的模拟开关

| 类　别 | 型　号 | 名　称 | 特　点 |
|---|---|---|---|
| 模拟开关 | CD4066 | 四双向模拟开关 | 四组独立开关，双向传输 |
| 多路模拟开关 | CD4051 | 8 选 1 模拟开关 | 电平位移，双向传输，地址选择 |
| | CD4052 | 双 4 选 1 模拟开关 | 电平位移，双向传输，地址选择 |
| | CD4053 | 三路 2 组双向模拟开关 | 电平位移，双向传输，地址选择 |
| | CD4067 | 单 16 通道模拟开关 | 电平位移，双向传输，地址选择 |
| | CD4097 | 双 8 通道电路模拟开关 | 电平位移，双向传输，地址选择 |
| | CD4529 | 双四路或单八路模拟开关 | 电平位移，双向传输，地址选择 |

### 2. 模拟开关的应用实例

电视机的输入信号通常除了天线输入以外，还可以接收 1~2 音视频（简称 AV）信号，如 DVD 作为信号源输出的音视频信号等。即使多路信号同时有输入，电视机最终都只能显示其中一路信号，图 2.19 就是利用三组 2 路双向模拟开关 4053 进行电视机多路信号的选择示意图。CPU 输出的通道选择信号以不同电平的形式输入到 CD4053 的选通端，4053 端子的作用和真值表见图 2.20，图中，Control 就是控制端，即是选通端。A、B、C 的取值决定三组输出 X、Y、Z 各自对输入端的选择。如果是低电平，则选中下标为 0 的输入端到对应的输出端，为高电平则选中下标为 1 的输入端。使用时，$V_{EE}$ 接地。

想一想：

（1）如图 2.19 所示，如果想选取通道 1，CPU 应该输出高电平还是低电平给对应的控制端？

（2）利用模拟开关控制信号的传输和用门电路控制信号的传输以及利用三态门的使能端控制信号的传输三者之间有什么差别？

（3）CMOS 模拟开关与普通的机械开关相比有什么特点？

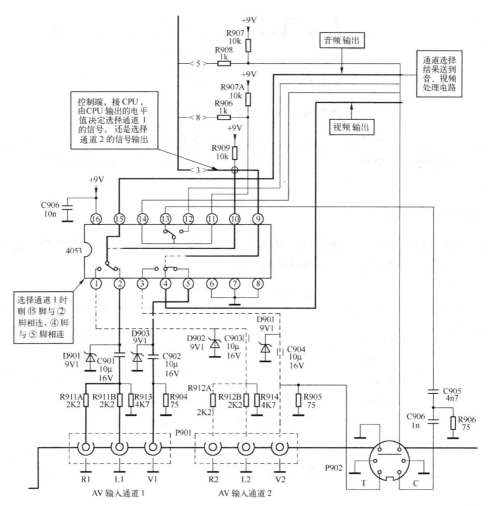

图 2.19　4053 在电视机选 AV 通道输入中的作用

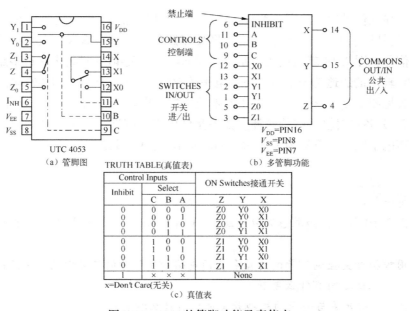

| Control Inputs | | | | ON Switches接通开关 | | |
|---|---|---|---|---|---|---|
| Inhibit | Select | | | | | |
| | C | B | A | Z | Y | X |
| 0 | 0 | 0 | 0 | Z0 | Y0 | X0 |
| 0 | 0 | 0 | 1 | Z0 | Y0 | X1 |
| 0 | 0 | 1 | 0 | Z0 | Y1 | X0 |
| 0 | 0 | 1 | 1 | Z0 | Y1 | X1 |
| 0 | 1 | 0 | 0 | Z1 | Y0 | X0 |
| 0 | 1 | 0 | 1 | Z1 | Y0 | X1 |
| 0 | 1 | 1 | 0 | Z1 | Y1 | X0 |
| 0 | 1 | 1 | 1 | Z1 | Y1 | X1 |
| 1 | × | × | × | None | | |

x=Don't Care(无关)

（c）真值表

图 2.20　4053 的管脚功能及真值表

### 2.4.2 CMOS 逻辑门电路的主要参数

CMOS 门电路主要参数的定义同 TTL 电路，下面说明 CMOS 电路主要参数的特点。

（1）输出高电平 $V_{OH}$ 与输出低电平 $V_{OL}$。CMOS 门电路 $V_{OH}$ 的理论值为电源电压 $V_{DD}$，$V_{OH(min)} = 0.9V_{DD}$；$V_{OL}$ 的理论值为 0V，$V_{OL(max)} = 0.01V_{DD}$。所以 CMOS 门电路的逻辑摆幅（即高低电平之差）较大，接近电源电压 $V_{DD}$ 值。

（2）阈值电压 $V_{TH}$。阈值电压 $V_{TH}$ 约为 $V_{DD}/2$。

（3）抗干扰容限。CMOS 非门的关门电平 $V_{OFF}$ 为 $0.45V_{DD}$，开门电平 $V_{ON}$ 为 $0.50V_{DD}$。因此，其高、低电平噪声容限均达 $0.45V_{DD}$。其他 CMOS 门电路的噪声容限一般也大于 $0.3V_{DD}$，电源电压 $V_{DD}$ 越大，其抗干扰能力越强。

（4）传输延迟与功耗。CMOS 电路的功耗很小，一般小于 1mW/门，但传输延迟较大，一般为几十 ns/门，且与电源电压有关，电源电压越高，CMOS 电路的传输延迟越小，功耗越大。74HC 高速 CMOS 系列的工作速度已与 TTL 系列相当。

（5）扇出系数。因 CMOS 电路有极高的输入阻抗，故其扇出系数很大，一般额定扇出系数可达 50。但必须指出的是，扇出系数是指驱动 CMOS 电路的个数，若就灌电流负载能力和拉电流负载能力而言，CMOS 电路远远低于 TTL 电路。

### 2.4.3 CMOS 集成门电路的应用

图 2.21 所示是用 CMOS 集成六反相器构成的灯光报警器电路。该电路实际上由一片 CMOS 集成六反相器中的 3 个非门构成方波发生器。图 2.21（a）是电路结构图，图 2.21（b）是所采用集成电路 CC4069 的 4 脚和 6 脚的输出波形图。从波形图中可以看出，由于经过一个非门，两输出波形刚好反相。

在实际使用时，我们应把集成电路的 14 脚（$V_{DD}$）接至电源正端，7 脚（$V_{SS}$）接至电源负端。该电路允许电源电压的范围为 3～18V，此处，给它加上 4.5V 电源。

假设接通电源瞬间，1 脚为高电平，则 2 脚和 3 脚为低电平，4 脚为高电平；由于 4 脚通过电容和电阻与 2 脚相连，所以会从 4 脚对电容 C 充电，由于 4 脚电压基本不变，对电容充电将使电容左端电压下降，从而影响 1 脚电压下降，当 1 脚电压下降到足以使 2 脚翻转为高电平，4 脚转变为低电平，通过 C 耦合，使 1 脚维持为低电平；此后，电容 C 放电，将引起 1 脚电压上升，升至使 2 脚变为低电平，4 脚为高电平，通过 C 耦合，使 1 脚维持为高电平；此后，电容充电，周而复始，形成振荡，从 4 脚输出矩形波。

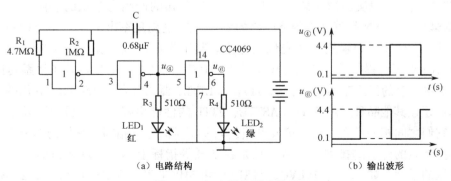

（a）电路结构  （b）输出波形

图 2.21 灯光报警器及波形

振荡电路的输出频率主要由 $R_2$ 和 C 的参数决定。本电路输出方波的频率约略高于 2Hz，方波的幅值约为 4.4V。此振荡信号一路直接从 CC4069 的 4 脚经电阻 $R_3$ 加到红色发光二极管 $LED_1$ 上，另一路经一非门从 6 脚输出，然后通过 $R_4$ 加到绿色发光二极管 $LED_2$ 上，因为这两个输出端的信号相位是互为相反的，合上电源开关后，两只发光二极管轮流发光。

**想一想**：如何设计可以通过一个控制端输入信号去控制报警电路工作与否的电路。

## 2.5 集成门电路的实用知识

前面我们重点介绍了 TTL 和 CMOS 门电路。这两种门电路是应用最广泛的电路。除此之外，还有其他几种常用的门电路，其性能比较见表 2.5，使用者可以根据对速度、抗干扰能力和集成度的要求进行选用。

**表 2.5 常用门电路的性能**

| 类　型 | 优　点 | 缺　点 | 适应场合 |
|---|---|---|---|
| TTL<br>（晶体管 - 晶体管逻辑） | 功耗低、高速 | 对电源变化敏感（5 ± 0.5V），抗干扰能力一般 | 中小规模集成电路、高速信号处理和许多接口应用 |
| CMOS<br>（互补金属氧化物半导体器件） | 功耗极低，集成度高，电源适应范围广（3 ~ 18V），抗干扰能力强 | 速度不够高，对静电破坏敏感 | 中小规模集成电路，微型计算机和自动仪器仪表 |
| ECL<br>（发射结耦合逻辑） | 速度快，负载能力强 | 抗干扰能力差，功耗大 | 中、小规模的集成电路，用在高速、超高速的数字系统和设备当中 |
| $I^2L$<br>（集成注入逻辑） | 集成度高，功耗低 | 输出电压幅度小，抗干扰能力差，开关速度较低 | 数字系统如单片机、大规模逻辑阵列、存储器等 |

### 2.5.1 常用集成门电路型号系列简介

#### 1. TTL 门电路型号系列介绍

TTL 门电路的国标系号用 CT 作前缀。前缀 "C" 表示中国制造，"T" 表示 TTL。在国际上，TTL 电路通常以美国德克萨斯（Texas）仪器公司的产品为公认的参照系列电路，前面冠以 SN54/SN74。SN 是英文半导体网络的缩写，54 是满足军事上需要而设计的产品，将可靠性、功耗、体积等因素放在优先位置考虑。其工作温度范围宽，为 - 50℃ ~ + 120℃；74 是为民用工业部门提供的，其工作温度范围为 0℃ ~75℃。TTL 门电路主要系列见表 2.6。

表 2.5 中，有的已经基本淘汰，如 HTTL 和 LTTL，最常用的是 LSTTL，它们的产品种类和产量远远超过其他品种。ALSTTL、ASTTL、FTTL 的性能更好一些，目前还处于发展和完善阶段，它们之间相差不大。数字集成电路，只要型号的序号相同，它们的功能就相当，双列直插类型封装的外引脚排列也一致，只是在功耗等指标上不同。现在市面上有一些低功耗、低电压的系列，如 74LV、74LVC、74ALVC 和 74BCT 等，供电电压只有 1.2 ~ 3.6V，功耗很小，如 74BCT 系列只有 2.5mW。

表 2.6　TTL 门电路系列介绍

| 系　列 | 子 系 列 | 名　　　称 | 国 标 型 号 | $t_{pd}$（ns） | $P$（mW） |
|---|---|---|---|---|---|
| TTL 系列 | TTL | 标准 TTL 系列 | CT54/74--- | 10 | 10 |
| | HTTL | 高速 TTL 系列 | CT54H/74H--- | 6 | 22 |
| | LTTL | 低功耗 TTL 系列 | CT54L/74L--- | 33 | 1 |
| | STTL | 肖特基 TTL 系列 | CT54S/74S--- | 3 | 19 |
| | LSTTL | 低功耗肖特基 TTL 系列 | CT54LS/74LS--- | 9 | 2 |
| | ALSTTL | 先进低功耗肖特基 TTL 系列 | CT54ALS/75ALS--- | 4 | 1 |
| | ASTTL | 先进肖特基 TTL 系列 | CT54AS/75AS--- | 1.5 | 20 |
| | | 快速 TTL 系列 | CT54F/74F | | |

### 2. CMOS 门电路型号系列介绍

目前国产 CMOS 逻辑门产品系列见表 2.7，主要有普通 CMOS 电路 CC4000 系列（或标为 CC1400 系列）、高速 54HC/74HC 系列。CC4000 系列由于其电源适应面比较广（3～18V），较为常用；而 54HC/74HC 则以其开关速度较快占优势。另外，其中的 ACT 系列无须接口电路就可以和 TTL 门电路兼容使用。

表 2.7　国产 CMOS 逻辑门产品系列

| 系　列 | 子 系 列 | 名　　　称 | 国 标 型 号 | 供电电源（V） |
|---|---|---|---|---|
| CMOS 系列 | CMOS | 标准型 CMOS 系列 | 4000 系列/4500 系列/14500 系列 | 3～18 |
| | HCMOS | 高速 CMOS 系列 | 40H---（东芝 TC 系列兼容 TTL74 引脚） | 2～6 |
| | HC | 新的高速型 CMOS 系列 | 74HC---/74HC4000---/74HC4500（输入电平与 TTL 引脚兼容） | 4.5～6 |
| | AC | 先进的 CMOS 系列 | 74AC--- | 1.5～5.5 |
| | ACT | 与 TTL 电平兼容的 AC 系列 | 74ACT---（输入电平与 TTL 引脚兼容） | 4.5～5.5 |

### 3. 74 系列的 TTL、和 4000 系列的 CMOS 门电路输入、输出参数

常见型号系列的 TTL、CMOS 门电路输入、输出参数见表 2.8。在该表中 CMOS 门电路的供电电压采用与 TTL 门电路相同的供电电压 +5V。

表 2.8　TTL、CMOS 门电路输入、输出参数

| 参数名称 ＼ 电路种类 | TTL | LSTTL | CMOS | HCCOMS |
|---|---|---|---|---|
| $V_{OHmin}$（V） | 2.4 | 2.7 | 4.6 | 4.4 |
| $V_{OLmax}$（V） | 0.4 | 0.5 | 0.05 | 0.1 |
| $I_{OHmax}$（mA） | -0.4 | -0.4 | -0.51 | -4 |
| $I_{OLmax}$（mA） | 16 | 8 | 0.51 | 4 |
| $V_{IHmin}$（V） | 2 | 2 | 3.5 | 2 |
| $V_{ILmax}$（V） | 0.8 | 0.8 | 1.5 | 0.8 |
| $I_{IHmax}$（μA） | 40 | 20 | 0.1 | 0.1 |
| $I_{ILmax}$（mA） | -1.6 | -0.4 | $-0.1 \times 10^{-3}$ | $-0.1 \times 10^{-3}$ |

附录 A 是常用逻辑符号对照表，附录 B 是国产半导体集成电路型号命名法，附录 C 是部分 TTL 器件一览表。

### 2.5.2 集成门电路使用注意事项

#### 1. TTL 门电路的使用注意事项

（1）TTL 电路的电源正端通常标以"$V_{CC}$"，负端标以"GND"。电源正常是集成电路门电路正常工作的必要条件。

（2）TTL 集成电路对电源电压要求比较严格，除了低电压、低功耗系列外，通常只允许在 +5±0.5V 的范围内工作，若电源电压超过 5.5V，将损坏器件；若电源电压低于 4.5V，器件的逻辑功能将不正常。

（3）TTL 门电路的多余输入端处理方法。由于集成电路输入引脚的多少在集成电路生产时就已固定，在使用集成电路时有时可能会出现多余的引脚。多余的引脚要按具体情况进行处理。

TTL 与非门的输入端接地（相当于 $R_1 = 0$）可以看做接低电平，但不用悬空（相当于 $R_1 = \infty$）来等效高电平输入。因为输入端悬空，干扰信号可能从悬空端引入，使电路工作不稳定。TTL 与门、与非门多余输入端的处理方法如图 2.22（a）所示，可使输入端通过 1kΩ 电阻与 $+V_{CC}$ 相连来相当于高电平输入，或与其他输入端并联。原因分析如下：若三输入与门，其表达式为 F = ABC，若我们希望其逻辑关系为 F = AB，则 C 端多余，可以使 C = 1 或 C = A，因 F = ABC = AB · 1 = AB，F = ABC = ABA = AB，对输出结果无影响。对于或门、或非门，则将多余的输入端接地，或与有输入信号的输入端并联，如图 2.22（b）所示。逻辑关系请读者自行分析。

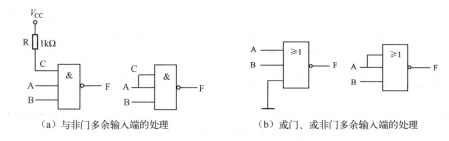

（a）与非门多余输入端的处理　　　　　　（b）或门、或非门多余输入端的处理

图 2.22　多余输入端的处理

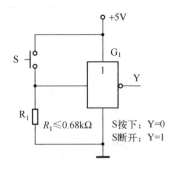

图 2.23　利用按钮产生脉冲信号的电路

在某些时侯，需要利用按钮产生电平信号，如图 2.23 所示电路。若 $G_1$ 为 TTL 集成电路，则电阻 R 不能大于 680Ω（具体是由于 TTL 内部电路决定的），否则不管 K 按下还是不按下，都认为输入电压为 1，Y 输出都为 0。

常见的 TTL 门电路输入电阻大于 2kΩ 认为是高电平输入，小于 680Ω 则认为是低电平输入。

（4）TTL 集成电路的输出端不允许直接接地或直接接 +5V，输出端与输出端之间也不能并联（除非输出逻辑值总是相同），否则将导致器件损坏。图 2.24 所示是错误的接法。

因为输出端直接接地，则当门电路输出高电平时，将产生很大的电流，烧毁门电路。若输出端直接接电源，则当门电路输出低电平时，会产生很大的电流，烧毁门电路。

图 2.24　门电路的输出端错误接法

### 2. CMOS 集成电路的使用注意事顶

（1）CMOS 电路的电源正端标以"$V_{DD}$"，负端标以"$V_{SS}$"。使用时一般将"$V_{SS}$"接地。

（2）由于 CMOS 门电路采用了 MOS 管是一种高输入阻抗、微功耗的电路，极易造成静电损坏。所以不使用的输入端不能悬空，而要根据逻辑功能接 $V_{DD}$（与门、与非门）或地（或门、或非门），以免受干扰造成逻辑混乱以及损坏门电路。且多余输入端最好不要并联，以免增加输入端的电容量，降低工作速度。同时，CMOS 门电路与 TTL 不同，它在直流状态下，栅极几乎不取电流，所以即使通过上千欧的电阻接地，电阻上无电流流过，仍看作低电平输入。

（3）CMOS 集成电路在未接电源 $V_{DD}$ 以前，不允许输入信号，否则将导致输入端保护电路被损坏。即 CMOS 集成电路一定要先加 $V_{DD}$，后加输入信号；先撤去输入信号，后去掉 $V_{DD}$。通电时禁止连接数字电路设备。

（4）CMOS 集成电路的输出端不允许直接接 $V_{DD}$ 或 $V_{SS}$，以免损坏器件。一般情况下也不允许输出端并联形成大电流。但为了增加驱动能力，同一芯片上的输出端允许并联。

（5）在储存和运输中，MOS 集成电路应用防静电包装（如铝箔、防静电包装袋）。

（6）使用时，必须采取防静电措施，以免静电击穿损坏或损伤集成电路。所有与 CMOS 电路直接接触的工具，测试设备必须可靠接地。

## 2.5.3　TTL 与 CMOS 电路的接口技术

在数字电路中，通常采用同类型的门电路来实现，但有时同时应用几种不同类型的集成电路，以便各取所长。两种不同类型的集成电路相互连接，驱动门（前一级门电路）必须要为负载门（后一级门电路）提供符合要求的高低电平和足够的输入电流，即要满足下列条件：

驱动门的 $V_{OH(min)}$ ≥负载门的 $V_{IH(min)}$。

驱动门的 $V_{OL(max)}$ ≤负载门的 $V_{IL(max)}$。

驱动门的 $I_{OH(max)}$ ≥负载门的 $I_{IH(总)}$。

驱动门的 $I_{OL(max)}$ ≥负载门的 $I_{IL(总)}$。

但是不同器件之间的输入逻辑电平、输出逻辑电平、负载能力等参数可能不满足上述条件，此时为了保证电路的正常工作，它们之间的连接需要采用接口电路。而且在自动控制电路里通常要驱动大电压、大电流的器件，此时门电路也要通过驱动接口电路。

### 1. TTL 驱动 CMOS

从表 2.7 可知，TTL 电路输出高电平的最小值为 2.4V，不能满足即使是 +5V 电源的 CMOS 输入高电平应大于 3.5V 的要求。为此，TTL 电路驱动 CMOS 电路的接口电路的作用是：提高输出高电平，以便与 CMOS 电路逻辑电平相容。常用的接口电路如图 2.25 所示。

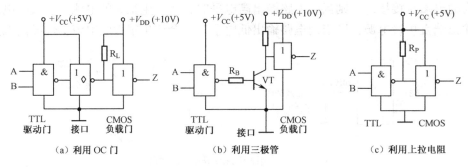

| （a）利用 OC 门 | （b）利用三极管 | （c）利用上拉电阻 |

图 2.25　TTL 驱动 CMOS

（1）利用 OC 门。如图 2.25（a），适当选接 OC 门的外接电源和 $R_L$，可满足 CMOS 对输入高电平的要求。如 CMOS 电路的输入高电平 10V 时，将接口 OC 门外接 +10V 电源就行了。

（2）利用三极管。如图 2.25（b），在 TTL 输出低电平时，三极管 VT 截止，因其与 CMOS 共用 +10V 电源，所以 $V_{OH}=10V$，满足 CMOS 门电路的输入高电平的要求；当 TTL 输出高电平时，三极管 VT 导通，$V_{OL}=0.3V$，满足 CMOS 门电路的输入低电平的要求

（3）利用上拉电阻。如图 2.25（c），当与非门截止时，因负载为输入电流为零的 CMOS 门，所以，$R_P$ 无电流流过，输出高电平 $V_{OH}=V_{CC}-U_{RP}=V_{CC}-0=V_{CC}=5V$，即可提高为 5V，满足 CMOS 输入高电平的需要。

也可以直接使用专用的 CMOS 电平移动器，如 CC40109，它由两种直流电源 $V_{CC}$ 和 $V_{DD}$ 供电。电平移动器接收 TTL 电平（对应于 $V_{CC}$），而输出 CMOS 电平（对应于 $V_{DD}$）。电路如图 2.26 所示。

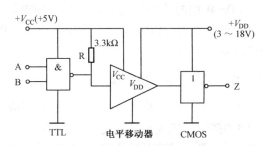

图 2.26　TTL-CMOS 电平移动器的应用

想一想：当两种设备要连接时，是否只要发现合适的接口就可以直接连在一起？

### 2. CMOS 驱动 TTL

用 CMOS 电路驱动 TTL 电路时，由于 CMOS 具有较宽的工作电压范围，它可以在 5V 电压下工作，因此无论 CMOS 电路输出低电平和输出高电平，从逻辑电平的相容性来看，均可满足 TTL 电路的要求。但由于 CMOS 电路输出低电平时，如果与 TTL 门电路直接相连，则从 TTL 电路输入端流入的短路电流 $I_{IS}$ 太大，流入 CMOS 门电路将使输出低电平大大提高，甚至超过 TTL 电路的最大输入低电平。所以，CMOS 驱动 TTL 要解决的问题是增大其驱动电流。为此，可以用专门用于 CMOS 电路驱动 TTL 电路的接口电路或用晶体管衔接。

（1）利用独立电流放大器。利用三极管的电流放大作用，为 TTL 负载提供足够大的驱动电流。如图 2.27 所示。

（2）利用专用接口电路。利用专用电路如六反相缓冲器 CC4009、六同相缓冲器 CC4010 等来直接驱动 TTL 负载。如图 2.28 所示。

74HC 系列可直接驱动 74LSTTL，不用作电平、电流变换。

**例 2.1**　一个 74HC00 与非门电路能否驱动 4 个 7400 与非门？能否驱动 4 个 74LS00 与非门？

**解：** 查阅集成电路使用手册或在 Internet 上进入 www.21ic.com 的器件搜索可查到：74 系列门的 $I_{IL} = 1.6\text{mA}$，74LS 系列门的 $I_{IL} = 0.4\text{mA}$，4 个 74 门的 $I_{IL(总)} = 4 \times 1.6 = 6.4\text{mA}$，4 个 74LS 门的 $I_{IL(总)} = 4 \times 0.4 = 1.6\text{mA}$。而 74HC 系列门的 $I_{OL} = 4\text{mA}$，所以不能驱动 4 个 7400 与非门，可以驱动 4 个 74LS00 与非门。

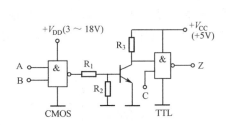

图 2.27　CMOS 驱动 TTL（一）

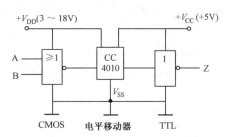

图 2.28　CMOS 驱动 TTL（二）

### 3. TTL 和 CMOS 驱动外接负载

标准的 TTL、CMOS 的拉电流、灌电流是比较小的，对一些对电压和电流要求不大的负载，它可以直接相连。对一些需要大电压、大电流的负载，如指示灯、继电器、晶闸管等，就必须在负载和集成电路之门增加驱动电路。驱动电路采用 OC 门或复合门等形式输出，具有很强的负载能力，图 2.14 所示就是利用 OC 门直接驱动负载，常用的缓冲器有反相器缓冲器 7406、四 2 输入与非门缓冲器 74LS37 等，还可以利用晶体管。当这些 TTL 和 CMOS 要驱动高电压大电流显示屏、继电器、步进电机等，就必须用大功率接口电路，如 ULN2001 ~ 2004 系列，甚至采用大功率的晶体管。

*想一想：在选用集成电路时，主要考虑哪些因素？*

## 实训 2　门电路的应用——门控报警电路

### 1. 实训目的

（1）让学生接触和实际应用集成电路逻辑门电路。
（2）掌握 74HC00 和 74HC04 的使用方法。
（3）增强学生的实际动手能力，提高其学习兴趣。

### 2. 实训器材

万能线路板、74HC00 和 74HC04 各一块、发光二极管两个、无源蜂鸣器一个、喇叭一个、电阻和电容若干。

### 3. 实训内容

使用集成电路时，除了要接好信号端以外，一定要给集成电路提供电源。

（1）灯光报警器。实训连接图参见图2.21。观察实训现象，总结电路工作原理。CC4069的4脚和6脚可用示波器观察其输出波形。但由于振荡频率较低，不到3Hz，用示波器难以观察，所以，用示波器观察输出波形时，可更改 $R_2$ 的电阻值为10kΩ，提高输出频率，以便于观察波形。这时红绿灯由于闪烁频率太快及人眼视觉暂留的原因，无法观察到其闪动，会感觉到两灯同时保持发亮，但亮度比单独闪亮时低。

（2）门控报警电路。门控报警电路如图2.29。使用 IC 为 CMOS 门电路74HC00。74HC00 与 74LS00 的管脚相同，但电平与 CMOS 兼容。与非门 $G_1$ 与 $G_2$ 组成一个低频振荡器，其振荡频率仅为几 Hz，与非门 $G_3$ 和 $G_4$ 组成一个音频振荡器，其振荡频率约为 1kHz。平时 a 点通过电阻 $R_1$ 接地为低电平，使得 b 点也是低电平，从而使音频振荡器停振，于是报警器无声。一旦 a 点有外来高电平输入，b 点的电平随着低频振荡器的工作周期性地时高时低，使音频振荡器发出报警信号，并通过喇叭发出报警声。

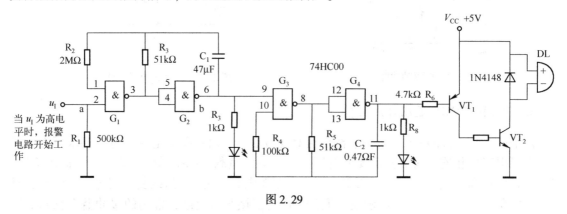

图 2.29

用74LS00 取代74HC00，电路能否工作？想想为什么？

思考时注意：① a 点接地电阻为 500kΩ，采用 74LS00，该阻值将使 a 点电平为高电平还是低电平？

② 采用 74LS00，$R_2$ 阻值为 2MΩ，电路是否能够工作？

思考时，注意 R 的取值与关门电阻 $R_{OFF}$ 之间的比较。考虑如 $R_2$ 和 $R_3$ 的相交点为低电平，$G_1$ 门输入端是否有电流流向 $R_2$，使得 $R_2$ 上的电压降为多少？1 脚为何种电平？

如采用 74LS00，$R_1$ 和 $R_2$ 取值应该是多少？是否越小越好呢？而 $R_2$ 的降低是否会引起其他因素导致电路不工作呢？请读者进行实训并得出结论。

### 3. 实训报告

（1）画出实训电路，说明观察出的实训现象。

（2）对实训过程进行总结。

### 4. 想想做做

设计一个水位检测仪，当水位达到规定位置时，则发出报警声提醒用户。

 **本章学习指导**

（1）常用的集成逻辑门电路有 TTL 和 CMOS 两种。

（2）TTL 逻辑门电路的基础是 TTL 与非门。掌握其主要参数是正确使用门电路的基础。

（3）CMOS 集成电路使用的是 MOS 管，由于 CMOS 电路的最基本的逻辑单元是反相器，它是采用了 N 沟道管与 P 沟道管互补式电路，功耗小，集成度高，其高速 CMOS 电路，工作速度已可与 TTL 电路媲美，以致整个数字电路中，CMOS 电路占据了主导地位。

（4）普通门电路采用推拉式的输出结构；集电极开路结构的门电路（OC 门）使用时必须通过上拉电阻外接电源，OC 门可实现线与并可提高输出电压；三态门利用控制端可控制门电路处于高阻态或正常传送信号的状态，从而使门电路方便实现与传输总线的相连。

（5）按逻辑功能分，常用的逻辑门电路的符号和表达式见表 2.9。

**表 2.9　常用逻辑门电路的符号和表达式**

| 名　称 | 符　号 | 表　达　式 |
|---|---|---|
| 与门 | A — & — F （B 输入） | $F = AB$ |
| 或门 | A — ≥1 — F （B 输入） | $F = A + B$ |
| 非门 | A — 1 —○— F | $F = \overline{A}$ |
| 与非门 | A — & —○— F （B 输入） | $F = \overline{AB}$ |
| 或非门 | A — ≥1 —○— F （B 输入） | $F = \overline{A + B}$ |
| 与或非门 | A、B、C、D 输入 & ≥1 —○— F | $F = \overline{AB + CD}$ |
| 异或门 | A — =1 — F （B 输入） | $F = A \oplus B = A\overline{B} + \overline{A}B$ |
| 同或门 | A — =1 —○— F （B 输入） | $Y = A \odot B = AB + \overline{A}\,\overline{B}$ |
| 与非集电极开路门（OC），与非漏极开路门（OD） | A — & —◇○— F （B 输入） | 符号◇表示开路输出：如三极管集电极开路，场效应管漏极开路等 |
| 与非三态门 | A、B 输入 & ▽ —○— F C — EN | 符号▽表示三态 当 C = 1 时，$F = \overline{AB}$ 当 C = 0 时为高阻态 |

# 习 题 2

2.1 TTL 门电路的主要参数有哪些？如一 TTL 与非门的有关参数为：$V_{OH} = 3.6V$，$V_{OL} = 0.3V$，$V_{OHmin}$ $= 3.0V$，$V_{OLmax} = 0.4V$，$V_{IHmin} = 2.8V$，$V_{ILmax} = 0.8V$，试定性画出其输入 – 输出特性曲线，并将上述参数标在曲线中的相应位置，再求该与非门的 $V_{NH}$，$V_{NL}$。

2.2 灌电流负载能力和拉电流负载能力与哪些电路参数有关？这些参数对反相器工作速度有何影响？

2.3 TTL 与非门输入端接地和悬空理论上分别看做何种电平输入？实际使用时，TTL 与非门输入端能否悬空，为什么？CMOS 器件呢？

2.4 对应于图 2.30 所示各种情况，分别画出输出 Z 的波形图（不考虑门电路的传输时间）。

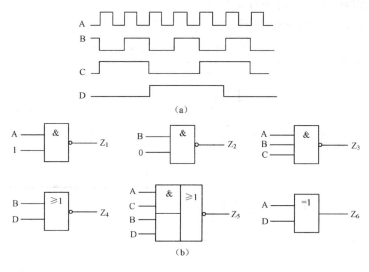

图 2.30

2.5 TTL 集成电路的输出级有哪些形式？各自有何特点？

2.6 试画出用 OC 门驱动发光二极管（LED）的电路图。

2.7 判断图 2.31 中，为实现图中所示各输出逻辑，各 TTL 逻辑图的接法是否正确？若有错，则说明为实现输出逻辑的正确的接法。

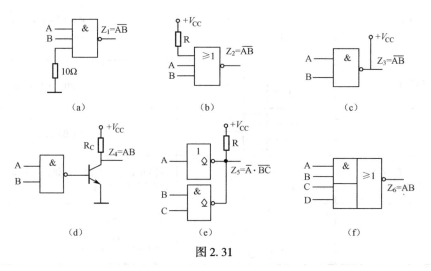

图 2.31

2.8 TTL 三态门其输出端有几种状态？工作时，用万用表如何检测它的工作状态？试写出图 2.32 所示三态门的表达式，并画出其输出波形。

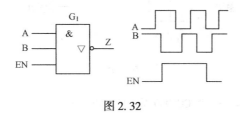

图 2.32

2.9 CMOS 电路及输入波形如图 2.33 所示，写出各输出 Y 的表达式并画出波形图。

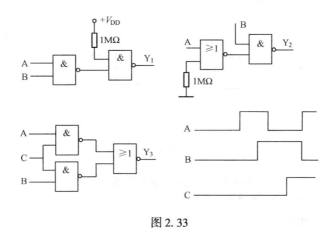

图 2.33

2.10 TTL、CMOS 集成电路使用的注意事项是什么？

2.11 对应于图 2.34（a）、（b）、（c）、（d）所示的各种情况，分别画出输出 Y 的波形。

2.12 如图 2.35 所示各门电路均为 74 系列 TTL 电路，分别指出电路的输出状态（高电平、低电平或高阻态）。

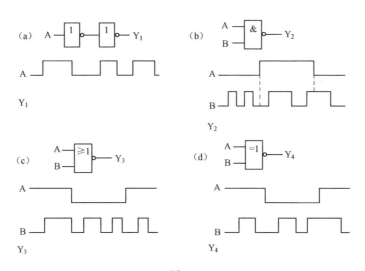

图 2.34

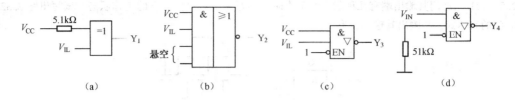

（a）      （b）      （c）      （d）

图 2.35

2.13    如图 2.36 所示各门电路均为 CC4000 系列的 CMOS 电路，分别指出电路的输出状态是高电平还是低电平。

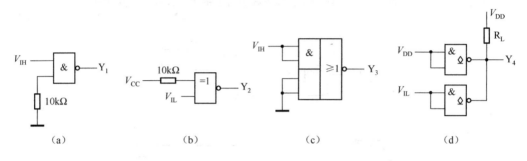

（a）      （b）      （c）      （d）

图 2.36

2.14    在进行 TTL 电路和 CMOS 电路接口时应注意哪些问题？

2.15    TTL 驱动 CMOS 电路时主要考虑满足何种条件？通常采用的方法有哪几种？

2.16    CMOS 驱动 TTL 电路时主要考虑满足何种条件？通常采用的方法有哪几种？

# 第3章　组合逻辑电路的分析与设计

　　数字系统能够完成非常复杂的任务，如计算机可以一分钟进行上亿次的运算等，这些高科技的数字产品都是依靠第2章介绍的基本门电路组合而成。利用"与"、"或"、"非"功能的门电路进行组合拼接，可以设计各种功能的大型数字控制系统，就如有了砖头、水泥、钢筋等建筑材料，就具备了建大厦的基本条件了，但是就如要建设大厦，有了材料，还有很多事情要做，如拥有优秀的设计和技巧等等。数字电路的分析与设计也需要一定的数学工具和一套有效的方法。本章我们学习分析数字电路，利用基本门电路设计数字电路来实现我们需要的逻辑功能的方法。

　　通过这一章的学习，主要掌握如下知识：

　　(1) 进一步学习分析和设计数字电路时常用的数学工具——逻辑代数。

　　(2) 逻辑代数的基本公式。

　　(3) 逻辑函数的代数化简法和卡诺圈化简法。

　　(4) 组合逻辑电路的分析方法。

　　(5) 组合逻辑电路及其设计方法。

## 3.1　概述

　　数字电路系统本身是由各种数字部件"拼装"组合去完成一定的逻辑功能。数字部件又是由各种标准逻辑器件组成。

　　电子秤是大家熟悉的一种电子产品，其主要功能是把物体的重量以十进制数值的形式表示出来。图3.1是某一型号电子秤的外形及结构框图。

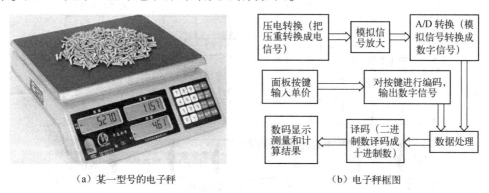

　　(a) 某一型号的电子秤　　　　　　　　　　　　(b) 电子秤框图

图3.1　电子秤外形和框图

　　脉博计也是大家熟悉的电子产品，其外形和框图见图3.2。

（a）某一型号的脉博计

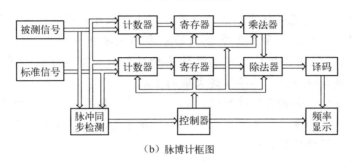

（b）脉博计框图

图 3.2    脉博计外形和框图

这些电子产品中，包含了数字电路系统。图 3.1、图 3.2 中所示的 A/D 转换（模/数转换）、译码、计数、锁存、数码显示等就是要学习的内容。图 3.3 是数字电路系统组成简图。由图可知，数字电路可分为无记忆功能的组合逻辑电路和有记忆功能的时序逻辑电路。组合逻辑电路的特点：电路任何时刻的输出状态，取决于该时刻输入信号的状态，而与输入信号作用之前电路所处的状态无关。时序逻辑电路的特点：电路任何时刻的输出状态，不仅取决于该时刻输入信号的状态，而且与输入信号作用之前电路所处的状态有关。本章将介绍组合逻辑电路的分析和设计方法。

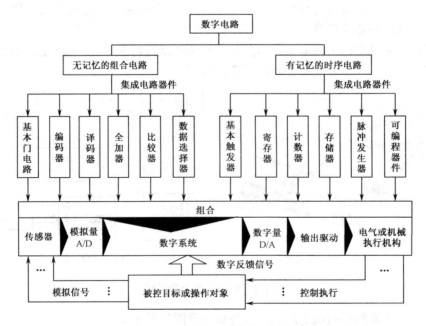

图 3.3    数字电路系统组成简图

前面我们介绍了逻辑代数，也介绍了逻辑代数的表示方法和实现逻辑代数的最基本逻辑器件门电路。同一逻辑函数用不同形式的表达式表达，所用的器件也将不同，生产的成本和电路的可靠性也有一定的差异。如：

$$F = AB + \overline{A}C \qquad \text{与 – 或表达式}$$

$$= (A + C)(\overline{A} + B) \qquad \text{或 – 与表达式}$$

$$= \overline{\overline{AB} \cdot \overline{\overline{A}C}} \qquad \text{与非 – 与非表达式}$$

$$= \overline{\overline{A + C} + \overline{\overline{A} + B}} \qquad \text{或非 – 或非表达式}$$

$$= \overline{\overline{A}\,\overline{C} + A\,\overline{B}} \qquad \text{与或非表达式}$$

在通常情况下，集成电路制作时，是把一定数量的功能相同的门电路制作在一起，如型号为74LS00 的与非门集成电路，内含 4 个与非门，如要实现上述表达式，如采用与 – 或式 $F = AB + \overline{A}C$，则需要与、或、非三种门电路，需要三块集成电路，其连线如图 3.4 （a）所示。若采用其与非 – 与非式 $F = \overline{\overline{AB} \cdot \overline{\overline{A}C}}$，则需要一块 74LS00 就可以了。其连线如图 3.4 （b）所示。

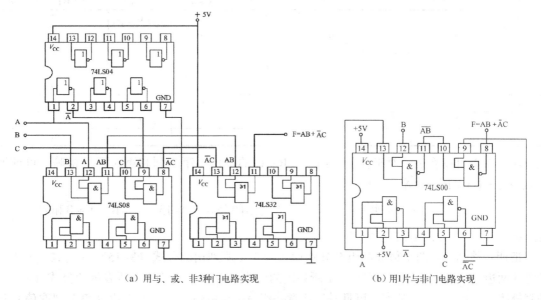

（a）用与、或、非3种门电路实现　　　　　　（b）用1片与非门电路实现

图 3.4　用门电路实现一逻辑函数

逻辑函数表达式与逻辑图有直接的对应关系，要合理选用门电路来实现组合逻辑电路，通常要对逻辑函数表达式的形式进行变换，等价变换表达式的依据就是逻辑代数的公式。为了使设计更为简捷合理，还要对逻辑代数进行化简。

## 3.2　逻辑代数公式

### 1. 逻辑代数基本公式

由逻辑运算的定义，可以推导出基本公式和常用公式。逻辑代数的基本公式如表 3.1，它反映了逻辑运算的基本规律。

表 3.1 中公式可以采用真值表证明，下面以表 3.1 所列出的公式（3-10）的证明为例进行说明。

**例 3.1** 证明表 3.1 所列出的公式（3-10）：$A + B \cdot C = (A + B) \cdot (A + C)$

**证明**：将变量 A、B、C 的全部取值组合分别代入等式两边，进行逻辑运算，结果如表 3.2 所示。

表 3.1 逻辑代数的基本公式

| 名 称 | 逻 辑 与 | | 逻 辑 或 | |
|---|---|---|---|---|
| 01 律 | $A \cdot 1 = A$ | (3-1) | $A + 0 = A$ | (3-2) |
| | $A \cdot 0 = 0$ | (3-3) | $A + 1 = 1$ | (3-4) |
| 交换律 | $A \cdot B = B \cdot A$ | (3-5) | $A + B = B + A$ | (3-6) |
| 结合律 | $A \cdot (B \cdot C) = (A \cdot B) \cdot C$ | (3-7) | $A + (B + C) = (A + B) + C$ | (3-8) |
| 分配律 | $A \cdot (B + C) = AB + AC$ | (3-9) | $A + B \cdot C = (A + B) \cdot (A + C)$ | (3-10) |
| 互补律 | $A \cdot \overline{A} = 0$ | (3-11) | $A + \overline{A} = 1$ | (3-12) |
| 重叠律 | $A \cdot A = A$ | (3-13) | $A + A = A$ | (3-14) |
| 反演律 | $\overline{A \cdot B} = \overline{A} + \overline{B}$ | (3-15) | $\overline{A + B} = \overline{A} \cdot \overline{B}$ | (3-16) |
| 还原律 | $\overline{\overline{A}} = A$ | (3-17) | | |

表 3.2 例 3.1 的真值表

| A | B | C | $B \cdot C$ | $A + B \cdot C$ | $A + B$ | $A + C$ | $(A + B) \cdot (A + C)$ |
|---|---|---|---|---|---|---|---|
| 0 | 0 | 0 | 0 | 0 | 0 | 0 | 0 |
| 0 | 0 | 1 | 0 | 0 | 0 | 1 | 0 |
| 0 | 1 | 0 | 0 | 0 | 1 | 0 | 0 |
| 0 | 1 | 1 | 1 | 1 | 1 | 1 | 1 |
| 1 | 0 | 0 | 0 | 1 | 1 | 1 | 1 |
| 1 | 0 | 1 | 0 | 1 | 1 | 1 | 1 |
| 1 | 1 | 0 | 0 | 1 | 1 | 1 | 1 |
| 1 | 1 | 1 | 1 | 1 | 1 | 1 | 1 |

从表 3.2 可以看出，对于任何一组 A、B、C 的取值，第 3 列和第 6 列都相等，可证明 $A + B \cdot C = (A + B) \cdot (A + C)$ 成立。

**例 3.2** 试用真值表证明反演律表 3.1 所列出的公式（3-15）$\overline{A \cdot B} = \overline{A} + \overline{B}$ 和表 3.1 所表示的公式（3-16）$\overline{A + B} = \overline{A} \cdot \overline{B}$。

**证明**：将 A、B 的全部取值组合分别代入表 3.1 所列出的公式（3-15）和公式（3-16）的等式两边进行逻辑运算，得到表 3.1 所列出的公式（3-15）和表 3.1 所表示的公式（3-16）的真值表 3.3 和表 3.4。从表中可见对于任意一组 A、B 取值，等式的左边（第 3 列取值）和右边（第 6 列取值）均分别相等，这就证明了反演律的正确性。

表 3.3 表 3.1 所列出的公式（3-15）的真值表

| A | B | AB | $\overline{AB}$ | $\overline{A}$ | $\overline{B}$ | $\overline{A} + \overline{B}$ |
|---|---|---|---|---|---|---|
| 0 | 0 | 0 | 1 | 1 | 1 | 1 |
| 0 | 1 | 0 | 1 | 1 | 0 | 1 |
| 1 | 0 | 0 | 1 | 0 | 1 | 1 |
| 1 | 1 | 1 | 0 | 0 | 0 | 0 |

表 3.4 表 3.1 所表示的公式（3-16）的真值表

| A | B | $A + B$ | $\overline{A + B}$ | $\overline{A}$ | $\overline{B}$ | $\overline{A} \overline{B}$ |
|---|---|---|---|---|---|---|
| 0 | 0 | 0 | 1 | 1 | 1 | 1 |
| 0 | 1 | 1 | 0 | 1 | 0 | 0 |
| 1 | 0 | 1 | 0 | 0 | 1 | 0 |
| 1 | 1 | 1 | 0 | 0 | 0 | 0 |

**2. 逻辑代数常用公式**

利用前述的基本公式可以进一步证明逻辑代数常用公式。熟练地掌握和使用这些公式将为化简逻辑函数带来很多方便。下面列出一些常用公式。

(1) 公式： $$AB + A\overline{B} = A \tag{3-18}$$

证明： $$AB + A\overline{B} = A \cdot (B + \overline{B}) = A \cdot 1 = A$$

所以，公式成立。

(2) 公式： $$A + A \cdot B = A \tag{3-19}$$

证明： $$A + A \cdot B = A \cdot (1 + B) = A$$

所以，公式成立。

(3) 公式： $$A + \overline{A}B = A + B \tag{3-20}$$

证明： $$A + \overline{A}B = (A + \overline{A})(A + B) = A + B$$

所以，公式成立。

(4) 公式： $$AB + \overline{A}C + BC = AB + \overline{A}C \tag{3-21}$$

证明： $$AB + \overline{A}C + BC = AB + \overline{A}C + (A + \overline{A})BC$$
$$= AB + \overline{A}C + ABC + \overline{A}BC = AB(1 + C) + \overline{A}C(1 + B)$$
$$= AB + \overline{A}C$$

所以，公式成立。

(5) 公式： $$Y = A \odot B = \overline{A \oplus B} \tag{3-22}$$

证明： $$A \oplus B = A \cdot \overline{B} + \overline{A} \cdot B, A \odot B = \overline{A} \cdot \overline{B} + AB$$

$$\overline{A \cdot \overline{B} + \overline{A} \cdot B} = \overline{A \cdot \overline{B}} \cdot \overline{\overline{A} \cdot B} = (\overline{A} + B) \cdot (A + \overline{B})$$
$$= \overline{A} \cdot A + \overline{A} \cdot \overline{B} + A \cdot B + B \cdot \overline{B} = \overline{A} \cdot \overline{B} + A \cdot B$$

即 $\overline{A \oplus B} = A \odot B$，公式得证，异或门和同或门互为"非"关系。

想一想：为什么在逻辑代数中存在 $1 + A = 1$，而在普通代数中这一结论并不成立。

# 3.3 逻辑函数的化简

## 3.3.1 化简意义及标准

逻辑函数可以有多种不同的表达式，通常逻辑函数表达式越简单，实现它的逻辑电路将是成本越低、速度越快和可靠性较高。所以，需要对逻辑函数进行化简。

因为从逻辑函数的真值表直接得到的是一个与或表达式，同时与或表达式也比较容易地转换成其他形式的表达式，因此，我们主要讨论与或式的化简方法。

最简与或式的标准是：

(1) 乘积项的个数应该最少。

(2) 每一个乘积项中所含变量个数最少。

对逻辑函数进行化简的方法有公式化简法和卡诺圈化简法。

## 3.3.2 公式化简法

公式化简法是运用逻辑代数的基本公式和常用公式进行化简。

### 1. 化简方法

（1）并项法。利用公式 $AB + A\overline{B} = A$，把两项合并成一项，同时消去一个变量。

**例3.3**　$F = AB\overline{C} + A\overline{B}\,\overline{C} = A\overline{C}(B + \overline{B}) = A\overline{C}$

（2）吸收法。利用公式 $A + AB = A$，吸收掉 $AB$ 这一项。

**例3.4**　$F = A + A\overline{B}CD = A(1 + \overline{B}CD) = A$

（3）消去法。利用公式 $A + \overline{A}B = A + B$，消去多余的因子 $\overline{A}$。

**例3.5**　$F = AB + \overline{A}C + \overline{B}C = AB + (\overline{A} + \overline{B})C = AB + \overline{AB}C = AB + C$

（4）配项法。利用公式 $A + \overline{A} = 1$，将函数中的某个合适乘积项展开成两项，再与其他项合并，以得到最简结果。

公式（3-21）的证明就是采用了配项法。

### 2. 化简举例

用公式法化简逻辑函数，往往是上述几种方法的综合运用。

**例3.6**　化简函数 $F = ABC\overline{D} + ABD + BC\overline{D} + ABC + BD + B\overline{C}$

**解：** $F = ABC\overline{D} + ABD + BC\overline{D} + ABC + BD + B\overline{C}$

$\qquad = BC\overline{D} + ABC + BD + B\overline{C}$　　　　　（利用公式 $A + AB = A$）

$\qquad = B(C\overline{D} + D) + B(AC + \overline{C})$　　　　（利用公式 $AB + AC = A(B + C)$）

$\qquad = B(C + D) + B(A + \overline{C})$　　　　　（利用公式 $A + \overline{A}B = A + B$）

$\qquad = BC + BD + AB + B\overline{C}$　　　　　（利用公式 $A(B + C) = AB + AC$）

$\qquad = B + BD + AB$　　　　　　　　　（利用公式 $AB + A\overline{B} = A$）

$\qquad = B$　　　　　　　　　　　　　（利用公式 $A + AB = A$）

用公式法化简逻辑函数时，要求熟记并灵活应用逻辑代数中的基本公式、常用公式和规则，然后分析式子进行化简，直观性差，要求化简者具有一定的技巧。下面介绍的是较为机械、直观的卡诺圈化简法。

## 3.3.3 逻辑函数的卡诺图化简

### 1. 逻辑函数最小项及最小项表达式

（1）逻辑函数的最小项。最小项：在 $n$ 变量的逻辑函数中，如果一个乘积项含有 $n$ 个变量，而且每个变量以原变量或以反变量的形式在该乘积项中仅出现一次，则该乘积项称为 $n$

变量的最小项。

例如，A、B、C 是三个逻辑变量，由这三个变量可以构成许多乘积项，根据最小项的定义，只有 8 个乘积项：$\overline{A}\,\overline{B}\,\overline{C}$，$\overline{A}\,\overline{B}C$，$\overline{A}B\overline{C}$，$\overline{A}BC$，$A\,\overline{B}\,\overline{C}$，$A\,\overline{B}C$，$AB\overline{C}$，$ABC$ 是三变量 A、B、C 的最小项。可见，三个变量共有 $2^3 = 8$ 个最小项。对 $n$ 个变量来说，共有 $2^n$ 个最小项。

为了方便表示，常常把最小项排列起来，编上号。编号的方法是，把使最小项的取值为 1 的那一组变量取值看作二进制数，将其转换成十进制数，所得到的就是该最小项的编号。例如，三变量 A、B、C 的最小项 $\overline{A}\,\overline{B}\,\overline{C}$，使它的值为 1 所对应的变量取值为 000，转换成十进制数 0，所以该最小项的编号为 0，并记作 $m_0$。同理，最小项 $\overline{A}\,\overline{B}C$ 对应的变量取值为 001，编号为 1，记做 $m_1$，依次类推 $\overline{A}B\overline{C} = m_2$，$\overline{A}BC = m_3\cdots$，$ABC = m_7$。表 3.5 是三变量所有最小项的表示形式。表 3.5 第一行里标出了各个最小项的编号。

**表3.5 三变量所有最小项的表示形式**

| 编号 | $m_0$ | $m_1$ | $m_2$ | $m_3$ | $m_4$ | $m_5$ | $m_6$ | $m_7$ |
|---|---|---|---|---|---|---|---|---|
| 最小项 | $\overline{A}\,\overline{B}\,\overline{C}$ | $\overline{A}\,\overline{B}C$ | $\overline{A}B\overline{C}$ | $\overline{A}BC$ | $A\,\overline{B}\,\overline{C}$ | $A\,\overline{B}C$ | $AB\overline{C}$ | $ABC$ |
| 对应取值 | 000 | 001 | 010 | 011 | 100 | 101 | 110 | 111 |

**表3.6 例3.7的真值表**

| A | B | C | F |
|---|---|---|---|
| 0 | 0 | 0 | 0 |
| 0 | 0 | 1 | 0 |
| 0 | 1 | 0 | 0 |
| 0 | 1 | 1 | 0 |
| 1 | 0 | 0 | 1 |
| 1 | 0 | 1 | 1 |
| 1 | 1 | 0 | 0 |
| 1 | 1 | 1 | 1 |

注意：提到最小项时，一定要说明变量的数目，否则最小项将失去意义。如 ABC 对三变量的逻辑函数来说是最小项，而对于四变量的逻辑函数则不是最小项。同时要说明变量的排列顺序，否则对应取值和编号将出错。

**例 3.7** 写出表达式 $F_{(A,B,C)} = ABC + A\,\overline{B}C + A\,\overline{B}\,\overline{C}$ 的真值表形式。

**解：** 表 3.6 是例 3.7 对应的真值表。

由于 F 为三变量的表达式，而表达式中每一个与组合都是三变量，即都是最小项。从表 3.6 可知 ABC、$A\,\overline{B}C$、$A\,\overline{B}\,\overline{C}$ 相对的取值组合 111、101、100 输入时，输出为 1，其余最小项组合的取值输入时，输出为 0。即在表达式中有出现的最小项的组合，则其相应取值输入时将使输出为 1，否则为 0。

**2. 逻辑函数的最小项表达式。**

最小项表达式：由使输出为 1 的最小项之和构成的表达式。

例 3.7 的式子就是逻辑函数的最小项表达式，又称为标准与或式。

任何逻辑函数都可以用最小项表达式来表示。方法是把任何形式的逻辑函数先转换成与或式表示，然后在不是最小项的乘积项中利用公式 $1 = A + \overline{A}$，补齐所缺少的变量，把与或式中的所有乘积项变为最小项，就得到了最小项表达式。

**例 3.8** 将函数 $Z_{(A,B,C)} = A\,\overline{B} + \overline{B}C$ 化成最小项表达式。

**解**：这是一个包含 A、B、C 三个变量的逻辑函数表达式，乘积项 $A\overline{B}$ 中缺少变量 C，利用 $(C+\overline{C})$ 乘以 $A\overline{B}$，$\overline{B}C$ 中缺少 A，利用 $(A+\overline{A})$ 乘以 $\overline{B}C$，然后展开，所得就是最小项表达式：

$$Z_{(A,B,C)} = A\overline{B} + \overline{B}C = A\overline{B}(C+\overline{C}) + (A+\overline{A})\overline{B}C$$
$$= A\overline{B}C + A\overline{B}\overline{C} + A\overline{B}C + \overline{A}\overline{B}C = A\overline{B}C + A\overline{B}\overline{C} + \overline{A}\overline{B}C$$
$$= m_5 + m_4 + m_1 = \sum m(1,4,5)$$

注：为写书方便，可以直接用下标（编号）表示最小项。$\sum$ 表示逻辑或。

**例 3.9** 已知逻辑函数的真值表如表 3.7 所示，求函数 Z 的最小项表达式。

**解**：由表 3.7 可知，使 $Z=1$ 的输入变量 A、B、C 的取值组合有 010、011、110 三组，相应的最小项为 $\overline{A}B\overline{C}$、$\overline{A}BC$、$AB\overline{C}$ 三项，所以，最小项表达式为：

$$Z_{(A,B,C)} = \overline{A}B\overline{C} + \overline{A}BC + AB\overline{C}$$
$$= m_2 + m_3 + m_6$$
$$= \sum m(2,3,6)$$

**表 3.7 例 3.9 真值表**

| A | B | C | Z |
|---|---|---|---|
| 0 | 0 | 0 | 0 |
| 0 | 0 | 1 | 0 |
| 0 | 1 | 0 | 1 |
| 0 | 1 | 1 | 1 |
| 1 | 0 | 0 | 0 |
| 1 | 0 | 1 | 0 |
| 1 | 1 | 0 | 1 |
| 1 | 1 | 1 | 0 |

由于逻辑函数的最小项表达式和真值表直接对应，所以与真值表一样，逻辑函数的最小项表达式也具有唯一性。

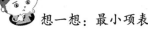

想一想：最小项表达式中的编号与真值表取值组合有什么对应关系？

**1. 逻辑函数的卡诺图表示法**

（1）变量卡诺图的画法。在有 $n$ 个变量的逻辑函数中，如两个最小项中只有 1 个变量不相同（互为反变量），而其余变量都相同，则称这两个最小项为逻辑相邻项。例如，三变量 A、B、C 的两个最小项 $AB\overline{C}$ 与 ABC 就是逻辑相邻项，它们之间只有 C 有原变量和反变量两种形式。逻辑相邻项可合并。如 $AB\overline{C} + ABC = AB(C+\overline{C}) = AB$。可见，利用相邻项的合并可以对逻辑函数进行化简。

卡诺图是一种能够直观地表示出最小项的逻辑相邻关系的一种方格图。卡诺图在画图时，每组变量的取值是按格雷码排列，而格雷码的特点是两个相邻代码之间仅有一位数码不同，体现了逻辑相邻性。

卡诺图利用小方格代表最小项，并按照"任何两个逻辑相邻的最小项所处的小方格，其几何位置相邻"的原则画出。

几何位置相邻是指：上、下、左、右紧挨着的小方格；每一行、每一列的首尾两个小方格；以中轴对称重合的小方格。

图 3.5 画出了二变量的卡诺图的基本形式和用二进制代码表示的简化形式。图中，输入变量在行和列取值相交处的小方格就是对应的最小项。注：在简化形式中，1 表示原变量，0 表示反变量。

| A\B | $\bar{B}$ | B |
|---|---|---|
| $\bar{A}$ | $\bar{A}\bar{B}$ | $\bar{A}B$ |
| A | $A\bar{B}$ | AB |

| A\B | 0 | 1 |
|---|---|---|
| 0 | 00 | 01 |
| 1 | 10 | 11 |

（a）基本形式　　　　（b）简化形式

图 3.5　二变量的卡诺图

图 3.6 画出了三变量和四变量卡诺图。注意，三变量和四变量卡诺图中，二输入变量取值一定要按 00、01、11、10 即格雷码方式排列，以保证几何位置的相邻所代表的最小项在逻辑上也相邻。

| A\BC | 00 | 01 | 11 | 10 |
|---|---|---|---|---|
| 0 | $m_0$ | $m_1$ | $m_3$ | $m_2$ |
| 1 | $m_4$ | $m_5$ | $m_7$ | $m_6$ |

| AB\CD | 00 | 01 | 11 | 10 |
|---|---|---|---|---|
| 00 | $m_0$ | $m_1$ | $m_3$ | $m_2$ |
| 01 | $m_4$ | $m_5$ | $m_7$ | $m_6$ |
| 11 | $m_{12}$ | $m_{13}$ | $m_{15}$ | $m_{14}$ |
| 10 | $m_8$ | $m_9$ | $m_{11}$ | $m_{10}$ |

图 3.6　三、四变量的卡诺图

（2）逻辑函数的卡诺图。卡诺图中的每一个小方格都对应于一个最小项，而任何一个逻辑函数均可用最小项表达式表示，那么只要把函数中包含的最小项在卡诺图中填 1，没有的项填 0（或不填），就可以得到用卡诺图表示的逻辑函数。

**例 3.10**　用卡诺图表示函数：$Y_1(A,B,C) = \bar{A}B + A \cdot \overline{\bar{B} + C}$。

**解**：$Y_1$ 是三变量函数，先将 $Y_1$ 展开成最小项表达式为：

$$Y_1 = \bar{A}B + A \cdot \overline{\bar{B} + C} = \bar{A}B(C + \bar{C}) + AB\bar{C}$$

$$= \bar{A}BC + \bar{A}B\bar{C} + AB\bar{C} = \sum m(2,3,6)$$

然后画出三变量的卡诺图，在 $Y_1$ 包含的最小项方格中填 1，见图 3.7。

| A\BC | 00 | 01 | 11 | 10 |
|---|---|---|---|---|
| 0 | | | 1 | 1 |
| 1 | | | | 1 |

图 3.7　例 3.10 中 $Y_1$ 的卡诺图

**想一想**：卡诺图与真值表存在什么关系？

**3. 用卡诺图化简逻辑函数**

逻辑函数用卡诺图表示出来以后，就可以找出相邻的最小项画圈，然后再进行化简。

画卡诺圈的基本原则和方法如下：

（1）只有几何位置相邻的方格才能在同一个卡诺圈中。

（2）每个卡诺圈内的矩形方格数应为 $2^n$，圈愈大，则消去的变量数就愈多，即乘积项愈简单，所以包围圈愈大愈好。$n$ 是指自然数（0，1，2，3，…）。

（3）为"1"的小方块可以被多次重复使用，因为 A = A + A。如图 3.8 中的 ABCD 的组合为 1111 项的"1"取值就给使用了 3 次。

（4）为"1"的小方块必须全部圈完。

（5）为避免出现多余项，应保证任一个包围圈中至少有一个最小项只被圈过一次。图 3.9 的图（a）就出现了多余圈。其中的 $L_2$ 为冗余圈。

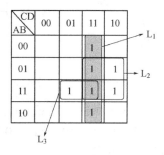

图 3.8　卡诺圈的基本画法

画完卡诺圈后，利用"去异剩同"的方法把包围圈中的最小项合并成一项。"去异剩同"就是在包围圈中既含有原变量又含有反变量的那些变量要消去，而保留圈中变量取值不变的那些变量的乘积项。图 3.7（b）包围圈的化简结果为：

$$L_1 = BC, L_3 = \overline{A}BD, L_4 = \overline{B}\,\overline{D}, L_5 = A\,\overline{B}$$

其中的 $L_2$ 因圈中的 1 方格全部都被使用了 2 次或 2 次以上，所以为冗余圈，去除，以免增添多余项。然后把所有乘积项相加，就可以得到最简与或表达式。

图 3.9（b）就可以表示为：

$$Y = BC + \overline{A}BD + \overline{B}\,\overline{D} + A\,\overline{B}$$

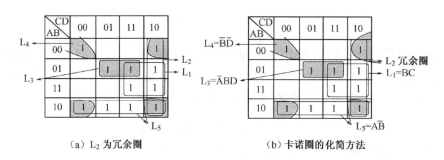

（a）$L_2$ 为冗余圈　　　　　　　（b）卡诺圈的化简方法

图 3.9　卡诺圈的画法及化简

**例 3.11**　化简函数 $Y(A,B,C,D) = \sum m(1,3,5,9,10,11,14,15)$。

**解：**（1）用卡诺图表示该函数。相对应于最小项编号把 1 填入卡诺图中。（见图 3.10）。

（2）按要求画卡诺圈，各圈内的"1"方格数为 $2^n$。

（3）根据"去异剩同"的原则，合并卡诺圈内的最小项，写出函数的最简与或式为：

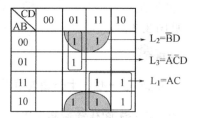

图 3.10　例 3.11 的卡诺图

$$L_1 = AC, L_2 = \overline{B}D, L_3 = \overline{A}\,\overline{C}D$$

从而解得：

$$Y = AC + \overline{B}D + \overline{A}\,\overline{C}D$$

想一想：图 3.7 和图 3.8 的化简结果怎样？

### 3.3.4 具有约束项的逻辑函数及其化简

**1. 约束项和约束条件**

约束项：输入端不可能出现的取值组合对应的最小项表达式。

用 8421BCD 码代替十进制数 0~9 作为输入时，输入端有 A、B、C、D 四位代码，它共有 $2^4 = 16$ 种组合，实际只需要其中十个组合 0000~1001，而 1010、1011、1100、1101、1110、1111 这六种组合是多余项。正常情况下，输入端是不会出现这六种取值情况的，这六种组合对应的最小项就是约束项。

由所有约束项的逻辑和等于 0 构成的逻辑表达式称为约束条件。因为约束项对应的数值组合是不会也不应该出现在输入端，在所有可以出现的取值组合条件下，其值恒为 0，所有约束项之和也恒为 0，所以，约束条件是一个值恒为 0 的条件等式。为和其他变量组合所对应的函数值区别，通常把约束项所对应的函数 F 的取值记做"×"。

用 8421BCD 码来表示十进制数的约束条件是：

$$\sum m(10,11,12,13,14,15)=0$$

**2. 有约束条件的逻辑函数之化简**

由于输入端不会出现约束项的输入，所以，不管约束项的函数取值为 1 还是为 0，对输出结果都没有影响，因此约束项又称为无关项，即约束项的函数取值"×"可根据需要看作 1 或 0。在函数化简中，合理利用约束项，可使逻辑函数化简结果更为简单。

**例 3.12** 设计一个电路，用 8421 码代替一位十进制数 0~9 作为输入，四位代码分别用变量 A、B、C、D 表示。当十进制数为偶数时，输出变量 F=1。

**解**：根据题意，写出函数 F 的真值表，如表 3.8 所示。由真值表得 F 的表达式可写成：

$$\begin{cases} F = \sum m(0,2,4,6,8) \\ \sum m(10,11,12,13,14,15)=0 \end{cases}$$

表 3.8　例 3.12 的真值表

| 十进制数 | 输入（8421 码） | | | | 输出 | 十进制数 | 输入（8421 码） | | | | 输出 |
|---|---|---|---|---|---|---|---|---|---|---|---|
| | A | B | C | D | F | | A | B | C | D | F |
| 0 | 0 | 0 | 0 | 0 | 1 | 8 | 1 | 0 | 0 | 0 | 1 |
| 1 | 0 | 0 | 0 | 1 | 0 | 9 | 1 | 0 | 0 | 1 | 0 |
| 2 | 0 | 0 | 1 | 0 | 1 | | 1 | 0 | 1 | 0 | × |
| 3 | 0 | 0 | 1 | 1 | 0 | | 1 | 0 | 1 | 1 | × |
| 4 | 0 | 1 | 0 | 0 | 1 | 约 | 1 | 1 | 0 | 0 | × |
| 5 | 0 | 1 | 0 | 1 | 0 | 束 | 1 | 1 | 0 | 1 | × |
| 6 | 0 | 1 | 1 | 0 | 1 | 项 | 1 | 1 | 1 | 0 | × |
| 7 | 0 | 1 | 1 | 1 | 0 | | 1 | 1 | 1 | 1 | × |

画出卡诺图，对约束项打上"×"，如图 3.11。

若不考虑约束条件，由卡诺图 3.11（a）可得：

$$F = \overline{B}\,\overline{C}\,\overline{D} + \overline{A}\,\overline{D}$$

在化简时，可把当做"1"有利于化简的约束项看做"1"（本例中把 $m_{10}$、$m_{12}$、$m_{14}$ 看做 1），当做"0"有利于化简的约束项看做"0"（如 $m_{11}$、$m_{13}$、$m_{15}$），然后再画卡诺圈。根据卡诺图 3.11（b）可得最简结果：

$$F = \overline{D}$$

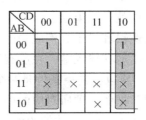

| CD AB | 00 | 01 | 11 | 10 |
|---|---|---|---|---|
| 00 | 1 | | | 1 |
| 01 | 1 | | | 1 |
| 11 | × | × | × | × |
| 10 | 1 | | × | × |

（a）不考虑约束条件

| CD AB | 00 | 01 | 11 | 10 |
|---|---|---|---|---|
| 00 | 1 | | | 1 |
| 01 | 1 | | | 1 |
| 11 | × | × | × | × |
| 10 | 1 | | × | × |

（b）考虑约束条件

图 3.11　例 3.12 的卡诺图

可见，利用约束项化简的结果通常比不考虑约束项化简的结果要简单。但一旦由于不正常的原因，约束项在输入端出现，可能会引起逻辑出错。

注：利用约束项进行化简时，×方格的函数取值以有利于化简为前提，可为 1，也可为 0，所以不必像 1 方格必须全部圈完。

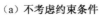

想一想：对于有约束条件的逻辑函数化简后的式子，对于约束项对应的取值组合而言，其取值是否已为确定值？

## 3.4　组合逻辑电路的分析与设计方法

在实际应用中，往往需将若干个门电路组合起来实现不同的逻辑功能，这种电路是逻辑电路。逻辑电路有组合逻辑电路和时序逻辑电路之分，组合逻辑电路不但能独立完成各种功能复杂的逻辑运算，而且是时序逻辑电路的组成部分。

组合逻辑电路的典型框图如图 3.12。它可用如下的逻辑函数来描述，即：

$$F_i = f_i(X_0, X_1, \cdots, X_n) \quad (i = 1, 2, \cdots, m)$$

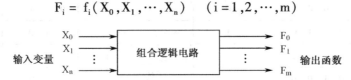

图 3.12　组合逻辑电路框图

上式表明，任一个输出引线的逻辑取值都由所有的输入引线的逻辑取值决定。

组合逻辑电路具有如下特点：无反馈连接的电路，没有记忆单元，其任何时刻输出函数的逻辑值唯一地由对应的输入逻辑变量的取值确定。

组合逻辑电路的逻辑功能的描述方法通常有逻辑图、逻辑表达式、真值表（状态表）、工作波形等。

想一想：对比组合逻辑电路的描述与逻辑函数的描述有何不同？

### 3.4.1 组合逻辑电路的分析方法

分析组合逻辑电路，是指分析电路的逻辑功能，即根据已知的逻辑图找出电路的输入和输出之间的逻辑关系，从而知道电路的逻辑功能。

**1. 组合逻辑电路分析的一般步骤**

组合电路的分析步骤如图3.13所示。首先根据给定的组合逻辑电路写出逻辑函数表达式。若这些表达式较复杂，可将其化简，以得到最简表达式，或直接列真值表，并根据真值表来确定电路的逻辑功能（有时也可直接由表达式确定电路的逻辑功能）。有时逻辑功能难以用简练语言描述，此时只要列出真值表即可，也可根据周围的电路来分析实际逻辑功能。

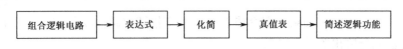

图3.13 组合逻辑电路的分析步骤

**2. 组合逻辑电路分析**

例3.13 一个双输入，双输出端的组合逻辑电路如图3.14所示，分析该电路的功能。

**解：**（1）逐级写出表达式。无论是从输入开始分析到输出，或是从输出开始分析到输入，或从中间任意一级开始分析输出关系一步一步推导，都能得出电路的函数关系。在分析时，可以加入一些中间变量。

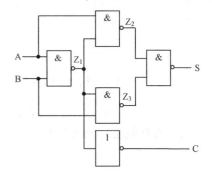

图3.14 例3.13逻辑图

$$Z_1 = \overline{AB}$$

$$Z_2 = \overline{A\,\overline{AB}}$$

$$Z_3 = \overline{B\,\overline{AB}}$$

$$S = \overline{Z_2 Z_3} = \overline{\overline{A\,\overline{AB}}\;\overline{B\,\overline{AB}}}$$

$$C = \overline{Z_1} = \overline{\overline{AB}}$$

上面的式子中，$Z_1$，$Z_2$，$Z_3$就是为了方便加入的中间变量。

（2）化简。通常是先整理式子，把多层非号先降为一层，然后再进行公式化简或卡诺圈化简。

$$S = \overline{\overline{A\,\overline{AB}}\;\overline{B\,\overline{AB}}} = A\,\overline{AB} + B\,\overline{AB} = A(\overline{A} + \overline{B}) + B(\overline{A} + \overline{B}) = A\,\overline{B} + \overline{A}B$$

$$C = \overline{\overline{AB}} = AB$$

（3）写出真值表。根据化简后的表达式写出真值表。本例真值表及说明见表3.9。

表3.9　例3.13的真值表及说明

| 输　　入 | | 输　　出 | | ＊分析说明＊ |
|---|---|---|---|---|
| A | B | S | C | A<br>+ B<br><u>CS</u> |
| 0 | 0 | 0 | 0 | 0<br>+0<br><u>00</u> |
| 0 | 1 | 1 | 0 | 0<br>+1<br><u>01</u> |
| 1 | 0 | 1 | 0 | 1<br>+0<br><u>01</u> |
| 1 | 1 | 0 | 1 | 1<br>+1<br><u>10</u> |

（4）简述其逻辑功能，如果观察真值表能用文字描述电路的功能就描述，若不能，则直接写出对应的输入与输出关系。

本例中，A、B 都是 0 时，S 为 0，C 也为 0；当 A、B 有 1 个为 1 时，S 为 1，C 为 0；当 A、B 都是 1 时，S 为 0，C 为 1。这符合两个 1 位二进制数相加的原则，即 A、B 表示两个 1 位二进制的加数，S 是它们相加的本位和，C 是向高位的进位，如表3.9分析说明。这种电路可用于实现两个 1 位二进制数的相加，它是运算器中的基本单元电路，称为半加器。

**例3.14**　分析图3.15所示电路的逻辑功能。

**解：**（1）写表达式并化简。

$$F_1 = \overline{ABC}$$

$$F = \overline{AF_1 + BF_1 + CF_1} = \overline{A\,\overline{ABC} + B\,\overline{ABC} + C\,\overline{ABC}}$$

$$= \overline{\overline{ABC}\,(A + B + C)} = ABC + \overline{(A + B + C)} = ABC + \overline{A}\,\overline{B}\,\overline{C}$$

（2）列真值表。见表3.10。

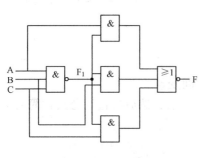

图3.15　例3.14逻辑电路图

表3.10　例3.13的真值表

| 输　　入 | | | 输　　出 |
|---|---|---|---|
| A | B | C | F |
| 0 | 0 | 0 | 1 |
| 0 | 0 | 1 | 0 |
| 0 | 1 | 0 | 0 |
| 0 | 1 | 1 | 0 |
| 1 | 0 | 0 | 0 |
| 1 | 0 | 1 | 0 |
| 1 | 1 | 0 | 0 |
| 1 | 1 | 1 | 1 |

（3）简述其逻辑功能。由真值表可知，电路三个变量一致时，输出 F 为 1；三个变量不一致时，输出为 0。

 想一想：若需要知道别人设计好的数字电路图的逻辑功能，怎么办？

### 3.4.2 组合逻辑电路的设计

组合逻辑电路的设计就是根据给定的逻辑问题，画出实现这一逻辑功能的逻辑电路。组合逻辑电路的设计是分析的一个逆过程。

**1. 组合逻辑电路设计的步骤**

图 3.16 以方框图的形式概括了组合电路的设计步骤。首先按给出的实际问题，用逻辑语言加以表达，确认所提出的问题中，哪些是输入变量和输出变量，以及它们之间的逻辑关系，并做出逻辑规定，然后根据这些关系列出真值表，这是关键的一步。只有所列真值表准确，设计才具有实际意义。然后由真值表写出逻辑函数表达式，并对表达式进行化简或变换，以便选用合适的中、小规模集成电路来实现给定实际的问题所要求的逻辑功能。最后根据化简或变换后的逻辑表达式画出逻辑电路图。

逻辑问题 → 逻辑真值表 → 逻辑表达式 → 化简并根据提供的器件变换表达式 → 逻辑电路图

图 3.16　组合逻辑电路设计步骤

从逻辑问题到写出逻辑表达式，可以不画真值表和写出表达式，直接画卡诺图，可方便化简。若问题比较简单，甚至可以直接写出表达式。整个设计过程可以根据需要调整。

**2. 组合逻辑电路设计举例**

**例 3.15**　设计一个三人表决电路，结果按"少数服从多数"的原则决定。要求仅用与门、或门，或者仅用与非门实现。

**解：**（1）根据设计要求建立该逻辑函数的真值表。设三人的意见为变量 A、B、C，表决结果为函数 L。对变量及函数进行如下状态赋值：对于变量 A、B、C，设同意为逻辑"1"，不同意为逻辑"0"。对于函数 L，设事情通过为逻辑"1"。没通过为逻辑"0"。

列出真值表如表 3.11 所示。

（2）由真值表写出逻辑表达式为：

$$L = \overline{A}BC + A\overline{B}C + AB\overline{C} + ABC$$

该逻辑式不是最简的。

（3）化简。可采用公式法或卡诺圈化简，此处用公式法化简。

$$L = \overline{A}BC + A\overline{B}C + AB\overline{C} + ABC$$

表 3.11　例 3.15 的真值表

| 输　　入 | | | 输　出 |
|---|---|---|---|
| A | B | C | L |
| 0 | 0 | 0 | 0 |
| 0 | 0 | 1 | 0 |
| 0 | 1 | 0 | 0 |
| 0 | 1 | 1 | 1 |
| 1 | 0 | 0 | 0 |
| 1 | 0 | 1 | 1 |
| 1 | 1 | 0 | 1 |
| 1 | 1 | 1 | 1 |

$$= AB(\overline{C} + C) + BC(\overline{A} + A) + AC(\overline{B} + B)$$
$$= AB + BC + AC$$

（4）画出逻辑图。如果要求用与非门实现该逻辑电路，就应将表达式转换成与非－与非表达式：

$$L = AB + BC + AC = \overline{\overline{AB + BC + AC}} = \overline{\overline{AB} \cdot \overline{BC} \cdot \overline{AC}}$$

画出分别采用与门、或门和与非门实现的逻辑图如图3.17所示。

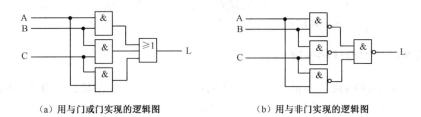

（a）用与门或门实现的逻辑图　　　　　　（b）用与非门实现的逻辑图

图3.17　例3.15 逻辑图

例3.16　设计一个8输入3输出的二进制编码电路，即8－3线编码器。要求每一时刻只有一个输入键接通高电平，即为"1"。当不同的输入键为"1"时，会有一个对应二进制码输出。

解：（1）把实际问题变成逻辑问题。设8个输入表示为$I_0 \sim I_7$，对应3个输出$Y_0 \sim Y_2$的二进制码和输入端的下标数码相一致。

（2）列逻辑真值表。见表3.12，由于每一时刻只有一个输入端的电平有效，所以合法的输入组合只有8组，而不用列$2^8$次输出组合。表3.12中没有列出的组合为约束项。

表3.12　8－3线编码器的简化真值表

| 输　　　　入 | | | | | | | | 输　　出 | | |
|---|---|---|---|---|---|---|---|---|---|---|
| $I_7$ | $I_6$ | $I_5$ | $I_4$ | $I_3$ | $I_2$ | $I_1$ | $I_0$ | $Y_2$ | $Y_1$ | $Y_0$ |
| 0 | 0 | 0 | 0 | 0 | 0 | 0 | 1 | 0 | 0 | 0 |
| 0 | 0 | 0 | 0 | 0 | 0 | 1 | 0 | 0 | 0 | 1 |
| 0 | 0 | 0 | 0 | 0 | 1 | 0 | 0 | 0 | 1 | 0 |
| 0 | 0 | 0 | 0 | 1 | 0 | 0 | 0 | 0 | 1 | 1 |
| 0 | 0 | 0 | 1 | 0 | 0 | 0 | 0 | 1 | 0 | 0 |
| 0 | 0 | 1 | 0 | 0 | 0 | 0 | 0 | 1 | 0 | 1 |
| 0 | 1 | 0 | 0 | 0 | 0 | 0 | 0 | 1 | 1 | 0 |
| 1 | 0 | 0 | 0 | 0 | 0 | 0 | 0 | 1 | 1 | 1 |

（3）写出相应的表达式。因为输入不是任意组合，而是每一时刻只有一个输入端为"1"，所以，输出完全由对应输入为1的输入端决定，根据真值表可直接写出对应的表达式：

$$Y_0 = I_1 + I_3 + I_5 + I_7$$
$$Y_1 = I_2 + I_3 + I_6 + I_7$$
$$Y_2 = I_4 + I_5 + I_6 + I_7$$

（4）画出逻辑电路图。见图3.18。

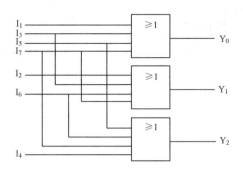

图3.18　例3.18逻辑图

想一想：一种实际问题，只要能够转变为逻辑问题，并列出真值表，是否就可以得到与或式？也一定可以用逻辑电路来实现？

### 3.4.3　组合逻辑电路中的竞争冒险

前面在分析和设计组合逻辑电路时，都没有考虑门电路延迟时间对电路的影响。实际上，由于延迟时间的存在，当一个输入信号经过多条路径传送后又重新会合到某个门上，由于不同路径上门的级数不同，或者门电路延迟时间的差异，导致到达会合点的时间有先有后，从而产生瞬间的错误输出。这一现象称为竞争冒险。

**1. 产生竞争冒险的原因**

图3.19（a）所示的电路中，逻辑表达式为$L = A\overline{A}$，理想情况下，输出应恒等于0。但是由于$G_1$门的延迟时间$t_{pd}$的影响，$\overline{A}$下降沿到达$G_2$门的时间比A信号上升沿晚$1t_{pd}$，因此，使$G_2$门输出端出现了一个正向窄脉冲，如图3.19（b）所示，通常称之为"1冒险"。

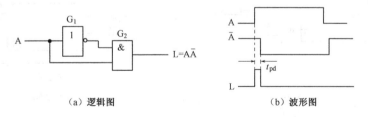

（a）逻辑图　　　　　　　　　　（b）波形图

图3.19　产生1冒险

同理，在图3.20（a）所示的电路中，由于$G_1$门的延迟时间$t_{pd}$的影响，会使$G_2$门输出端出现了一个负向窄脉冲，如图3.20（b）所示，通常称之为"0冒险"。

"0冒险"和"1冒险"统称冒险，是一种干扰脉冲，有可能引起后级电路的错误动作。产生冒险的原因是由于一个门（如$G_2$）的两个互补的输入信号分别经过两条路径传输，由于延迟时间不同，到达的时间亦不同，整个现象习惯上称为竞争冒险。

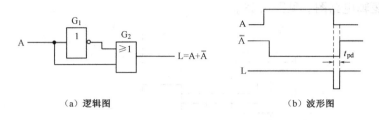

（a）逻辑图 （b）波形图

图 3.20　产生 0 冒险

### 2. 冒险现象的识别

可采用代数法来判断一个组合电路是否存在冒险，方法为：

写出组合逻辑电路的逻辑表达式，当某些逻辑变量取特定值（0 或 1）时，如果表达式能转换为：

$$L = A \overline{A} \qquad 则存在 1 冒险$$

$$L = A + \overline{A} \qquad 则存在 0 冒险$$

**例 3.17**　判断图 3.21（a）所示电路是否存在冒险，如有，指出冒险类型，画出输出波形。

**解**：写出逻辑表达式：

$$L = A \overline{C} + BC$$

若输入变量 A = B = 1，则有 $L = C + \overline{C}$。因此，该电路存在 0 冒险。下面画出 A = B = 1 时 L 的波形。在稳态下，无论 C 取何值，F 恒为 1，但当 C 变化时，由于信号的各传输路径的延时不同，将会出现图 3.21（b）所示的负向窄脉冲，即 0 冒险。

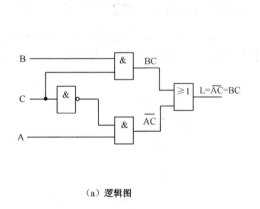
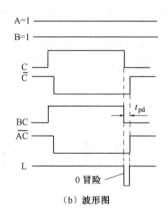

（a）逻辑图 （b）波形图

图 3.21　例 3.17 图

**例 3.18**　判断逻辑函数 $L = (A + B)(\overline{B} + C)$ 是否存在冒险。

**解**：如果令 A = C = 0，则有 $L = B \cdot \overline{B}$，因此，该电路存在 1 冒险。

### 3. 冒险现象的消除方法

当组合逻辑电路存在冒险现象时，可以采取以下方法来消除冒险现象。

（1）加冗余项。在例 3.17 的电路中，存在冒险现象。如在其逻辑表达式中增加乘积项 AB，使其变为 $L = A\bar{C} + BC + AB$，则在原来产生冒险的条件 A = B = 1 时，L = 1，不会产生冒险。这个函数增加了乘积项 AB 后已不是"最简"，故这种乘积项称为冗余项。

（2）变换逻辑式，消去互补变量。例 3.18 的逻辑式 $L = (A + B)(\bar{B} + C)$ 存在冒险现象。如将其变换为 $L = A\bar{B} + AC + BC$，则在原来产生冒险的条件 A = C = 0 时，L = 0，不会产生冒险。

（3）增加选通信号。在电路中增加一个选通脉冲，接到可能产生冒险的门电路的输入端。当输入信号转换完成，进入稳态后，才引入选通脉冲，将门打开。这样输出就不会出现冒险脉冲。

（4）增加输出滤波电容。由于竞争冒险产生的干扰脉冲的宽度一般都很窄，在可能产生冒险的门电路输出端并接一个滤波电容（一般为 4～20pF），利用电容两端的电压不能突变的特性，使输出波形上升沿和下降沿都变得比较缓慢，从而起到消除冒险现象的作用。

想一想：图 3.18 电路中，$t_{pd}$ 有多大？请你查一查典型门电路的 $t_{pd}$。你认为这个"1 冒险"在什么情况下要考虑？

## 实训3　组合逻辑电路设计之密码锁、8 线 – 3 线编码器

### 1. 实训目的

（1）掌握组合逻辑电路的设计方法。
（2）用实训验证设计电路的逻辑功能。
（3）掌握编码的概念，为后续内容做准备。

### 2. 实训仪器和设备

（1）LCN-1 数字电子技术实训箱
（2）74LS20（双四输入 TTL 与非门　2 块
（3）74LS00（双二输入 TTL 与非门）1 块
（4）74LS08（四二输入与门）　　　1 块
（5）万用表及钳子等工具

### 3. 实训内容

（1）设计一个数字密码锁电路。该框图示意图如图 3.22 所示，图 3.23 是密码为 1001 的密码锁的参考电路。其中，A、B、C、D 是四个二进制代码输入端，E 为开锁控制输入端。每把锁都有规定的四位数字代码。本次实训所用的数字代码为 1001，学生也可自行选定代码。如果输入代码符合该锁代码，且有开锁信号时（控制输入端 E = 1）时，锁才被打开（$F_1 = 1$）；若不符，开锁时电路将发出报警信号（$F_2 = 1$），要求用最少的与非门电路进行实训。

实训要求如下：

① 根据要求，设定输入输出变量的个数，并根据电路的逻辑确定两者之间的对应关系，列出真值表，写出逻辑表达式，画出实训电路图。

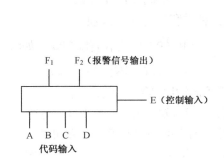

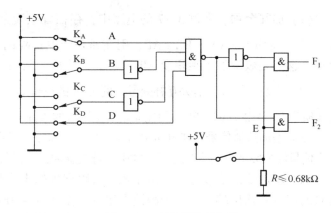

图 3.22　数字锁框图示意图　　　　　　　　　图 3.23　密码锁参考电路

② 连接电路进行验证。利用数字电子技术实训箱提供工作所需电源、脉冲信号。$F_1$、$F_2$ 由数字电子技术实训箱上的两个发光二极管配合喇叭监测，发光二极管（LED）亮，则表示接发光二极管的输出端为高电平；发光二极管不亮，则表示接发光二极管的输出端为低电平。不能开锁时，要求喇叭发出报警声。

（2）设计一个编码器电路。要求 8 个输入端对应于不同 3 位的二进制码输出。3 位输出可以接三个指示灯，由二进制组合来表示，也可以以权位的高低按序接到实训箱的数码管显示的 8421 码的其中 4、2、1 三个端，一个输入端对应一组二进制数输出，同时显示相应的数码。如定义为 3 的按钮接通时输出为 011，经译码显示的数字为 3。要求用两块 74LS20 实现。

### 4. 实训报告要求

（1）写出真值表。

（2）画出实训电路图。

（3）说明实训原理。

（4）画出编码器的电路结构并说明其工作现象和工作原理。

### 5. 想想做做

　　制作自动售货冷饮机。要求：该冷饮机吸能接收 5 角或 1 元的硬币。电路结构如图 3.24 所示。该冷饮机售冷饮价格为 1 元。一次投币最多为 2 元（两个 5 角，一个 1 元），当投币大于等于 1 元时，给出冷饮 1 支并找付多余的钱币；小于 1 元时，则只还钱币而不给冷饮。钱币投好后要启动一下冷饮机开始执行交易。

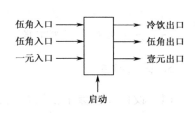

图 3.24　冷饮机控制框图

本章学习指导

　　（1）组合逻辑电路的逻辑功能特点：组合逻辑电路任一时刻的输出，取决于该时刻各输入状态的组合，而与电路的原状态无关。其电路结构特点：由门电路构成，电路中既无记忆单元，且由输出到各级门的输入也无任何反馈线。

　　（2）设计逻辑函数要进行化简，逻辑函数的化简有两种方法：公式法和卡诺圈法。公式法化简的优点是不受任何条件限制，但要求使用者能熟练运用各种公式和规则，而且还需要一定的运算技巧和经验。卡诺圈化简的优点是简单、直观，而且有一定的步骤可循，但变量数太多时，用手工的方法难以操作。

（3）各种组合逻辑电路在功能上千差万别，但其分析方法和设计方法都是共同的。掌握了一般的分析方法，可得知任何给定电路逻辑功能；掌握基本的设计方法，就可根据已知的实际要求设计出相应的逻辑电路。

 习 题 3

3.1 用真值表证明下列恒等式。

（1）$A\bar{B} + \bar{A}B = (\bar{A} + \bar{B})(A + B)$

（2）$A \oplus 1 = \bar{A}$

3.2 用公式证明下列恒等式。

（1）$(A + B)(B + C)(\bar{A} + C) = (A + B)(\bar{A} + C)$

（2）$\overline{\overline{AB} + A\bar{B}} = (A + \bar{B})(\bar{A} + B)$

3.3 用公式法将下列函数化简为最简与或式。

（1）$F_1 = ABC + \bar{A} + \bar{B} + \bar{C}$

（2）$F_2 = (A + \bar{A}B)(A + BC + C)$

（3）$F_3 = \overline{A\bar{B}\bar{C} + AC + \overline{AB}\bar{C} + \bar{A}\bar{C}}$

3.4 用卡诺圈化简下列函数，写出最简与或式，并画出简化的逻辑图。

（1）$F_{(A,B,C)} = \overline{A}BC + A\overline{B}C + AB\overline{C} + ABC$

（2）$F_{(A,B,C,D)} = A\overline{B}\overline{C} + AC + \overline{AB}C + \overline{BC}\overline{D}$

（3）$F_{(A,B,C,D)} = \sum m(1,3,6,7,10,11,13,15)$

（4）$F_{(A,B,C,D)} = \sum m(3,5,8,9,11,13,14,15)$

（5）$\begin{cases} F_{(A,B,C,D)} = \sum m(1,5,8,9,13,14) \\ \sum m(7,10,11,15) = 0 \end{cases}$

（6）$\begin{cases} F_{(A,B,C,D)} = \sum m(1,5,8,10,14) \\ \sum m(0,1,12,13,15) = 0 \end{cases}$

3.5 试画出用逻辑门符号实现下列函数的逻辑图。

（1）$Y = AB + BC + AC$

（2）$Y = (\bar{A} + B)(A + \bar{B})C + \overline{BC}$

（3）$Y = \overline{AB\bar{C} + A\overline{BC} + \overline{AB}C}$

3.6 将图3.25所示电路化简成最简与或表达式。

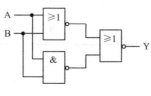

图 3.25

3.7 化简如图 3.26 所示的电路，要求化简后的电路逻辑功能不变。

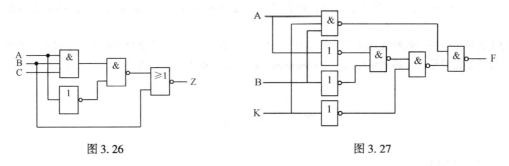

图 3.26 图 3.27

3.8 组合逻辑电路的特点是什么？

3.9 分析如图 3.27 所示的组合逻辑电路，并分别简述 K 不同取值时电路的逻辑功能。

3.10 用与非门来分别实现以下逻辑功能。

(1) 三人多数通过表决电路。

(2) 电动机控制电路：某机床电动机由电源开关 $K_1$、过载保护开关 $K_2$ 和安全开关 $K_3$ 控制。三个开关同时闭合时，电动机转动；任一开关断开时，电动机停转。

3.11 设计一组合电路，当输入的 4 位二进制数能被 4 整除时，输出为 1，否则输出为 0。

3.12 设计一个编码器，输入是 6 个信号，每一时刻只有一位输入端高电平有效，输出是三位二进制码，其真值表如表 3.13 所示。

表 3.13

| 输　　入 | | | | | | 输　　出 | | |
|---|---|---|---|---|---|---|---|---|
| $I_0$ | $I_1$ | $I_2$ | $I_3$ | $I_4$ | $I_5$ | $Y_0$ | $Y_1$ | $Y_2$ |
| 1 | 0 | 0 | 0 | 0 | 0 | 0 | 0 | 1 |
| 0 | 1 | 0 | 0 | 0 | 0 | 0 | 1 | 0 |
| 0 | 0 | 1 | 0 | 0 | 0 | 0 | 1 | 1 |
| 0 | 0 | 0 | 1 | 0 | 0 | 1 | 0 | 0 |
| 0 | 0 | 0 | 0 | 1 | 0 | 1 | 0 | 1 |
| 0 | 0 | 0 | 0 | 0 | 1 | 1 | 1 | 0 |

3.13 设计一个 3 输入 5 输出译码器，其真值表见表 3.14。其中当 $A_2 A_1 A_0 = 101, 110, 111$ 时为无效状态，可作约束项处理。

表 3.14

| $A_2$ | $A_1$ | $A_0$ | $Y_0$ | $Y_1$ | $Y_2$ | $Y_3$ | $Y_4$ |
|---|---|---|---|---|---|---|---|
| 0 | 0 | 0 | 1 | 0 | 0 | 0 | 0 |
| 0 | 0 | 1 | 0 | 1 | 0 | 0 | 0 |
| 0 | 1 | 0 | 0 | 0 | 1 | 0 | 0 |
| 0 | 1 | 1 | 0 | 0 | 0 | 1 | 0 |
| 1 | 0 | 0 | 0 | 0 | 0 | 0 | 1 |

# 第4章　常用组合逻辑电路模块

随着集成电路技术的发展，现在已经很少利用小规模集成电路"与"、"或"、"非"门电路来设计制作组合逻辑电路，而是直接采用中规模的组合逻辑电路集成模块，从而提高设计的可靠性和电路的功能。由这些部件再去构成更复杂的系统，如计算机系统、数字手机等等。本章介绍一些常用的组合逻辑功能器件，如：编码器、译码器和加法器等等。

通过这一章的学习，主要掌握如下知识：

(1) 掌握编码器、译码器、数据选择器、数据分配器、数值比较器和加法器的功能。

(2) 熟练使用某一型号的编码器、译码器。

## 4.1　概述

常用组合逻辑电路模块的品种很多，主要有全加器、编码器、译码器、数据分配器、数据选择器、数值比较器等，这些部件都有专门符号，用相应的集成电路可以直接用于设计更复杂的数字电路。图4.1所示的计算器就使用了组合逻辑电路。

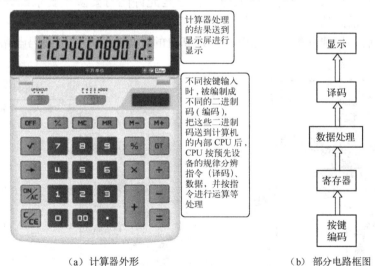

（a）计算器外形　　　　　　　　　　　（b）部分电路框图

图4.1　计算器外形和部分电路框图

学习常用的组合逻辑电路模块时，在掌握其功能的基础上，通常要求使用者能够掌握集成电路的端子名称、作用以及有效控制电平。除特殊说明外，本书关于器件符号的标记的规则如下：

(1) 集成电路的输入信号端子引脚标记中，若符号标记为原变量，则表示高电平有效；若输入信号端子符号标记为反变量，则表示低电平有效。如三态门的使能端标记为$\overline{\text{EN}}$，则表示使能端为低电平时，器件才能正常工作，否则处于高阻状态。输入端子若经一个非门符号（即输入端有一个小圈或有一个尖三角）输入，也表示低电平有效。

（2）集成电路的输出信号端子引脚标记中，若符号标记为反变量则表示反码输出。

## 4.2　编码器

编码就是用文字、符号或数码表示特定的对象。例如，给新装的电话一个电话号码，给刚入学的学生安排学号等都是进行编码的过程。图4.2所示就是用十进制的学号对应代表一个学生。

在数字电路中，由于只有二进制数，所以一般用的都是二进制编码器。虽然二进制编码器只有"0"和"1"两个数码，但是$n$个"0"和"1"按一定规律编排起来就可以表示$2^n$种不同的代码，$n$值足够大，可以表示的特定的状态信息就很多。将不同的输入信号或对象编为对应的二进制代码的电路称为二进制编码器。

待编码的状态为$M$，二进制编码后输出数为$N$，它们之间要满足：

$$2^N \geq M$$

若待编码状态为16，则输出线只需4根。所以编码器可以将多线的输入变为较少的线输出。

想一想：如果要对108个键进行编码，输出线至少需要多少根？

二进制编码器的特点是，任一时刻只能对一个输入信号进行编码。有两种输入情形，一是如图4.3所示需要编码的状态中每次只有一位为高电平，二是任何时候只允许一个输入信号为有效电平，其余输入信号均为无效电平；三是允许同时要多个要求编码有效的输入信号，但仅对优先权最高的输入信号进行编码，忽略其他有效的输入信号，优先权高低在电路设计时已确定。后一种情形称为优先编码。计算机的键盘就是采用了编码电路。常用的编码器有二－十进制编码器。

图4.2　用十进制的学号对应代表一个学生　　　图4.3　二进制编码对应关系

编码器的资料可以电子器件网站上查找并下载，集成电路的文档会提供详细的功能说明、内部电路结构、参数、使用注意事项、封装等。

### 1. 8线－3线优先编码器74HC148

8线－3线优先编码器74HC148的外观及引脚功能见图4.4，图4.4（a）为采用DIP

（双列直插）封装的集成电路的顶视图，图 4.4（b）为引脚功能图。表 4.1 是 74HC148 的功能表。

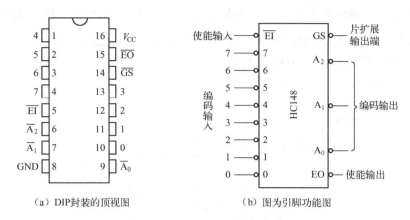

（a）DIP 封装的顶视图  （b）图为引脚功能图

图 4.4　74HC148 的外观及引脚功能

表 4.1　74HC148 的功能表（FUNCTION TABLE）

| INPUTS（输入） | | | | | | | | | OUTPUTS（输出） | | | | |
|---|---|---|---|---|---|---|---|---|---|---|---|---|---|
| $\overline{EI}$ | 0 | 1 | 2 | 3 | 4 | 5 | 6 | 7 | $\overline{A_2}$ | $\overline{A_1}$ | $\overline{A_0}$ | $\overline{GS}$ | $\overline{EO}$ |
| H | X | X | X | X | X | X | X | X | H | H | H | H | H |
| L | H | H | H | H | H | H | H | H | H | H | H | H | L |
| L | X | X | X | X | X | X | X | L | L | L | L | L | H |
| L | X | X | X | X | X | X | L | H | L | L | H | L | H |
| L | X | X | X | X | X | L | H | H | L | H | L | L | H |
| L | X | X | X | X | L | H | H | H | L | H | H | L | H |
| L | X | X | X | L | H | H | H | H | H | L | L | L | H |
| L | X | X | L | H | H | H | H | H | H | L | H | L | H |
| L | X | L | H | H | H | H | H | H | H | H | L | L | H |
| L | L | H | H | H | H | H | H | H | H | H | H | L | H |

注：H——表示高电平，即逻辑"1"；L——表示低电平，即逻辑"0"；X——表示无关，即任意。

74HC148 是一种应用比较广泛的编码器。它的引脚体现了数字集成电路的常用引脚类型，它的引脚按功能可分为：电源、控制端、输入输出三类。

（1）电源：对于 DIP 封装的数字集成电路，电源引脚通常是集成电路顶视图的左上角为电源正极（标注为 $V_{CC}$）、右下角引脚为电源负极（标注为 GND）。由于电源是集成电路工作所必须的，所以通常隐含已连接有电源而在画原理图时不再画出。

（2）控制端：输入控制端用于控制集成电路是否工作，输出控制端显示集成电路的工作状态。

$\overline{EI}$ 是输入使能端，只有当 $\overline{EI}$ 有效时，该芯片才正常编码。从功能表上可看出，EI 为"H"时，编码输入信号任意，输出全为"H"，也就是编码器不工作；仅当 $\overline{EI}$ 为"L"时，电路才正常编码。由此可见，在数字电路中，控制信号非常重要，若集成电路不能正常工作，首先要怀疑电源问题，其次是输入控制端，再次是输入输出端。

控制输出端，用于扩展芯片的功能时使用。"$\overline{EO}$"为输出使能端，有效时（这里为"L"有效）表示本芯片无编码信号输入。"$\overline{GS}$"为片扩展输出端，有效时表示本芯片有编码信号输出。

（3）输入输出端：0～7 为八根编码输入，编码的优先权从"0"至"7"依次变高。低电平有效，即低电平表示要求编码。当高优先权的编码信号要求编码，则低优先级的编码输入不会影响编码。$\overline{A_2} \sim \overline{A_0}$ 为编码输出，输出为三位二进制的反码，如对"6"编码，输出码为"001"，即"6"对应 $(110)_2$ 的反码。

74HC148 典型的应用电路如图 4.5 所示。

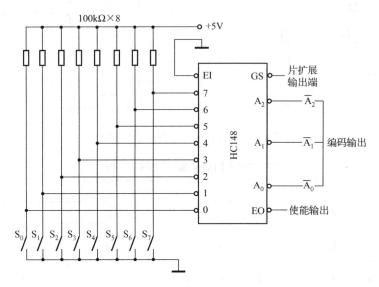

图 4.5　74HC148 的典型应用电路

图 4.5 中，电源 $V_{CC}$、GND 端省略没画，但实际上隐含着该芯片已连接电源。EI 端接地，即该芯片正常工作，当按键 $S_0 \sim S_7$ 都没有接通时，编码输入端"0～7"均为高电平，编码器无有效的编码输入信号。当 $S_4$ 接通，编码器编码输入端"4"有效，按"4"的反码输出，即"$\overline{A_2}\ \overline{A_1}\ \overline{A_0}$"输出为"011"。

想一想：

（1）图 4.5 中，若 $S_2$ 与 $S_3$ 同时按下，按哪个输入信号编码？$\overline{A_2}\ \overline{A_1}\ \overline{A_0}$ 输出为多少？

（2）对于标准键盘的 101 个键盘进行编码，至少需要多少位二进制数？

### 2. 二–十进制优先编码器 74HC147

74HC147 是二–十进制优先编码器。其引脚功能如图 4.6 所示，其逻辑功能表见表 4.2。

74HC147 的输入端是 $\overline{I_0} \sim \overline{I_9}$，由于不输入有效信号时输出为 1111，相当于 $\overline{I_0}$ 输入有效，为此，$\overline{I_0}$ 没有引脚，所以实际输入线为 9 根，低电平有效，即输入端电平为"0"时有效，输出 $\overline{Y_3}$、$\overline{Y_2}$、$\overline{Y_1}$、$\overline{Y_0}$，以反码形式输出。输入中，$\overline{I_0} \sim \overline{I_9}$ 优先权排列顺序为 $\overline{I_9}$（最高），…，$\overline{I_0}$（最低）。例如，若 $\overline{I_9}=0$，则 $\overline{I_8} \sim \overline{I_0}$ 不论为何状态，输出 $\overline{Y_3}\ \overline{Y_2}\ \overline{Y_1}\ \overline{Y_0}=0110$；当 $\overline{I_9}=1$ 时，则观察 $\overline{I_8}$ 是否为有效信号（即是否为"0"），若 $\overline{I_8}=0$，那么输出 $\overline{Y_3}\ \overline{Y_2}\ \overline{Y_1}\ \overline{Y_0}=0111$，$\overline{I_7} \sim \overline{I_0}$ 为何状态都无影响。

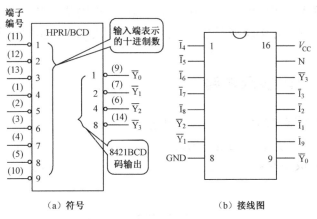

（a）符号　　　　　　　　　　　　　（b）接线图

图 4.6　二 – 十进行制（9 线 – 4 线）优先编码器 74HC147

表 4.2　二 – 十进制（9 线 – 4 线）优先编码器 74HC147 功能表

| 输　　　　　　　入 | | | | | | | | | 输　　出 | | | |
|---|---|---|---|---|---|---|---|---|---|---|---|---|
| $\bar{I}_9$ | $\bar{I}_8$ | $\bar{I}_7$ | $\bar{I}_6$ | $\bar{I}_5$ | $\bar{I}_4$ | $\bar{I}_3$ | $\bar{I}_2$ | $\bar{I}_1$ | $\bar{Y}_3$ | $\bar{Y}_2$ | $\bar{Y}_1$ | $\bar{Y}_0$ |
| 1 | 1 | 1 | 1 | 1 | 1 | 1 | 1 | 1 | 1 | 1 | 1 | 1 |
| 1 | 1 | 1 | 1 | 1 | 1 | 1 | 1 | 0 | × | 1 | 1 | 1 | 0 |
| 1 | 1 | 1 | 1 | 1 | 1 | 1 | 0 | × | × | 1 | 1 | 0 | 1 |
| 1 | 1 | 1 | 1 | 1 | 1 | 0 | × | × | × | 1 | 1 | 0 | 0 |
| 1 | 1 | 1 | 1 | 1 | 0 | × | × | × | × | 1 | 0 | 1 | 1 |
| 1 | 1 | 1 | 1 | 0 | × | × | × | × | × | 1 | 0 | 1 | 0 |
| 1 | 1 | 1 | 0 | × | × | × | × | × | × | 1 | 0 | 0 | 1 |
| 1 | 1 | 0 | × | × | × | × | × | × | × | 1 | 0 | 0 | 0 |
| 1 | 0 | × | × | × | × | × | × | × | × | 0 | 1 | 1 | 1 |
| 0 | × | × | × | × | × | × | × | × | × | 0 | 1 | 1 | 0 |

**3. 编码器的应用**

图 4.7 所示为利用 74HC148 编码器监视 8 个化学罐液面的报警编码电路。若 8 个化学罐中任何一个的液面超过预定高度时，其液面检测传感器便输出一个 0 电平到编码器的输入端。编码器输出 3 位二进制代码到微控制器，此时微控制器仅需要 3 根输出线就可以监视 8 个独立的被测点。

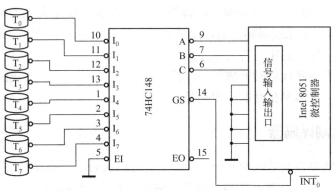

图 4.7　74LS148 的应用举例

当编码芯片的输入端不够时，可以利用有使能端的编码芯片来实现扩展。能过对其输入输出使能端的状态控制，在多块编码芯片中，让其中一块工作，实现优先编码。

## 4.3　译码器及数码显示电路

在图 4.8 所示的上课提问场景中，学生知道不同学号代表不同的学生，这种理解过程可理解为生活中的译码。二进制译码是编码的逆过程，它的功能是将有特殊含义的二进制码进行辨别，并将每一种取值转换成相应的特定状态输出。具有译码功能的逻辑电路称为译码器。

图 4.8　上课提问场景

译码器是将 $N$ 个输入转换成对应的 $M$ 个输出的过程。译码器的输入数 $N$ 和输出数 $M$ 之间的关系为：

$$M \leqslant 2^N$$

当 $2^N = M$ 时，称为全部译码。

当 $M < 2^N$ 时，称为部分译码。

习惯上将译码器按功能分类，又可分为二进制译码器和代码译码器。

二进制译码器每一组二进制码输入时将使一条输出线有效（表现为与其余输出端呈现不同的电平），通常用于地址译码。如计算机中对存储单元地址的译码，可将每一个地址转换成一个有效信号，用于选中对应的单元。

代码译码器是将一种代码转换成另一种代码，以便接受和应用，如把二进制数转换成一种七段码，变换为人们容易接受的字形符号。

### 4.3.1　二进制译码器

每一条输出引线是否有效仅与其中一种输入二进制代码对应的译码器，称为二进制译码器。二进制译码器若有 $n$ 位输入代码，则输出最多可有 $2^n$ 个输出信号。对应每一种输入代码的组合，$2^n$ 个输出中只有一个输出为有效电平，其余为非有效电平，这种译码器通常又称为唯一地址译码器，利用这一特征，地址译码器通常用于选通信号。在地址译码器中，把输入的二进制数称为地址。

二进制译码器有各种集成电路可供选购。3－8线译码器74138是一种典型的译码器。图4.9是其逻辑符号及引脚图，表4.3列出了3－8线译码器74138的逻辑功能。它是一种带有使能控制端（$E_1$、$\overline{E}_{2A}$、$\overline{E}_{2B}$）的3－8线译码器。当$E_1=1$、同时$\overline{E}_{2A}=\overline{E}_{2B}=0$时，译码器处于工作状态；否则，译码器处于禁止状态，即译码器不工作。利用使能控制端可以扩展译码器的功能。在使用这类集成电路时要特别注意正确连接使能控制端，否则电路不能正常工作。仅当$E_1=1$且同时$\overline{E}_{2A}=\overline{E}_{2B}=0$时，74138正常具有译码功能。

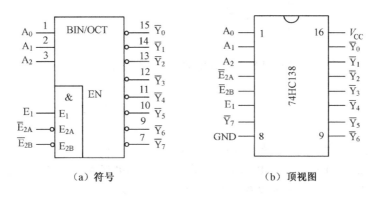

（a）符号　　　　　　　　（b）顶视图

图4.9　3－8线译码器74HC138

表4.3　74138集成译码器的功能表

| 输　　入 | | | | | | 输　　出 | | | | | | | | 备注 |
|---|---|---|---|---|---|---|---|---|---|---|---|---|---|---|
| $E_1$ | $\overline{E}_{2A}$ | $\overline{E}_{2B}$ | $A_2$ | $A_1$ | $A_0$ | $\overline{Y}_0$ | $\overline{Y}_1$ | $\overline{Y}_2$ | $\overline{Y}_3$ | $\overline{Y}_4$ | $\overline{Y}_5$ | $\overline{Y}_6$ | $\overline{Y}_7$ | |
| 0 | × | × | × | × | × | 1 | 1 | 1 | 1 | 1 | 1 | 1 | 1 | |
| 1 | 0 | 1 | × | × | × | 1 | 1 | 1 | 1 | 1 | 1 | 1 | 1 | 不工作 |
| 1 | 1 | 0 | × | × | × | 1 | 1 | 1 | 1 | 1 | 1 | 1 | 1 | |
| 1 | 0 | 0 | 0 | 0 | 0 | 0 | 1 | 1 | 1 | 1 | 1 | 1 | 1 | |
| 1 | 0 | 0 | 0 | 0 | 1 | 1 | 0 | 1 | 1 | 1 | 1 | 1 | 1 | |
| 1 | 0 | 0 | 0 | 1 | 0 | 1 | 1 | 0 | 1 | 1 | 1 | 1 | 1 | |
| 1 | 0 | 0 | 0 | 1 | 1 | 1 | 1 | 1 | 0 | 1 | 1 | 1 | 1 | 工作 |
| 1 | 0 | 0 | 1 | 0 | 0 | 1 | 1 | 1 | 1 | 0 | 1 | 1 | 1 | |
| 1 | 0 | 0 | 1 | 0 | 1 | 1 | 1 | 1 | 1 | 1 | 0 | 1 | 1 | |
| 1 | 0 | 0 | 1 | 1 | 0 | 1 | 1 | 1 | 1 | 1 | 1 | 0 | 1 | |
| 1 | 0 | 0 | 1 | 1 | 1 | 1 | 1 | 1 | 1 | 1 | 1 | 1 | 0 | |

从真值表可知，在工作状态，任一组3个变量输入，在8个输出中只有一个引脚为"0"（且正好与输入代码是一一对应），其余7个全为"1"，即译码输出低电平有效。根据输出引脚哪一条线有效，就可知道具体输入的二进制代码是哪一种组合，这就是译码功能。输入为3条引线，输出为8条引线，此电路习惯上称为3－8线译码器。

图4.10是74HC138的应用举例。图中，当输入为"011"时只有发光二极管$D_3$亮，可见，依据哪一个发光管亮，则可知输入的编码是什么。当然，74HC138并不仅控制灯的亮灭，它主要是通过输出高低电平，在不同时候，利用不同的输入信号，改变输出端电压从而

改变控制对象的状态来实现智能控制。

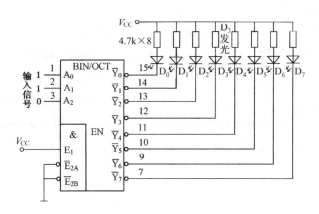

图 4.10　74HC138 对发光二极管的控制

想一想：

（1）如图 4.10 所示，若 $D_5$ 亮，则对应的输入编码为多少？

（2）若要求图 4.10 中所示的 8 只发光二极管不断地循环点亮，应顺序输入哪些编码？

（3）10 条地址输入线最多可以表示多少种不同的地址？10 条输入线的二进制数全译码器的输出线为多少？

### 4.3.2　二–十进制译码器（又称 BCD 译码器）

二–十进制译码器的输入编码是 BCD 码，输出有 10 根引线与输入 10 个 BCD 编码对应。BCD 码有多种，对应着多种译码器，常用的是 8421BCD 译码器。BCD 码译码器都有 4 个输入端，10 个输出端，常称之为 4–10 线译码器，也是一种唯一地址译码器。

8421BCD 码译码器是最常用的 BCD 译码器。图 4.11 所示为 8421BCD 码译码器 74HC42 的逻辑符号及外引线图。其功能真值表见表 4.4，表中输出 0 为有效电平，1 为无效电平。

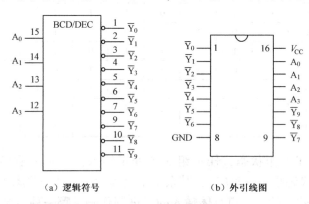

（a）逻辑符号　　　　　　　　　　（b）外引线图

图 4.11　8421BCD 译码器 74HC42

应注意的是，BCD 码译码器输入状态组合中总有 6 个伪码（无用）状态存在。所用 BCD 码不同，则相应的 6 个码状态也不同。电路应具有拒绝伪码功能，即输入端出现不应被翻译的伪码状态时，输出均呈无效电平。

表 4.4　8421BCD 码译码器 74HC42 真值表

| 数码 | 8421BCD 码输入 | | | | 输出 | | | | | | | | | |
|---|---|---|---|---|---|---|---|---|---|---|---|---|---|---|
| | $A_3$ | $A_2$ | $A_1$ | $A_0$ | $\overline{Y_9}$ | $\overline{Y_8}$ | $\overline{Y_7}$ | $\overline{Y_6}$ | $\overline{Y_5}$ | $\overline{Y_4}$ | $\overline{Y_3}$ | $\overline{Y_2}$ | $\overline{Y_1}$ | $\overline{Y_0}$ |
| 0 | 0 | 0 | 0 | 0 | 1 | 1 | 1 | 1 | 1 | 1 | 1 | 1 | 1 | 0 |
| 1 | 0 | 0 | 0 | 1 | 1 | 1 | 1 | 1 | 1 | 1 | 1 | 1 | 0 | 1 |
| 2 | 0 | 0 | 1 | 0 | 1 | 1 | 1 | 1 | 1 | 1 | 1 | 0 | 1 | 1 |
| 3 | 0 | 0 | 1 | 1 | 1 | 1 | 1 | 1 | 1 | 1 | 0 | 1 | 1 | 1 |
| 4 | 0 | 1 | 0 | 0 | 1 | 1 | 1 | 1 | 1 | 0 | 1 | 1 | 1 | 1 |
| 5 | 0 | 1 | 0 | 1 | 1 | 1 | 1 | 1 | 0 | 1 | 1 | 1 | 1 | 1 |
| 6 | 0 | 1 | 1 | 0 | 1 | 1 | 1 | 0 | 1 | 1 | 1 | 1 | 1 | 1 |
| 7 | 0 | 1 | 1 | 1 | 1 | 1 | 0 | 1 | 1 | 1 | 1 | 1 | 1 | 1 |
| 8 | 1 | 0 | 0 | 0 | 1 | 0 | 1 | 1 | 1 | 1 | 1 | 1 | 1 | 1 |
| 9 | 1 | 0 | 0 | 1 | 0 | 1 | 1 | 1 | 1 | 1 | 1 | 1 | 1 | 1 |
| 无效数码 | 1<br>1<br>1<br>1<br>1<br>1 | 0<br>0<br>1<br>1<br>1<br>1 | 1<br>1<br>0<br>0<br>1<br>1 | 0<br>1<br>0<br>1<br>0<br>1 | 全部为 1 | | | | | | | | | |

### 4.3.3　唯一地址译码器的应用

计算机中的地址选择是唯一地址译码器最典型的的应用之一。图 4.12 是在计算机系统中利用译码器选通器件示意图。

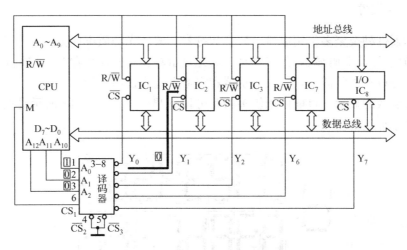

图 4.12　利用译码器选通器件示意图

存储器是计算机系统的最重要的组成部分。图 4.12 中有 7 块单片存储器芯片及 1 块 I/O 输入/输出集成电路。CPU 如何知道选中哪一块集成电路呢？

图 4.12 中 CPU 输出的共有 13 根地址线 $A_0 \sim A_{12}$。每块存储器除了有读/写控制端、地址线外，还有控制芯片工作与否的 $\overline{CS}$ 片选端，仅当片选有效时集成电路才工作，否则相应

集成电路与总线断开。

图 4.12 中、1~7 块单片存储器和第 8 块 I/O 芯片的地址线共用 $A_9 \sim A_0$ 10 根地址线。这 10 根地址线对应每个存储器的存储单元有 $2^{10}$ 个单元（因为 10 位二进制数有 $2^{10}$ 种不同的地址组合）。具体选中哪一块集成电路工作则由高三位地址 $A_{12}$、$A_{11}$、$A_{10}$ 决定。这三位地址通过 3 – 8 线译码器决定选中 8 块集成电路的哪一块工作。图中可以看出集成电路的片选与译码器的输出相连接。假设某一时刻 $A_{12}A_{11}A_{10} = 001$，即 $\overline{Y_1}$ 有效，译码器信号使第 2 块存储器被选中工作（片选$\overline{CS}$有效），至于该片内哪个存储单元被选中，与 CPU 之间进行数据读写则决定于 $A_9 \cdots A_0$ 的数据。

 想一想：图 4.11 中，$IC_1$ 的地址线有多少根？对应多少个存储单元？

### 4.3.4 七段数字显示译码器

在数字系统中计数器、定时器、数字电压表等方面，需要将表示数字信息的二进制数以人们习惯的十进制数形式显示出来，以便查看，因此，数字显示电路是许多数字设备不可缺少的部分。数字显示电路通常由译码器、驱动器和显示器等部分组成，如图 4.13 示。

图 4.13　数字显示电路组成方框图

#### 1. 数码显示器件

数码显示器件种类繁多，用以显示数字和符号。按发光物质不同分为半导体发光二极管数码管（LED）、液晶数码显示器（LCD）、荧光显示器、辉光显示器等；按组成数字的方式不同，又分为分段式显示器、点阵式显示器和字形重叠式显示器等。

用于十进制数的显示，目前使用较多的是分段式显示器。图 4.14 所示是七段显示器显示字段布局及字形组合。

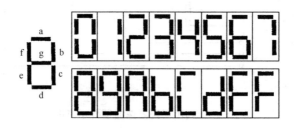

图 4.14　七段显示数字图形

七段显示器主要有荧光数码管和半导体显示器、液晶数码显示器。半导体（发光二极管）显示器是数字电路中比较方便使用的显示器，它有共阳极和共阴极两种接法，如图 4.15 所示。其中共阴极的七段显示器显示 1 时驱动方式见图 4.16，这个管带有小数点显示，图中用 dp 标注。它是利用各个段的组合来显示某个数字的字形。要使对应字形的几个显示字段发亮，对于共阳极接法，这几个显示字段必须同时为低电平；对于共阴极接法，这几个显示字段必须同时为高电平。

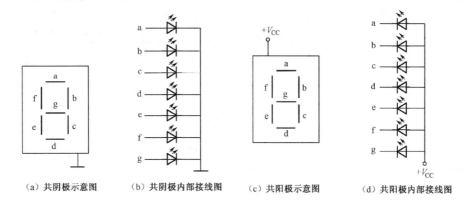

图 4.15　LED 七段显示器

## 2. 数字显示译码器

数字显示译码器将 BCD 代码译成数码管显示字所需要的相应高、低电平信号，使数码管显示出 BCD 代码所表示的对应十进制数，这是一种代码译码器。

74HC4511、74LS48、74LS47 是 8421BCD 码七段显示译码器。其中，74LS47 是反码输出，通常用来驱动共阳管，而 74HC4511、74LS48 是原码输出，驱动共阴管，两者管脚功能相同，可以互换。图 4.17 是 74HC4511 与显示器的连接示意图。图中，$A_3$、$A_2$、$A_1$、$A_0$ 是显示译码器输入的 8421BCD 码，a ~ g 是七段输出（输出高电平有效），其逻辑真值表如表 4.5 所示。其中 $\overline{LT}$ 是测试输入端，$\overline{BI}$ 称为灭零输入，$\overline{LE}$ 是锁存允许控制端，使该器件具有锁存功能，即当 $\overline{LE}$ =0 时，输入码 $A_3A_2A_1A_0$ 可通过内部锁存器传到译码器，当 $\overline{LE}$ =1 时，输入数据被锁存，无法进行译码，输出保持不变。当输入码为 1010 ~ 1111 时，a ~ g 段均为低电平，不显示。

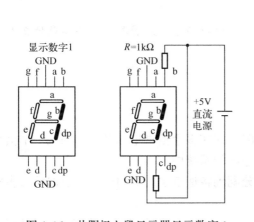

图 4.16　共阴极七段显示器显示数字 1
　　　　　的驱动电路

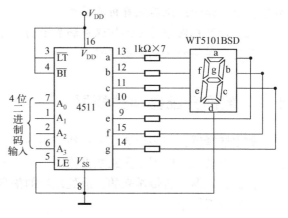

图 4.17　用 4511 构成 LED 显示电路

表 4.5　8421BCD 码七段显示译码器 74HC4511 功能真值表

| 输　入 | | | | | | | 输　出 | | | | | | | 显示数字 |
|---|---|---|---|---|---|---|---|---|---|---|---|---|---|---|
| $\overline{LE}$ | $\overline{BI}$ | $\overline{LT}$ | $A_3$ | $A_2$ | $A_1$ | $A_0$ | a | b | c | d | e | f | g | |
| × | × | 0 | × | × | × | × | 1 | 1 | 1 | 1 | 1 | 1 | 1 | 8 |
| × | 0 | 1 | × | × | × | × | 0 | 0 | 0 | 0 | 0 | 0 | 0 | 灭 |
| 1 | 1 | 1 | × | × | × | × | 不变 | | | | | | | 维持 |
| 0 | 1 | 1 | 0 | 0 | 0 | 0 | 1 | 1 | 1 | 1 | 1 | 1 | 0 | 0 |
| 0 | 1 | 1 | 0 | 0 | 0 | 1 | 0 | 1 | 1 | 0 | 0 | 0 | 0 | 1 |
| 0 | 1 | 1 | 0 | 0 | 1 | 0 | 1 | 1 | 0 | 1 | 1 | 0 | 1 | 2 |
| 0 | 1 | 1 | 0 | 0 | 1 | 1 | 1 | 1 | 1 | 1 | 0 | 0 | 1 | 3 |
| 0 | 1 | 1 | 0 | 1 | 0 | 0 | 0 | 1 | 1 | 0 | 0 | 1 | 1 | 4 |
| 0 | 1 | 1 | 0 | 1 | 0 | 1 | 1 | 0 | 1 | 1 | 0 | 1 | 1 | 5 |
| 0 | 1 | 1 | 0 | 1 | 1 | 0 | 0 | 0 | 1 | 1 | 1 | 1 | 1 | 6 |
| 0 | 1 | 1 | 0 | 1 | 1 | 1 | 1 | 1 | 1 | 0 | 0 | 0 | 0 | 7 |
| 0 | 1 | 1 | 1 | 0 | 0 | 0 | 1 | 1 | 1 | 1 | 1 | 1 | 1 | 8 |
| 0 | 1 | 1 | 1 | 0 | 0 | 1 | 1 | 1 | 1 | 1 | 0 | 1 | 1 | 9 |
| 0 | 1 | 1 | 1 | 0 | 1 | 0 | 全部为0 | | | | | | | 灭 |
| 0 | 1 | 1 | 1 | 0 | 1 | 1 | | | | | | | | 灭 |
| 0 | 1 | 1 | 1 | 1 | 0 | 0 | | | | | | | | 灭 |
| 0 | 1 | 1 | 1 | 1 | 0 | 1 | | | | | | | | 灭 |
| 0 | 1 | 1 | 1 | 1 | 1 | 0 | | | | | | | | 灭 |
| 0 | 1 | 1 | 1 | 1 | 1 | 1 | | | | | | | | 灭 |

想一想：

（1）使用计算器时，按下标有1、2、3、4、5、6、7、8的其一按键时，可显示相应的数字。根据你的知识尝试解析其原理。

（2）计算机内字符是如何保存和显示的？字符的代码与字形是否相同？字库是什么？字库存放的是字符的代码还是字形？

# 4.4　数据分配器和选择器

数据选择器：在多个通道中选择其中的某一路、或在多个信息中选择其中的某一个信息传送或加以处理。应用于多路数据输入一路数据输出的系统中。

数据分配器：将传送来的、或处理后的信息分配到各通道去。应用于一路数据输入多路数据输出的系统中。

图 4.18 示意了信件的收发过程。在传送信件时，不同的人在信上写上收信地址和姓名，然后投入信箱，信箱中汇集了很多邮件，邮递员把邮件收齐后送到邮局，邮局把所有邮件收齐后，先按大范围的地址传送，然后再由邮递员按具体的地址分发到收信人手中。数据处理

中存在类似的信息收集、传送和分发的过程。数据分配器和选择器在其中起着重要的作用，而地址是最重要的连接因素。

图 4.18　信件的收发

在数字系统尤其是计算机数字系统中，为了减少传输线，经常采用总线技术，即在同一条线上对多路数据进行接收或传送，通常称为传输线的复用。用来实现这种逻辑功能的数字电路就是数据选择器和数据分配器，如图 4.19 所示。数据选择器和数据分配器的作用都相当于单刀多掷开关。数据选择器是多路输入，单路输出；数据分配器是单路输入，多路输出。

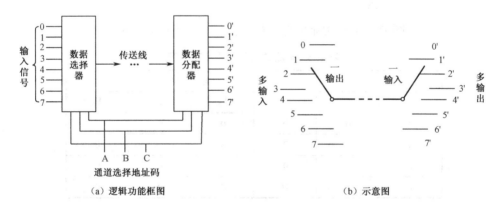

（a）逻辑功能框图　　　　　　　　　　　　　　　　（b）示意图

图 4.19　在一条线上接收与传送 8 路数据

### 4.4.1　数据分配器

**1. 数据分配器的逻辑功能**

数据分配器有一根输入线，$n$ 根地址线（又称为选择控制线）和 $2^n$ 根输出线。根据 $n$ 个选择变量的不同代码组合来选择输入数据从哪个输出通道输出。

图 4.20 所示为 4 路分配器，图 4.20（a）是方框图，图 4.19（b）是实现其功能的译码器电路图，图 4.20（c）是其逻辑符号。

图中 D 为一路数据输入端，$A_1$、$A_0$ 为两个地址端，$Y_0$、$Y_1$、$Y_2$、$Y_3$ 为 4 路数据输出端。$A_1$、$A_0$ 端的输入组合控制 D 数据由 4 路输出中其中一路输出。

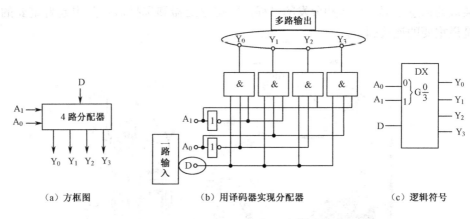

（a）方框图          （b）用译码器实现分配器          （c）逻辑符号

图 4.20　4 路分配器

实现分配器的电路是译码器电路。译码器作为数据分配器使用时，必须具有"使能"端。此时，使能端作为数据输入端（图 4.15（b）中的 D）使用，而译码器的输入端要作为地址端（图 4.20（b）中的 $A_1$ 和 $A_0$），译码器的输出端就是分配器的输出端（图 4.20（b）中的 $Y_3$、$Y_2$、$Y_1$ 和 $Y_0$）。

从图 4.20（b）可知：

当 D = 1 时，译码，若 $A_1A_0 = 01$，则 $Y_1 = 1 = D$，$Y_2 = Y_3 = Y_0 = 0 \neq D$

当 D = 0 时，不译码，则 $Y_1 = Y_2 = Y_3 = Y_0 = 0 = D$

即：$A_1A_0 = 01$，$Y_1 = D$，输入信号 D 从 $Y_1$ 输出。

据此或根据电路图分析逻辑功能可得 4 路数据分配器的功能，见表 4.6。

表 4.6　4 路数据分配器的功能表

| 地　　址 | | 输　　出 | | | |
|---|---|---|---|---|---|
| $A_1$ | $A_0$ | $Y_3$ | $Y_2$ | $Y_1$ | $Y_0$ |
| 0 | 0 | 0 | 0 | 0 | D |
| 0 | 1 | 0 | 0 | D | 0 |
| 1 | 0 | 0 | D | 0 | 0 |
| 1 | 1 | D | 0 | 0 | 0 |

### 2. 数据分配器的实现电路

数据分配器可以用唯一地址译码器实现，如 3 - 8 线译码器。

图 4.21 是用前面曾介绍过的译码器 3 - 8 线译码器 74HC138 作为数据分配器使用的框图及过程分析。从图中看出，74HC138 有三个使能端（$E_1$、$\overline{E}_{2A}$、$\overline{E}_{2B}$），选择其中一个使能端 $\overline{E}_{2A}$ 作为数据分配器的数据输入 X，$E_1$ 和 $\overline{E}_{2B}$ 满足译码允许的要求分别设为"1"和"0"。译码器的输入 $A_2$、$A_1$、$A_0$ 为选择控制端，其输入组合作为地址选择 $\overline{E}_{2A}$ 的输出通道，$\overline{Y}_0 \sim \overline{Y}_7$ 为译码输出端。该分配器的逻辑功能真值表见表 4.3 所示。表中逻辑 0 为有效电平，逻辑 1 为非有效电平。

（1）当 X = 1 时，$E_1 \overline{E}_{2A} \overline{E}_{2B} = 110$ 时，译码器不工作。此时所有输出端为 1，则 $\overline{Y}_3 = 1 = X$。

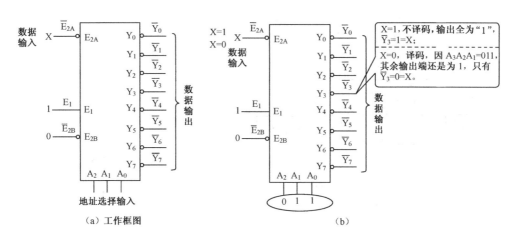

（a）工作框图 （b）

图 4.21 74HC138 用作 1-8 路数据分配器

（2）当 $X = 0$ 时，$E_1 \overline{E_{2A}} \overline{E_{2B}} = 100$ 时，译码器正常工作。此时根据地址输入 $A_2$、$A_1$、$A_0$ 不同取值组合，选择 $\overline{E_{2A}}$ 的通道。如 $A_2 A_1 A_0 = 011$，则 $\overline{Y_3} = 0 = \overline{E_{2A}} = X$，其余输出端为 1，不等于 X。

所以数据分配器的输出状态与 $X = \overline{E_{2A}}$ 的状态是相同，这种输出方式称为原码输出。当数据从 $\overline{E_{2B}}$ 中输入时，也是原码输出。若数据从 $E_1$ 输入，则数据分配器即为反码输出。请读者自行分析。

 想一想：如果 X 输入的信号想顺序分配给 $\overline{Y_0} \sim \overline{Y_7}$ 应如何实现？

### 4.4.2 数据选择器

**1. 数据选择器的逻辑功能**

数据选择器的逻辑功能恰好与数据分配器的功能相反。它有 $2^n$ 条输入线，$n$ 条选择控制线和一条输出线。根据 $n$ 个选择变量的不同代码组合，在 $2^n$ 个不同输入中选一个送到输出。

**2. 数据选择器的实现电路**

数据选择器的主体电路一般是与或门阵列（也有用传输门开关和门电路混合组合而成的）。图 4.22 所示是 4 选 1 数据选择器。从逻辑图中不难得到电路的逻辑函数表达式为：

$$Y = D_0 \overline{S_1} \overline{S_0} + D_1 \overline{S_1} S_0 + D_2 S_1 \overline{S_0} + D_3 S_1 S_0$$

可见，输出 Y 取决于选择变量 $S_1 S_0$ 的不同组合。当 $S_1 S_0 = 00$ 时，$Y = D_0$；当 $S_1 S_0 = 01$ 时，$Y = D_1$；当 $S_1 S_0 = 10$ 时，$Y = D_2$；当 $S_1 S_0 = 11$ 时，$Y = D_3$。

数据选择器已成为目前逻辑设计中最流行的通用中规模组件。它有 2 选 1、4 选 1、8 选 1 和 16 选 1 等类别。实际应用中，它们自身还会带有一个片选输入端 $\overline{S}$，由它控制本集成数据选择器是否被选通工作。片选输入常接在计算机系统的某根地址线上。而且利用片选端 $\overline{S}$ 还可以实现数据选择器的扩展，如用两片 8 选 1 来实现 16 选 1 的功能等。

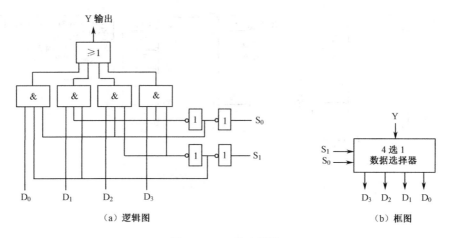

（a）逻辑图　　　　　　　　　　　（b）框图

图 4.22　四路选择器

表 4.7 是 8 选 1 数据选器 CT74LS151 的功能表，图 4.23 是利用其构成的多路报警系统的数据采集结构。

表 4.7　CT74LS151 型 8 选 1 数据选择器的功能表

| 选　择 | | | 选　通 | 输　出 |
|---|---|---|---|---|
| $A_2$ | $A_1$ | $A_0$ | $\overline{S}$ | Y |
| × | × | × | 1 | 0 |
| 0 | 0 | 0 | 0 | $D_0$ |
| 0 | 0 | 1 | 0 | $D_1$ |
| 0 | 1 | 0 | 0 | $D_2$ |
| 0 | 1 | 1 | 0 | $D_3$ |
| 1 | 0 | 0 | 0 | $D_4$ |
| 1 | 0 | 1 | 0 | $D_5$ |
| 1 | 1 | 0 | 0 | $D_6$ |
| 1 | 1 | 1 | 0 | $D_7$ |

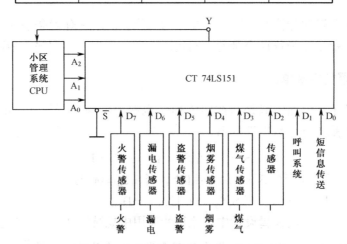

图 4.23　数据选择器在智能小区的应用

在智能小区中，家庭安装了各种传感器。当发生事故时，如火灾，热敏传感器和烟雾传感器就能产生信号。正常时，每个数据端假设为 1，当出现异常时，数据变为 0。

小区管理系统的 CPU 不断循环输出 $000 \sim 111$ 的地址码，000 时选中 $D_0$，此时，$Y = D_0$，检测 $D_0$ 的信号可知是否有短信息传送，其后地址为 001，$Y = D_1$，可检测呼叫系统是否有数据信号传送，顺序检测可知家庭各传感器的情况。

 想一想：一条光纤可以传送很多路信号，它是如何实现的？

### 4.4.3　数据选择器和分配器的应用

图 4.24 所示是利用 8 路数据选择器 CT74LS151 和 8 路数据分配器 CT74LS138 来实现单根数据线多路数据的传送，其传送方式有点对点和并行 – 串行 – 并行传送。

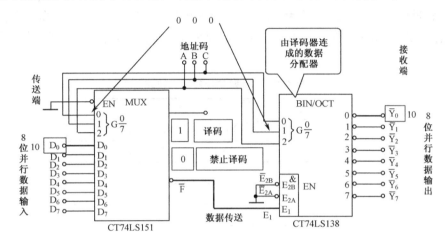

图 4.24　信息的传送

由于 CT74LS151 的使能端 $\overline{EN} = 0$，同时地址端 $ABC = 000$，所以其反码输出端 $\overline{F} = \overline{D_0}$。而数据分配器 CT74LS138 的使能端 $EN = \overline{E_{2B}} \cdot \overline{E_{2A}} \cdot E_1 = \overline{0} \cdot \overline{0} \cdot \overline{F} = \overline{0} \cdot \overline{0} \cdot \overline{D_0} = \overline{D_0}$。

**1. 数据点对点传送**

当 $D_0 = 1$ 时，$\overline{F} = 0$，CT74LS138 的使能端 $EN = \overline{D_0} = 0$，禁止译码，由于 CT74LS138 是反码输出，则输出端全为 1，$\overline{Y_0} = D_0 = 1$。

当 $D_0 = 0$ 时，$\overline{F} = 1$，CT74LS138 的使能端 $EN = \overline{D_0} = 1$，译码状态，由于地址 $ABC = 000$，选中 $\overline{Y_0}$ 后，有 $\overline{Y_0} = D_0 = 0$，其余输出端为 1。

即信号可从 $D_0$ 传送到 $Y_0$。改变地址码可以改变所选择和传送的对象。

**2. 实现信息的并行 – 串行 – 并行传送**

如果把数据选择器地址码按一定的频率加 1 方式递加，则可把八位并行输入信号转换成串行信号从 $\overline{F}$ 端按序传送。

如果把数据分配器地址码按一定的频率加 1 方式递加，则可把 $\overline{F}$ 端的串行数据从八位并行输出端分时输出。这种单线分时传送多路数据的方式称为时分复用。

想一想：能否举出数据选择和数据分配的应用例子。

## 4.5 数据比较器

能实现两个二进制数比较的逻辑电路统称为数值比较器。

### 4.5.1 1位数值比较器

比较两个1位二进制数A和B大小的关系有三种：A大于B；A小于B；A等于B。设1位数值比较器输入1位二进制数为A、B，当A＞B时，对应输出$Y_{A>B}$为高电平；当A＜B时，对应输出$Y_{A<B}$为高电平；当A＝B时，对应输出$Y_{A=B}$为高电平。由此可得其真值表，如表4.8所示。

表4.8 1位数值比较器真值表

| 输 入 | | 输 出 | | |
|---|---|---|---|---|
| A | B | $Y_{A>B}$ | $Y_{A<B}$ | $Y_{A=B}$ |
| 0 | 0 | 0 | 0 | 1 |
| 0 | 1 | 0 | 1 | 0 |
| 1 | 0 | 1 | 0 | 0 |
| 1 | 1 | 0 | 0 | 1 |

### 4.5.2 考虑低位比较结果的多位比较器

1位数值比较器只能对两个1位二进制数进行比较。而实用的比较器一般是多位的，而且考虑低位的比较结果。下面以2位数值比较器为例讨论这种数值比较器的结构及工作原理。

2位数值比较器的真值表如表4.9所示。其中$A = A_1A_0$，$B = B_1B_0$，对应$A_1$、$B_1$、$A_0$、$B_0$为数值输入端，$I_{A>B}$、$I_{A<B}$、$I_{A=B}$为级联输入端，是为了实现2位以上数码比较，在本级比较器出现A＝B时，需要输入低一级比较器比较结果而设置的。$F_{A>B}$、$F_{A<B}$、$F_{A=B}$为本级比较器三种不同比较结果输出端。

表4.9 2位数值比较器的真值表

| 数 值 输 入 | | | | 级 联 输 入 | | | 输 出 | | |
|---|---|---|---|---|---|---|---|---|---|
| $A_1$  $B_1$ | | $A_0$  $B_0$ | | $I_{A>B}$ | $I_{A<B}$ | $I_{A=B}$ | $F_{A>B}$ | $F_{A<B}$ | $F_{A=B}$ |
| $A_1 > B_1$ | | × × | | × | × | × | 1 | 0 | 0 |
| $A_1 < B_1$ | | × × | | × | × | × | 0 | 1 | 0 |
| $A_1 = B_1$ | | $A_0 > B_0$ | | × | × | × | 1 | 0 | 0 |
| $A_1 = B_1$ | | $A_0 < B_0$ | | × | × | × | 0 | 1 | 0 |
| $A_1 = B_1$ | | $A_0 = B_0$ | | 1 | 0 | 0 | 1 | 0 | 0 |
| $A_1 = B_1$ | | $A_0 = B_0$ | | 0 | 1 | 0 | 0 | 1 | 0 |
| $A_1 = B_1$ | | $A_0 = B_0$ | | 0 | 0 | 1 | 0 | 0 | 1 |

集成 CC14585 就是 4 位数值比较器。其逻辑符号见图 4.25（a）所示。逻辑符号中的 $Y_{(P>Q)}$、$Y_{(P=Q)}$ 和 $Y_{(P<Q)}$ 是总的比较结果输出端，$A_3A_2A_1A_0$ 和 $B_3B_2B_1B_0$ 是两个相比较的 4 位数的输入端。$I_{(A>B)}$、$I_{(A=B)}$ 和 $I_{(A<B)}$ 是扩展端，作为芯片之间连接时用。只比较两个 4 位数时，使扩展端 $I_{(A<B)} = I_{(A>B)} = 0$、$I_{(A=B)} = 1$。

若要比较两个 4 位以上的二进制数时，就需用两片以上的 CC14585 组合成位数更多的数值比较器。图 4.25（b）所示是用两片 CC14585 组成的一个 8 位数值比较器。

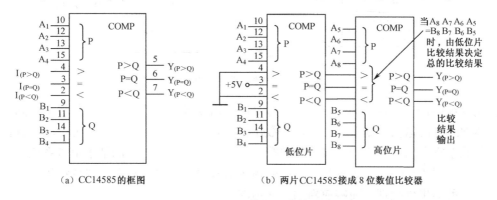

（a）CC14585 的框图　　　　　　（b）两片 CC14585 接成 8 位数值比较器

图 4.25　CC14585 符号及其扩展接法

### 4.5.3　数据比较器的应用

#### 1. 四舍五入电路

图 4.26 所示是用比较器构成以 8421BCD 码表示的 1 位十进制数四舍五入电路。

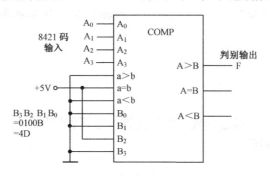

图 4.26　8421BCD 码四舍五入电路

$B_3B_2B_1B_0 = 0100$，当 $A_3A_2A_1A_0 > B_3B_2B_1B_0$ 时，输出 $F = 1$，否则 $F = 0$，若把 F 当做进位，则该电路可实现四舍五入。

#### 2. 中断优先判别电路

比较器是使用较多的逻辑器件，比较器的逻辑功能在数字系统和计算机系统中无所不在。图 4.27 所示为一个中断优先权判别逻辑电路，它以比较器为核心。中断是计算机中重要的硬件逻辑功能之一，主要用于实时地响应各种外部事件的处理请求，当有多个外部设备同时需要计算机处理时，计算机将根据中断优先权控制电路发出的信号决定是否中断（暂时停止）现行工作的处理而转向为这次中断请求的对象服务，并把服务对象的优先权状态保存在现行状态寄存器（寄存器内容将在第6章介绍）中。

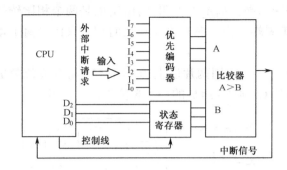

| 优先编码器 | 寄存器值（动态） |
| --- | --- |
| 7（A=111） | B = 111 |
| 6（A=110） | B = 110 |
| 5（A=101） | B = 101 |
| 4（A=100） | B = 100 |
| 3（A=011） | B = 011 |
| 2（A=010） | B = 010 |
| 1（A=001） | B = 001 |
| 0（A=000） | B = 000 |

图 4.27　中断优先判别电路

优先权编码器首先将外部中断请求信号排队，需要紧急处理的请求一般级别最高，优先权编码器把对应的输入位编成 3 位二进制数作为比较器的输入，比较器的另一端的数据输入连到现行状态寄存器的输出端，接收的数据是计算机正在处理的中断请求信号系统。

如果比较器 $A > B = 1$，表示当前的中断请求对象级别比现行处理的事件级别高，计算机必须暂停当前的事件处理转而响应新的中断请求。

如果 $A > B = 0$，则表示中断请求对象级别比现行处理的事件级别低或同一级别，比较器不发出中断信号，直到计算机处理完当前的事件后再将现行状态寄存器中的状态清除，转向为别的低级中断服务。

**想一想**：计算机可同时执行多种任务，但有时用户输入指令时，计算机会出现暂时无反应的现象，但同时按下 Ctrl、Alt、Del 3 个按键时，计算机会立即弹出一个窗口。想一想这是为什么？

## 4.6　加法器

数字系统中，进行各种信息处理，常用到算术运算和信号比较，其中的算术加减运算都是可以转化为加法运算实现。

**1. 半加器**

半加器：不考虑低位有否进位而将两个 1 位二进制数（A、B）相加。

半加器的实现电路和原理可参照例3.13，其实现电路也可以如图4.28（a）由异或门及与门组成。图4.28（b）和图4.28（c）分别给出了半加器的国际符号和惯用符号。

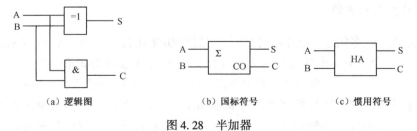

（a）逻辑图　　　　　　　　　（b）国标符号　　　　　　　　　（c）惯用符号

图 4.28　半加器

### 2. 全加器

全加器：进行加数、被加数和低位来的进位信号相加，并根据求和结果输出该位的进位信号。

据3个二进制数相加及加法规则，不难列出全加器的真值表，见表4.10。表中 $A_i$、$B_i$ 为两个1位二进制数，$C_i$ 是低位的进位数，$S_i$ 为全加的本位和，$C_{i+1}$ 是向相邻高位的进位数。

表4.10　全加器的真值表

| 输　　入 | | | 输　　出 | |
|---|---|---|---|---|
| $A_i$ | $B_i$ | $C_i$ | $S_i$ | $C_{i+1}$ |
| 0 | 0 | 0 | 0 | 0 |
| 0 | 0 | 1 | 1 | 0 |
| 0 | 1 | 0 | 1 | 0 |
| 0 | 1 | 1 | 0 | 1 |
| 1 | 0 | 0 | 1 | 0 |
| 1 | 0 | 1 | 0 | 1 |
| 1 | 1 | 0 | 0 | 1 |
| 1 | 1 | 1 | 1 | 1 |

据表4.11可得 $S_i$ 和 $C_{i+1}$ 的逻辑表达式：

$$S_i = \overline{A_i}\,\overline{B_i}C_i + \overline{A_i}B_i\overline{C_i} + A_i\overline{B_i}\,\overline{C_i} + A_iB_iC_i = C_i(\overline{A_i}\,\overline{B_i} + A_iB_i) + \overline{C_i}(\overline{A_i}B_i + A_i\overline{B_i})$$
$$= A_i \oplus B_i \oplus C_i$$

$$C_{i+1} = \overline{A_i}B_iC_i + A_i\overline{B_i}C_i + A_iB_i\overline{C_i} + A_iB_iC_i = C_i(\overline{A_i}B_i + A_i\overline{B_i}) + A_iB_i(\overline{C_i} + C_i)$$
$$= C_i(A \oplus B) + A_iB_i$$

由表达式画出全加器的逻辑图和逻辑符号，如图4.29所示。

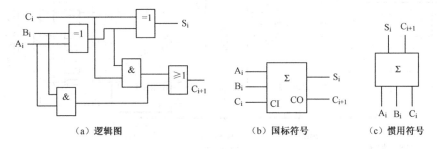

（a）逻辑图　　　　　　（b）国标符号　　　　　（c）惯用符号

图4.29　全加器

用多个全加器可以组成多位二进制加法器，它是最基本的算术运算单元。例如，它可以作加法运算，减法运算可以转化为被减数与减数的补码相加。乘法可转化为连续的加运算，除法可转换为减法，再将减法转换为补码用加法来完成运算。

# 实训4　编码、译码和显示驱动电路综合实训

### 1. 实训目的

熟悉编码器、七段译码器、LED和数据选择器等中规模集成电路的典型应用。

## 2. 实训仪器及器件

(1) 数字实验箱                                   1 个

(2) BCD 码（9－4 线）优先编码器 74HC147       1 个

(3) 七段译码器 74HC4511 或 74LS48           1 个

(4) 共阴极 LED                                    1 个

(5) 6 反相器 74LS04                               2 个

## 3. 实训内容

BCD 码编译码显示电路。图 4.30 所示是 BCD 码编码器和七段译码显示电路的框图。按框图的逻辑要求选用合适的器件连接好。提示：其中 BCD 编码器可选用 9－4 线优先编码器 74HC147，七段显示译码器可选用 74HC4511 构成的 LED 显示电路。选用各器件时要注意输入、输出的有效电平要一致，否则就须加接反相器。参考电路见图 4.31 所示。

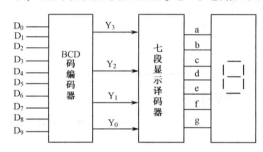

图 4.30    BCD 码编码器和七段显示译码器

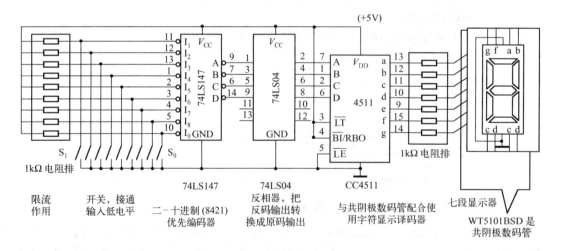

图 4.31    BCD 码编译码显示电路

## 4. 实训报告

记录实训结果，画出电路连接图，说明工作原理。

## 5. 想想做做

请用译码器设计一个控制电路，当输入为 000 时，控制红色发光二极管亮，当输入为

001 时，控制绿色发光二极管亮，当输入为 010 时，控制黄色发光二极管亮，当输入为 011 时，控制继电器闭合，当输入为 100 时，控制小电机旋转。

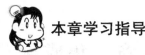

## 本章学习指导

（1）编码器、译码器、数据选择器、数据分配器、数值比较、加法器等是常用的组合电路器件。

（2）编码器主要是实现把一些数字、符号、文字等用二进制代码表示的器件。译码器相当于是编码器的逆过程。数据选择器、数据分配器主要用于数据的传送，从而实现数据点对点的传送和数据传送的并行－串行的转换。数值比较器由于其可以比较数值的大小从而应用于一些判断电路。加法器是 CPU 的核心器件，可以完成加法和减法的运算。

（3）为增加使用灵活性且便于功能扩展，这类中规模集成电路大多数都设置了附加的控制端（或称使能端、选通输入端、片选端、禁止端等）。这些控制端既可用于控制电路的状态（工作或禁止），又可作为输出信号的选通输入端，还能用作输入信号的一个输入端以扩展电路功能。合理运用这些控制端能最大限度地发挥电路的潜力。此外灵活运用这些器件还可设计完成任何其他逻辑功能组合电路。

（4）设计组合逻辑电路时应尽量选用集成电路。要掌握查集成电路参数的方法。使用中规模集成电路来实现组合逻辑电路时，方法与使用小规模集成电路基本一样。

## 习 题 4

4.1 组合逻辑电路的主要特点是什么？

4.2 编码器的作用是什么？什么是优先编码？

4.3 译码器的作用是什么？何种译码器可以作为数据分配器使用？为什么？

4.4 举例说明数值比较器的应用。

4.5 举例说明一种显示 8421BCD 码字型的实现方法。

4.6 已知一组合逻辑电路输入 A、B 和输出 Z 的波形，如图 4.32 所示。写出 Z 的表达式，用最少与非门来实现该组合逻辑电路，画出逻辑图。

4.7 分析如图 4.33 所示的逻辑电路，做出真值表，说明其逻辑功能。

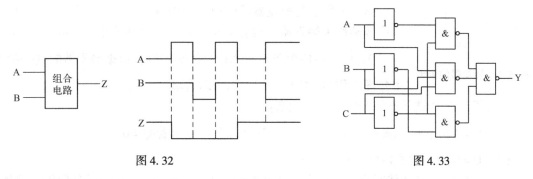

图 4.32                    图 4.33

4.8 半加器和全加器的区别是什么？各用在何场合？

# 第5章 集成触发器

第4章介绍的组合逻辑电路，一旦输入端信号发生变化，输出端即时产生响应，相当于一种"直入直出"型的控制电路。在数字系统中，我们还需要一些有"记忆"功能的电路。如计数时，必须知道脉冲到来之前原来的数量大小。这些电路必须具有"记忆"功能，触发器就是具有"记忆"功能的电路。触发器的应用十分广泛，它是构成各种时序逻辑电路的基本单元。

通过本章的学习，主要掌握如下知识：

（1）掌握基本 RS 触发器、JK 触发器和 D 触发器的符号、功能、特征方程、时序图等。

（2）熟悉使用某一型号的 JK 触发器和 D 触发器。

（3）初步具备使用 JK 触发器和 D 触发器实现计数、寄存功能和控制电路的功能。

## 5.1 概述

在计算机系统和数字电路系统中，多数操作和以前的状态有关，必须将曾经输入过的信号暂时保存进来，以便与新的输入信号一起共同确定新的输出状态。即需要具有记忆功能的基本逻辑单元。能够记忆（存储）1 位二值信号的基本单元统称为触发器（Flip Flop，简写为 FF）。图 3.2（b）电子秤框图中的计数器和寄存器可以采用触发器来构成。

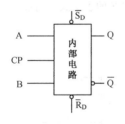

图 5.1 触发器的模型

图 5.1 所示是触发器的模型。图中 A、B 表示两个输入信号。输入信号端称为触发端，对应不同逻辑功能的触发器采用不同的名称。

$Q$、$\overline{Q}$ 表示两个逻辑状态相反的输出端。根据触发器的这一特点，不允许出现 $Q$、$\overline{Q}$ 均为同一电平的状态。

通常规定以 Q 端状态作为触发器的状态：

（1）$Q=1$ 时，称触发器处于 1 态，$\overline{Q}$ 因与 Q 互补，意味着 $\overline{Q}=0$。

（2）$Q=0$ 时，触发器处于 0 态，$\overline{Q}=1$。

每一个触发器的 Q 状态有两种稳态，即"0 态"和"1 态"，但任一时刻触发器只能处于其中一种状态，要么为"0 态"，要么为"1 态"。若用触发器的"0 态"表示二进制数码"0"，"1 态"表示二制数码"1"，则一个触发器可以表示 1 位二进制码。

CP 称为时钟脉冲，它的作用是确定输入信号 A、B 可控制可控制输出 Q 的状态的时间。

$\overline{S}_D$、$\overline{R}_D$ 为置 1 端和置 0 端，低电平有效。当 $\overline{S}_D$ 为低电平时，Q 端为高电平，称为"置位"（或置 1）；当 $\overline{R}_D$ 为低电平时，Q 端为低电平，称为"复位"（或清零）。

在五种输入信号 A、B、CP、$\overline{S}_D$ 和 $\overline{R}_D$ 中，$\overline{S}_D$ 和 $\overline{R}_D$ 的优先等级最高，它们一旦处于有效电平，则 A、B 和 CP 无法控制输出端 Q 的状态，其次是 CP，只有在 CP 有效时刻，A、B 才能控制输出端 Q 的状态。并非所有的触发器都必须包括五种输入信号，如果缺少某种信号，则认为该信号不起作用。

不同公司生产的触发器输入信号标记可能有所不同，如置 1 端 $\overline{S}_D$ 可能用 $\overline{SET}$ 表示，置 0 端 $\overline{R}_D$ 可能用 $\overline{RES}$、$\overline{CLR}$、$\overline{CLEAR}$ 表示，CP 用 CLK 或 CLOCK 表示等等，其有效电平也随着电路结构的不同有所差异，对有效电平的标注方法也各有特点，但对应端子的功能是相同。在实际应用中应加以区分使用，所有的控制引脚要连接上恰当的电平。

触发器可以用 TTL 电路和 CMOS 电路来实现，参数可以参见门电路相关内容。

# 5.2 集成触发器的基本形式

## 5.2.1 基本 RS 触发器

基本 RS 触发器又称为直接复位 – 置位（Reset Set）触发器，是构成各种触发器的最基本单元。

### 1. 电路结构

基本 RS 触发器的逻辑图和逻辑符号见图 5.2 所示。电路由两个与非门交叉耦合而成。两个输入端分别为 $\overline{R}_D$、$\overline{S}_D$，低电平有效。$\overline{S}_D$ 称为置 1 端（或置位端），$\overline{R}_D$ 称为置 0 端（或复位端）。

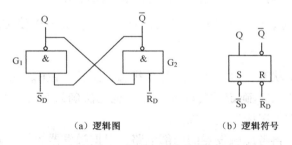

（a）逻辑图　　　　　　　（b）逻辑符号

图 5.2　基本 RS 触发器

触发器工作时序可以分成触发信号到来之前和信号到来之后，通常用 $Q^n$ 表示当前触发器的状态（称作现态），$Q^{n+1}$ 表示在输入信号之后的新状态（称作次态）。

根据逻辑符号可推出输入端 $\overline{R}_D$、$\overline{S}_D$ 对输出端 Q 的控制结果：

（1）$\overline{R}_D = 0$、$\overline{S}_D = 1$ 时，由于 $\overline{R}_D = 0$ 有效，$\overline{R}_D$ 为置 0 端，$Q^{n+1} = 0$。

（2）$\overline{R}_D = 1$、$\overline{S}_D = 0$ 时，由于 $\overline{S}_D = 0$ 有效，$\overline{S}_D$ 为置 1 端，$Q^{n+1} = 1$。

（3）$\overline{R}_D = 1$、$\overline{S}_D = 1$ 时，$\overline{R}_D$ 和 $\overline{S}_D$ 都无效，不改变输出端状态，输出状态由原状态决定，此时 $Q^{n+1} = Q^n$。

（4）$\overline{R}_D = 0$、$\overline{S}_D = 0$ 时，$\overline{R}_D$ 和 $\overline{S}_D$ 都有效，其后在工作原理分析时，可知此时两个输出

端将同时为 1，触发器无法定义为 1 态或 0 态，这是不允许的。

下面根据电路结构分析其工作原理，并验证根据逻辑符号推出的结果与电路逻辑控制结果是否相同。

### 2. 工作原理

从图 5.2 可知，触发器的输出反馈到与非门的输入，所以触发器的状态不仅与 $\overline{R}_D$ 和 $\overline{S}_D$ 端当时的输入有关，而且还受信号输入前 Q 状态的影响。

(1) $\overline{R}_D = 0$、$\overline{S}_D = 1$ 时。$\overline{R}_D = 0$，即 $G_2$ 门至少有一输入为 0，据与非门的逻辑功能（有 0 出 1，全 1 出 0）可得 $\overline{Q}^{n+1} = 1$；该状态馈送到 $G_1$ 门的输入端，使 $G_1$ 门的两输入全为 1，故 $Q^{n+1} = 0$。此后，即使 $\overline{R}_D = 0$ 信号消失后，即 $\overline{R}_D$ 回到 1，由于 Q 端的低电平反馈回到 $G_2$ 门的另一输入端（其特征是：即 Q 返回一个 0，$G_2$ 门有一个输入端为 0），$G_2$ 门的输出维持原来的状态；$G_1$ 门的输出也仍保持 0 状态，即 $Q^{n+1} = 0$、$\overline{Q}^{n+1} = 1$。这也体现了触发器具有记忆功能。

(2) $\overline{R}_D = 1$、$\overline{S}_D = 0$ 时。$\overline{S}_D = 0$ 时，即 $G_1$ 门至少有一输入为 0，所以 $Q^{n+1}$ 必为 1；而 $G_2$ 门的输入全为 1，则 $\overline{Q}^{n+1} = 0$。$\overline{Q}^{n+1} = 0$ 反馈回 $G_1$ 门输入端，所以，即使 $\overline{S}_D = 0$ 信号消失以后，$G_1$ 门的输出仍保持 1 状态不变，此时，$Q^{n+1} = 1$，$\overline{Q}^{n+1} = 0$。

(3) $\overline{R}_D = \overline{S}_D = 1$ 时。$\overline{R}_D = 1$，$G_2$ 门的输出状态 $\overline{Q}^{n+1}$ 取决于另一输入端 $Q^n$，$\overline{Q}^{n+1} = \overline{1 \cdot Q^n} = \overline{Q}^n$；同理 $G_1$ 门的 $\overline{S}_D = 1$，其输出状态 $Q^{n+1}$ 取决于它的另一个输入端 $\overline{Q}^n$，$Q^{n+1} = \overline{1 \cdot \overline{Q}^n} = Q^n$。即 $\overline{R}_D = 1$，$\overline{S}_D = 1$ 不对 $G_2$、$G_1$ 门产生影响，电路保持原来状态不变，$Q^{n+1} = Q^n$。

(4) $\overline{R}_D = \overline{S}_D = 0$ 时。$\overline{R}_D = 0$ 使 $G_2$ 门输出 $\overline{Q}^{n+1} = 1$；$\overline{S}_D = 0$ 使 $G_1$ 门输出 $Q^{n+1} = 1$，即 $Q^{n+1} = \overline{Q}^{n+1} = 1$。

这既不是规定的 1 状态，也不是规定的 0 状态。而且，在 $\overline{R}_D$ 和 $\overline{S}_D$ 两个输入端的 0 信号同时回到 1 时，由于存在不确定的传输时间差，也无法确认触发器将回到 1 状态还是 0 状态。因此，这种不正常情况应避免出现。

实际使用时，将不再考虑触发器的内部电路，根据触发器的状态表或符号可以掌握触发器的功能。

### 3. 基本 RS 触发器的功能描述

触发器的主要描述方式与组合电路的逻辑功能描述相似，见表 5.1；触发器特有的描述方法是状态转换图、激励方程、激励表等。

表 5.1　触发器与组合电路的逻辑功能描述比较

| 组 合 电 路 | 触 发 器 |
| --- | --- |
| 真值表 | 状态转换真值表 |
| 表达式 | 特征方程 |
| 波形图 | 波形图 |

（1）状态转换真值表（又称"状态表"或功能表）。触发器的次态不仅与触发信号有关，还与触发器的原来状态有关；将它们与次态的关系用表格的形式来描述，这种表格称为状态转换真值表（又称触发器的特性表）。基本 RS 触发器的状态转换真值表见表 5.2 所示。该状态转换真值表又可以简化为表 5.3，RS 触发器有"置 0"、"置 1"、"保持"三种功能。

表 5.2　基本 RS 触发器状态表

| $\overline{R}_D$ | $\overline{S}_D$ | $Q^n$ | $Q^{n+1}$ | 说　明 |
|---|---|---|---|---|
| 0 | 1 | 0 | 0 | 置 0 |
| 0 | 1 | 1 | 0 | |
| 1 | 0 | 0 | 1 | 置 1 |
| 1 | 0 | 1 | 1 | |
| 1 | 1 | 0 | 0 | 保持 |
| 1 | 1 | 1 | 1 | |
| 0 | 0 | 0 | 不定态 | 应避免 |
| 0 | 0 | 1 | | |

表 5.3　基本 RS 触发器状态简表

| $\overline{R}_D$ | $\overline{S}_D$ | $Q^{n+1}$ |
|---|---|---|
| 0 | 1 | 置 0 |
| 1 | 0 | 置 1 |
| 1 | 1 | 保持 |
| 0 | 0 | 不定态 |

（2）特征方程（又称状态方程或特性方程），根据表 5.1 的特性表，用卡诺圈法化简得到他们之间的表达式，化简时注意不定态用约束项表示，对应就是约束条件，即基本 RS 触发器的特征方程为：

$$\begin{cases} Q^{n+1} = \overline{\overline{S}}_D + \overline{R}_D Q^n \\ \overline{R}_D + \overline{S}_D = 1 \qquad （约束条件） \end{cases} \tag{5-1}$$

特性表和特征方程，全面地描述了触发器的逻辑功能。其中 $\overline{R}_D + \overline{S}_D = 1$ 是基本 RS 触发器的约束条件，表示 $\overline{R}_D$、$\overline{S}_D$ 不能同时为 0。

描述触发器的方法除了以上的状态转换真值表、特征方程之外，还有状态转换图、激励表、波形图，这些方法将在 5.3 节介绍。

**例 5.1**　在图 5.2（a）的基本 RS 触发器电路中，已知 $\overline{S}_D$ 和 $\overline{R}_D$ 的电压波形如图 5.3 所示，试画出 Q 和 $\overline{Q}$ 端对应的电压波形。

**解：**根据基本 RS 触发器的真值表，对应画出各种组合的 $\overline{R}_D$ 和 $\overline{S}_D$ 输入时对应的输出波形 Q 和 $\overline{Q}$，具体见图 5.3。

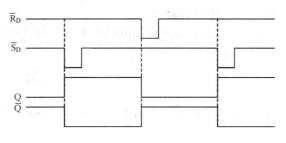

图 5.3　例 5.1 波形图

想一想：触摸灯内是否一定有触发器？请举一些必须使用触发器的例子。

### 4. 集成基本 RS 触发器 74LS279

图 5.4 所示为从网站器件资料中下载的集成基本 RS 触发器 74LS279 的管脚图、符号。图 5.4（b）中输入端所标的小尖角 $\bar{\phantom{~~}}$ 相当于带圈的输入符号 $\bullet$，为输入端低电平有效。

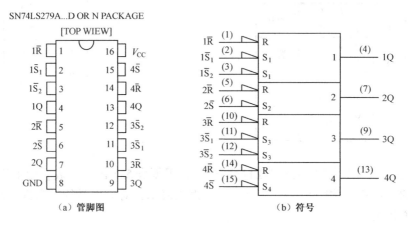

图 5.4 74LS279 的管脚图和符号

图 5.4 中，$\bar{S}$ 是置 1 端，$\bar{R}$ 是置 0 端，从管脚图和符号都可以看出为低电平有效。对应表 5.4 所示触发器 279 的英文功能表，表中 INPUT 表示输入，OUTPUT 表示输出，H 表示高电平即代表 "1"，L 表示高电平即代表 "0"，$H^2$ 表示输出 Q 与 $\bar{Q}$ 都是高电平，即为不定态。表 5.4 也可利用管脚符号推算出来，此结果与根据电路结构即表 5.3 得出的结果是完全相同的。

表 5.4 基本 RS 触发器 279 的功能表

| INPUT | | OUTPUT |
| --- | --- | --- |
| $\bar{S}$ | $\bar{R}$ | Q |
| H | H | $Q_0$ |
| L | H | H |
| H | L | L |
| L | L | $H^2$ |

在基本 RS 触发器的基础上，附加各种控制门与反馈，可以得到不同功能及不同触发方式的触发器。按触发方式分有电平触发方式和边沿触发方式；按功能分有 RS 触发器、JK 触发器、D 触发器、T 触发器和 T′触发器。

想一想：计算机的复位按钮与开关的工作特征是否一致。哪个的工作过程和上述触发器的工作过程相似？

·100·

### 5. 基本 RS 触发器的应用

机械开关接通时，由于抖动会使电压或电流波形产生"毛刺"，如图 5.5 所示。这些"毛刺"发生时间大约几十毫秒，因此不为人所察觉。但在电子电路中，这是干扰信号，会导致电路出现错误动作，是不允许的。

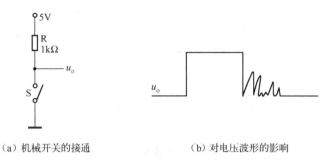

（a）机械开关的接通　　　　　　　　（b）对电压波形的影响

图 5.5　机械开关的工作情况

利用基本 RS 触发器的记忆功能可以消除上述开关抖动所产生的影响。图 5.6 是开关与基本 RS 触发器构成的防抖动开关电路。在图 5.6（a）中。设单刀双掷开关原来与 B 点接通，这时触发器的状态为 0。当开关由 B 拨向 A 时，其中有一短暂的浮悬时间，这时触发器的 $\overline{R}_D$、$\overline{S}_D$ 均为 1，Q 仍为 0。中间触点与 A 接触时，A 点的电位由于振动而产生"毛刺"。但是，首先是 B 点已为高电平，A 点一旦出现低电平，触发器的状态翻转为 1，即使 A 点再出现高电平，也不会再改变触发器的状态，所以由 Q 端输出的电压波形不会出现"毛刺"，如图 5.6（b）所示。用触发器输出的信号作为开关信号就不会导致误动作。

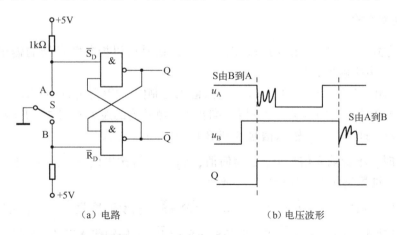

（a）电路　　　　　　　　　　　　（b）电压波形

图 5.6　利用基本 RS 触发器消除机械开关振动的影响

**想一想**：如果利用 74LS279，图 5.6 所示电路应如何连接？

## 5.2.2　触发器的各种触发方式的实现

基本 RS 触发器属于一触即发型，触发器工作状态的变化是直接受触发端控制的。只要输入信号有变化，输出即要按其状态转换真值表进行状态重新转换。

在数字电路系统中，为了使各部分电路能协调工作，通常要求触发器能够以一定的节拍工作，这一节拍即通常所说的时钟频率。通过统一的时钟信号控制所有的触发器，可实现系统各电路协调工作。

用同步的时钟信号控制的触发器统称为同步触发器，时钟脉冲（或叫时钟信号）简称时钟，用 CP（Clock Pulse 的缩写）表示。同步触发器也称为时钟触发器，依时钟的有效时段可以分为电平触发方式和边沿触发方式。一个时钟周期可以分为低电平、高电平两个时段，以及上升沿、下降沿两个脉冲跳变的时刻，图 5.7 表示的是触发脉冲 CP 的组成，图 5.8 表示脉冲不同时刻有效触发的符号表示形式。

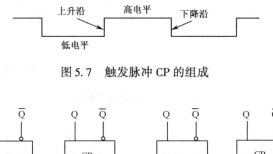

图 5.7　触发脉冲 CP 的组成

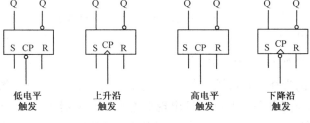

图 5.8　脉冲不同时刻有效触发的符号表示形式

### 1. 电平触发方式

电平触发方式：在 CP = 1 或 CP = 0 期间，输入信号可以控制触发器的输出状态。同步 RS 触发器即采用电平触发方式。

在基本 RS 触发器的基础上加入 $G_3$、$G_4$ 为输入控制门，CP 脉冲同时控制 $G_3$ 和 $G_4$ 的状态就实现了如图 5.9 所示的同步 RS 触发器。同步 RS 触发器的逻辑符号中 CP 输入端不带圈，表示高电平有效，即 CP = 1，输入信号 S 与 R 可以控制 Q 的状态。

当 CP = 0 时，不管输入信号 R、S 为何值，$G_3$、$G_4$ 门输出 $\overline{R}_D = \overline{S}_D = 1$，据基本 RS 触发器的功能可知，结果是触发器保持原状态不变。

当 CP = 1 时，有 $\overline{R}_D = \overline{R \cdot CP} = \overline{R}$，$\overline{S}_D = \overline{S \cdot CP} = \overline{S}$，触发器接收 R、S 输入信号，Q 和 $\overline{Q}$ 的状态由 R、S 决定。把 $\overline{R}_D = \overline{R \cdot CP} = \overline{R}$ 和 $\overline{S}_D = \overline{S \cdot CP} = \overline{S}$ 分别代入基本 RS 触发器的表达式可得其特征方程如下：

$$\begin{cases} Q^{n+1} = S + \overline{R}Q^n \\ RS = 0 \end{cases} \tag{5-2}$$

在 CP 有效期间，把输入 RS 的状态代入表达式可得状态表和状态简表，分别见表 5.5 和表 5.6。

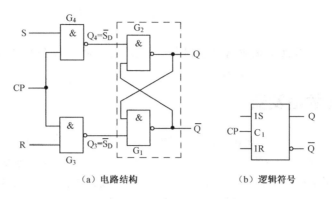

（a）电路结构　　　　　　　　　（b）逻辑符号

图 5.9　同步 RS 触发器

表 5.5　同步 RS 触发器状态表

| 输　　入 | | | 输　　出 | 说　　明 |
|---|---|---|---|---|
| R | S | $Q^n$ | $Q^{n+1}$ | |
| 0 | 1 | 0 | 1 | 置 1 |
| | | 1 | | |
| 1 | 0 | 0 | 0 | 置 0 |
| | | 1 | | |
| 1 | 1 | 0 | 不定态 | 应避免 |
| | | 1 | | |
| 0 | 0 | 0 | 0 | 保持 |
| | | 1 | 1 | |

表 5.6　同步 RS 触发器状态简表

| 输　　入 | | 输　　出 |
|---|---|---|
| R | S | $Q^{n+1}$ |
| 0 | 0 | 保持 |
| 0 | 1 | 置 1 |
| 1 | 0 | 置 0 |
| 1 | 1 | 不定态 |

**例 5.2**　已知同步 RS 触发器的输入信号波形如图 5.10 所示，试画出 Q、$\overline{Q}$ 端的电压波形。设触发器的初始状态为 Q = 0。

**解**：根据 RS 触发器的真值表，先对应画出在 CP = 1 时，各种组合的 R 和 S 输入下的输出波形 Q，然后以 CP = 0 时保持前一种状态的方法把 Q 波形连在一起，可得图 5.10 中的 Q、$\overline{Q}$ 端的电压波形。

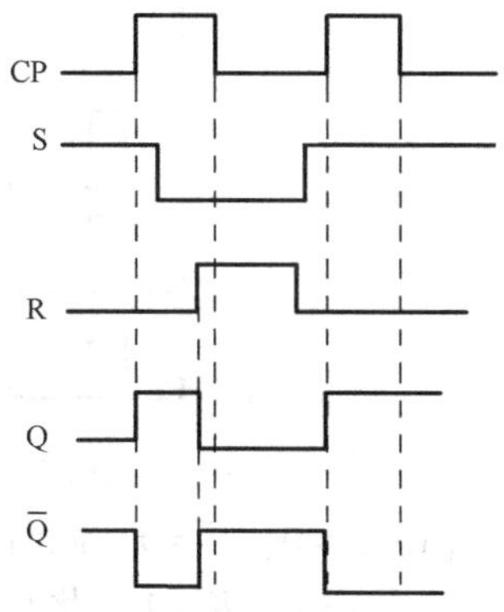

**2. 边沿控制触发**

电平触发在 CP = 1 期间，只要输入信号状态变化，就会引起触发器输出端 Q 的状态发生变化。触发器在一个时钟周期内翻转两次或两次以上，这将会造成逻辑动作混乱，在很多数字系统中是不允许的。利用只在控制信号的上升沿或下降沿那一时刻翻转的边沿触发器就可以解决这个问题。边沿触发又分为上升沿触发和下降沿触发，触发时钟端表示形式见图 5.8 所示。

在集成电路内部，通过电路的反馈控制就可以实现边沿触发。常用的电路形式有主从型和维持阻塞型，此处不讨论其电路结构。

图 5.10　例 5.2 波形图

## 5.3 各种功能的触发器

RS 触发器具有"置 1"、"置 0"和"保持"的功能。在实际运用中还不能满足实际逻辑电路对使用的灵活性与功能的实用性的要求，因此需要制作具有其他功能的触发器。市面上触发器的类型除了 RS 触发器外，还有 JK 触发器、D 触发器、T 触发器和 T′触发器，其中 JK 触发器的功能是最全面的，它除具有"置 1"、"置 0"和"保持"功能外，还有"取反"功能。掌握各种触发器的符号及功能是正确使用触发器的基础。

### 5.3.1 JK 触发器

#### 1. JK 触发器的基本特性

JK 触发器具有"置 1"、"置 0"、"保持"和"取反"的功能。JK 触发器有上升沿触发和下降沿触发两种触发方式。

下降沿触发的 JK 触发器的逻辑符号如图 5.11 所示，从图可知这种触发器只在脉冲下降沿到来时刻触发，其输入端 JK 对输出端 Q 的控制功能表见表 5.7。

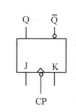

图 5.11 JK 触发器的逻辑符号

表 5.7 JK 触发器功能表

| 输　　入 | | | 输　　出 | | 说　　明 |
|---|---|---|---|---|---|
| CP | J | K | $Q^{n+1}$ | $\overline{Q}^{n+1}$ | |
| ⌐⌐ | 0 | 0 | $Q^n$ | $\overline{Q}^n$ | 保持 |
| ⌐⌐ | 0 | 1 | 0 | 1 | 置 0 |
| ⌐⌐ | 1 | 0 | 1 | 0 | 置 1 |
| ⌐⌐ | 1 | 1 | $\overline{Q}^n$ | $\overline{\overline{Q}^n}$ | 取反 |

根据表 5.7 功能表可知，有 CP 脉冲下降沿到来时，有：

（1）J = 0，K = 0。此时，$Q^{n+1} = Q^n$，触发器的输出保持原态不变。

（2）J = 0，K = 1。此时，输出 $Q^{n+1} = 0$。J = 0，K = 1，称为"置 0"。

（3）J = 1，K = 0。此时，输出 $Q^{n+1} = 1$。J = 1，K = 0，称为"置 1"。

（4）J = 1，K = 1。此时，$Q^{n+1} = \overline{Q}^n$。则每来一个 CP 脉冲，触发器就翻转一次。即"取反"。

其余时间 JK 触发器将保持不变。所以，JK 触发器具有"保持"、"置 0"、"置 1"和"取反"的功能。

根据表 5.7 可写出其表达式并化简得 JK 触发器的特征方程为：

$$Q^{n+1} = J\,\overline{Q}^n + \overline{K}Q^n \tag{5-3}$$

由于逻辑符号表示的 JK 触发器是下降沿翻转的触发器，所以式（5-3）对应时刻为时钟脉冲的下降沿。

图 5.12 是 JK 触发器的状态转换图。图中圈内是 Q 的状态，箭头的起点对应的圈表示触发器的现态 $Q^n$，箭头指向的圈表示触发器的次态 $Q^{n+1}$，箭头旁边 J、K 表示获得箭头所示翻转所需的 JK 取值组合。图中，"×"表示约束项，取值可为 1 或 0。

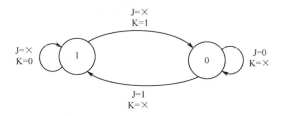

图 5.12　JK 触发器的状态转换图

### 2. 典型的 JK 触发器集成电路 74LS73A

图 5.13 是 JK 触发器 7473A 的框图和功能表。图 5.13（a）连线图表明集成电路内有两个 JK 触发器。图 5.13（b）功能表（Function Table）翻译成中文见表 5.8，表中用"0"表示低电平，用"1"表示高电平。

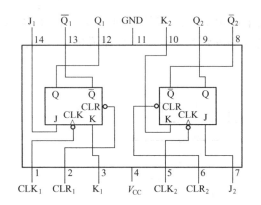

| | Inputs | | | Outputs | |
|---|---|---|---|---|---|
| CLR | CLK | J | K | Q | $\bar{Q}$ |
| L | X | X | X | L | H |
| H | ↓ | L | L | $Q_0$ | $\bar{Q}_0$ |
| H | ↓ | H | L | H | L |
| H | ↓ | L | H | L | H |
| H | ↓ | H | H | Toggle | |
| H | H | X | X | $Q_0$ | $\bar{Q}_0$ |

H=HIGH Logic Level（高电平）
L=LOW Logic Level（低电平）
X=Either LOW or HIGH Logic Level（高电平或低电平）
↓=Negative going edge of pulse（下降沿）
$Q_0$=The output logic level before the indicated input conditions were established.（触发前状态）
Toggle=Each output changes to the complement of its previouts level on each falling edge of the clock pulse.（翻转）

（a）连接图　　　　　　　　　　　　　　　（b）功能表

图 5.13　JK 触发器 74LS73A 的框图和功能表

Q 和 $\bar{Q}$ 是输出端，相当于 $Q^{n+1}$ 和 $\bar{Q}^{n+1}$。表中 $Q_0$ 和 $\bar{Q}_0$ 相当于 $Q^n$ 和 $\bar{Q}^n$。CLR 为清零端，相当于 $R_D$。从其连线图可看到它通过一个表示逻辑非的小圈后再输入，说明 CLR 是低电平有效端。在一些只有管脚图没有内部连线图的管脚标记中，清零端低电平有效通常会标记为 $\overline{CLR}$。清零端对输入的控制通常具有最高优先等级，只要 $\overline{CLR}=0$，输出 Q = 0，此时其余输入端状态无效，所以表中 CLK、J、K 的状态用约束项符号 × 表示，即可以为 0 和 1。$\overline{CLR}=$ 1，Q 受 CLK、J、K 的控制。

7473 功能表中有 ↓，表示在时钟脉冲高电平时，数据 J 和 K 输入必须恒定，数据在脉冲的下降沿时才能使输出翻转。这表明该触发器是下降沿翻转的触发器。

从 7473 的功能表可知该触发器使用时有一个要求，即在 CP 正脉冲期间，数据 J 和 K 输入必须是恒定的，即只能保持 1 或 0，不能跳变，否则可能引起误翻转。这种触发器在使用时，可采用正脉冲宽度窄的触发脉冲来保证电路正常工作。

下降沿翻转的触发器在一些器件资料中直接在 CP 项中用符号︷或╇表示。

表 5.8  JK 触发器 7473 功能表

| 输　　入 | | | | 输　　出 | |
|---|---|---|---|---|---|
| CLR | CLK | J | K | Q | $\overline{Q}$ |
| 0 | × | × | × | 0 | 0 |
| 1 | ↓ | 0 | 0 | $Q_0$ | $\overline{Q_0}$ |
| 1 | ↓ | 0 | 1 | 0 | 1 |
| 1 | ↓ | 1 | 0 | 1 | 0 |
| 1 | ↓ | 1 | 1 | 翻转 | |
| 1 | 1 | × | × | $Q_0$ | $\overline{Q_0}$ |

1：逻辑高电平
0：逻辑低电平
×：低或高的逻辑电平
↓：数据在脉冲的下降沿时才能使输出翻转
$Q_0$：数据信号输入前触发器的输出状态。产品逻辑水平在被表明的输入条件之前已建立了
翻转：在 CP 脉冲的作用下，触发器的输出状态翻转成与原状态相反

### 3. JK 触发器的波形分析

**例 5.3**  设下降沿触发的 JK 触发器的时钟脉冲和 J、K 信号的波形如图 5.14 所示，画出输出端 Q 的波形。设触发器的初始状态为 1。

**解**：根据 JK 触发器的真值表，先对应画出在下降沿时，对应的各种组合的 J、K 输入下的输出波形 Q，然后以在时钟脉冲其他时刻保持前一种状态的方法把 Q 波形连在一起，可得图 5.14 中的 Q 波形。

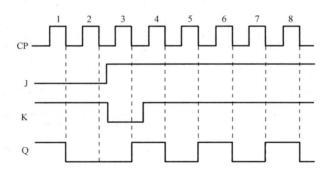

图 5.14  JK 触发器的波形图

从图 5.14 可以看出，在第 4~8 个脉冲作用期间，J、K 均为高电平，每输入一个脉冲，Q 端的状态就改变一次。这时 Q 端的方波频率是时钟脉冲频率的二分之一，称为二分频。若以 CP 为输入，Q 端为输出，则一个触发器就可以作为二分频电路，两个触发器就可获得四分频，以此类推。

画主从触发器的工作波形时，应注意区分触发器的触发翻转发生在时钟脉冲的触发沿为上升沿还是下降沿，例 5.3 是下降沿。

### 4. JK 触发器连接成计数器

计数器是用来统计输入脉冲数的电路。利用两个 JK 触发器可以连接成四进制计数器。图 5.15（a）是用 JK 触发器构成的四进制加法计数器的连接图。图 5.15（b）是其波形图。

设两触发器的初始状态为0。

对 JK 触发器而言，如果触发脉冲 CP 和输入信号同时翻转，则输入信号是根据 CP 翻转前的状态对触发器进行控制得到次态的，具体见图 5.15（b）中的说明。

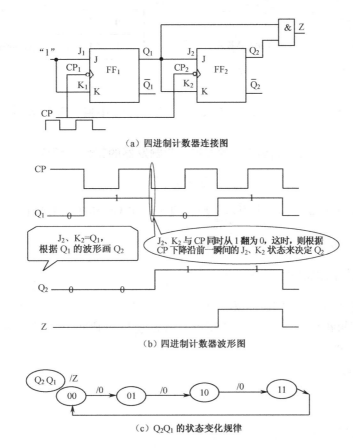

（a）四进制计数器连接图

（b）四进制计数器波形图

（c）$Q_2Q_1$ 的状态变化规律

图 5.15　JK 触发器构成的四进制加法计数器

从图 5.15（b）中可知，由于 $J_1 = K_1 = 1$，所以 $Q_1$ 在每一个输入脉冲的下降沿都翻转一次，其频率是 CP 脉冲的一半，称为二分频，而由于 $J_2 = K_2 = Q_1$，所以 $Q_2$ 只能在 $Q_1$ 的下降沿时翻转，其频率是 $Q_1$ 脉冲的一半，对 CP 则进行四分频。同时观察 $Q_2$ 和 $Q_1$，可发现 $Q_2Q_1$ 遵循以下变化规律：00→01→10→11→00→01→10→11→00→…（箭头表示每来一个脉冲后 $Q_2Q_1$ 的转换结果），即形成在 00、01、10、11 四种状态下循环的二进制递加运算。同时在每一次 $Q_2Q_1 = 11$ 时，输出 $Z = Q_2Q_1 = 1$，也是 4 个 CP 脉冲对应翻转一次得到一次高电平输出。这种运算称为四进制计数器，Z 为计数进位。

### 5.3.2　T 触发器和 T′触发器

如图 5.16（a）所示，将 J，K 端连接在一起，称为 T 端，就构成了 T 触发器。图 5.16（b）所示为 T 触发器符号。

据 JK 触发器的特征方程 $Q^{n+1} = J\overline{Q^n} + \overline{K}Q^n$ 得 T 触发器的特征方程：

$$Q^{n+1} = T\overline{Q^n} + \overline{T}Q^n = T \oplus Q^n \tag{5-4}$$

由特征方程得到 T 触发器的逻辑真值表，见表 5.9。

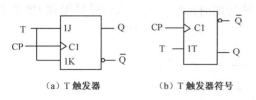

（a）T 触发器　　　（b）T 触发器符号

图 5.16　JK 触发器构成 T 触发器

**表 5.9　T 触发器的状态转换真值表**

| T | $Q^{n+1}$ |
|---|---|
| 0 | $Q^n$（保持） |
| 1 | $Q^{n+1} = \overline{Q^n}$（取反，计数） |

可见，在 CP 信号作用下，根据输入信号 T 情况的不同，T 触发器具有保持和计数功能。

当 T = 1（恒为 1）时，就构成 T′ 触发器，T′ 触发器的特性方程为：

$$Q^{n+1} = \overline{Q^n} \tag{5-5}$$

可见，T′ 触发器在把输入端 T 恒接 1 后，每来一个 CP 脉冲，电路状态翻转一次。

### 5.3.3　D 触发器

**1．D 触发器的基本特性**

D 触发器具有"置 1"、"置 0"和"保持"的功能。

D 触发器的逻辑符号如图 5.17，从图可知触发器只在脉冲上升沿到来时刻触发，其输入端 D 对输出端 Q 的控制功能表见表 5.10。

从表 5.10 功能表中可知：

脉冲上升沿到来时，有：

（1）D = 0，$Q^{n+1} = 0$。

（2）D = 1，$Q^{n+1} = 1$。

D 触发器的特征方程为：

$$Q^{n+1} = D \tag{5-6}$$

式（5-6）在脉冲上升沿到来时有效，其余时候 D 触发器的输出 Q 将保持不变。

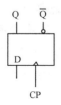

图 5.17　D 触发器的逻辑符号

**表 5.10　D 触发器功能表**

| 输　　入 | | 输　出 | 说　　明 |
|---|---|---|---|
| CP | D | $Q^{n+1}$ | |
| ↑ | 0 | 0 | 置 0 |
| ↑ | 1 | 1 | 置 1 |

**2．波形分析**

**例 5.4**　设上升沿翻转的维持阻塞 D 触发器的时钟脉冲和 D 信号的波形如图 5.18 所示，画出输出端 Q 的波形。设触发器的初始状态为 0。

**解**：根据 D 触发器的真值表，在时钟脉冲的上升沿对应 D 的状态画出输出 Q 的状态，然后以其他时刻保持前一种状态的方法把 Q 波形连在一起，可得图 5.18 中的 Q 波形。

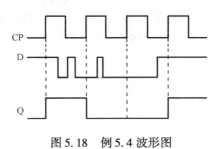

图 5.18　例 5.4 波形图

### 3. D 触发器 74175

图 5.19 所示是 D 触发器 74175 的连线图，其功能表见表 5.11。图 5.19 连线图表明集成电路内有 4 组 D 触发器。

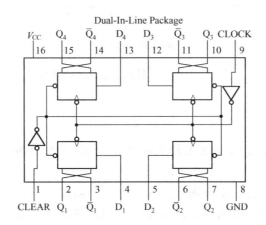

图 5.19　D 触发器 74175 的连线图和功能表

**表 5.11　D 触发器 74175 功能表**

| 清　零 | 脉　脉 | 数　码　输　入 | | | | 输　　出 | | | | 功 能 说 明 |
|---|---|---|---|---|---|---|---|---|---|---|
| $\overline{R_D}$ | CP | $D_3$ | $D_2$ | $D_1$ | $D_0$ | $Q_3$ | $Q_2$ | $Q_2$ | $Q_0$ | |
| 0 | × | × | × | × | × | 0 | 0 | 0 | 0 | 异步置 0 |
| 1 | ↑ | $d_3$ | $d_2$ | $d_1$ | $d_0$ | $d_3$ | $d_2$ | $d_1$ | $d_0$ | 寄存数码 |
| 1 | 0 | × | × | × | × | 保持不变 | | | | 锁存数码 |

### 4. D 触发器的应用

（1）构成计数器。图 5.20 所示为利用 2 组 D 触发器构成的四进制减法计数器。

图 5.20（a）是 D 触发器的连接图。从图中可知，由于每组触发器的输出端 $Q^{n+1} = D =$

$\overline{Q}^n$，所以每来一个 CP 脉冲，D 触发器将翻转一次。由于 2 组触发器所用 CP 脉冲不同，所以翻转时刻有所不同。$Q_1$ 是每来一个 $CP_1$ 即翻转一次，即对 $CP_1$ 进行二分频。而 $CP_2 = Q_1$，即 $Q_2$ 是根据 $Q_1$ 进行翻转的，是对 $Q_1$ 进行二分频。而 $Q_2 Q_1$ 对应于输入脉冲 $CP_1$ 按 00→11→10 →01→00 循环递减计数，即实现四进制，而 $Z = Q_2 + Q_1$ 则对应 $Q_2 Q_1 = 00$ 时翻转为低电平，其余时刻为高电平，Z 称为借位，其波形如图 5.20（b）所示。

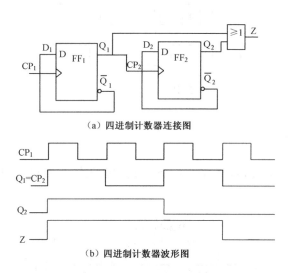

（a）四进制计数器连接图

（b）四进制计数器波形图

图 5.20　D 触发器构成四进制减法计数器

**想一想**：比较用 JK 触发器构成的四进制加法计数器和用 D 触发器构成的四进制减法计数器，其连接方法主要差异是什么？

（2）构成寄存器。寄存器是用来存放二进制数的器件。在某一触发时刻把数据存放在寄存器里，只要不再有触发时刻出现，即使信号输入端发生了变化，也不会影响触发器的状态。

图 5.21 是利用 D 触发器存储 2 位二进制数的连接图和对应的波形图，设触发器的初态为 $Q_2 Q_1 = 01$，其后输入数据发生变化，在脉冲的上升沿变为 $D_2 D_1 = 11$，使得存储的数据 $Q_2 Q_1 = 11$。

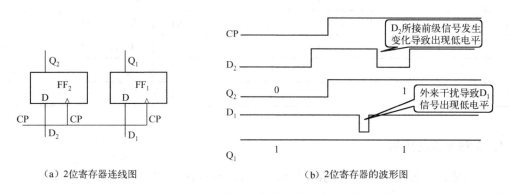

（a）2位寄存器连线图

（b）2位寄存器的波形图

图 5.21　D 触发器构成 2 位寄存器

其后，由于外来干扰或者 D 端所接前一级信号发生变化，使得 $D_2D_1 \neq 11$，但只要变化不发生在 CP 的上升时刻，$Q_2Q_1$ 将一直不变保持 11，即记忆保存了 CP 上升沿时所输入信号 D 的状态，实现数据的功能，称为寄存器。

（3）抢答电路。图 5.22 是四人（组）参加智力竞赛的抢答电路，电路中的主要器件是 74LS175 四上升沿 D 触发器，其外引线排列见图 5.19 所示。

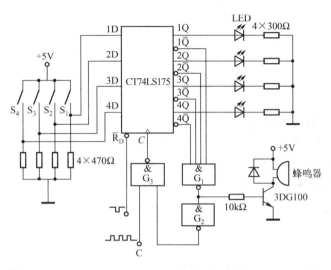

图 5.22　四人抢答电路

工作原理如下：

① 抢答前先清零。1Q～4Q 均为 "0"，相应的发光二极管 $LED_1$～$LED_4$ 都不亮；$\overline{1Q}$～$\overline{4Q}$ 均为 "1"，"与非" 门 $G_1$ 输出为 "0"，蜂鸣器不响。同时，$G_2$ 门输出为 "1"，将 $G_3$ 门打开，时钟脉冲 CP 可以经过 $G_3$ 门进入 D 触发器的 C 端。此时，由于 $S_1$～$S_4$ 均未按下，1D～4D 均为 "0"，所以触发器的状态不变。

② 抢答开始。若 $S_1$ 首先被按下，1D 和 1Q 均变为 "1"，相应的发光二极管 $LED_1$ 亮；$\overline{1Q}$ 变为 "0"，$G_1$ 门的输出为 "1"，蜂鸣器发响。同时，$G_2$ 门输出为 "0"，将 $G_3$ 门封闭，时钟脉冲 CP 便不能经过 $G_3$ 门进入 D 触发器。由于没有时钟脉冲，因此再接着按其他按钮就不起作用了，触发器的状态不会改变。

③ 抢答判决完毕。清零，准备下次抢答用。

这一电路使用时，CP 脉冲的频率不能太低，应在 10kHz 以上，即周期为 1/1000 秒，从而避免在两个上升沿之间时间间隔过长，多个 D 为 1 可同时输入，在下一个脉冲上升沿到来时已有 2 个以上的 D＝1，触发器输出也有多个为 1 的现象，若这样则无法判断开关按下的先后。

想一想：在前述的 RS 触发器、JK 触发器、T 触发器和 D 触发器中，哪一种触发器的功能最强？一个触发器可以表示多少位二进制数？

## 实训 5　基本 RS 触发器的构成，抢答器和二 – 四分频电路

### 1. 实训目的

（1）熟悉并掌握 RS 触发器的构成，工作原理和功能测试方法。
（2）学会正确使用触发器集成芯片。

### 2. 实训仪器及材料

（1）双踪示波器。
（2）器件：

| | | |
|---|---|---|
| 74LS00 | 二输入端四与非门 | 1 片 |
| 74LS175 | 4D 触发器 | 1 片 |
| 74LS73A | 双 JK 触发器 | 1 片 |
| 74HC4511 | 7 段显示译码器 | 1 块 |
| WT5101BSD | 数码管 | 1 个 |

### 3. 实训内容

（1）基本 RSFF 功能测试。两个 TTL 与非门首尾相接构成的基本 RSFF 的电路如图 5.23 所示。

① 试按表 5.12 的顺序在 $\overline{S}_D$，$\overline{R}_D$ 端加信号：观察并记录 FF 的 Q、$\overline{Q}$ 端的状态，将结果填入表 5.13 中，并说明在上述各种输入状态下，FF 执行什么功能？

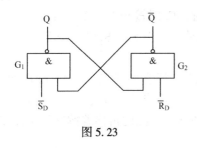

图 5.23

**表 5.12　基本 RS 触发器特性表**

| $\overline{R}_D$ | $\overline{S}_D$ | Q | $\overline{Q}$ | 逻辑功能 |
|---|---|---|---|---|
| 0 | 1 | | | |
| 1 | 1 | | | |
| 1 | 0 | | | |
| 1 | 1 | | | |

② $\overline{S}_D$ 接低电平，$\overline{R}_D$ 端加脉冲。

③ $\overline{S}_D$ 接高电平，$\overline{R}_D$ 端加脉冲。

④ 令 $\overline{R}_D = \overline{S}_D$，$\overline{S}_D$ 端加脉冲。

记录并观察②、③、④三种情况下，Q、$\overline{Q}$ 端的状态。从中你能否总结出基本 RSFF 的 Q、$\overline{Q}$ 端的状态改变和输入端 $\overline{S}_D$，$\overline{R}_D$ 的关系。

⑤ 当 $\overline{S}_D$，$\overline{R}_D$ 都接低电平时，观察 Q、$\overline{Q}$ 端的状态。当 $\overline{S}_D$，$\overline{R}_D$ 同时由低电平跳变为高电平时，注意观察 Q、$\overline{Q}$ 端的状态，重复 3 ~ 5 次看 Q、$\overline{Q}$ 端的状态是否相同，以正确理解"不定"状态的含义。

（2）四人抢答电路。实训电路参见图5.22，试用不同的时钟频率输入，用手按动按钮抢答，为保证抢答成功，输入时钟脉冲的频率要大于10kHz以上。

（3）利用JK触发器实现四分频电路。

① 实训电路参照图5.24，有两种接法，实现输出脉冲的频率只有输入脉冲频率的四分之一。比较两种接法的不同之处。然后画出实际利用74LS73的实际连接线图。注意CLR端的连接。认真观察发光二极管和数码管的变化规律。图中CLK即CP，在74LS73管脚图中标为CLK。如果在实验箱做实验，可以把$Q_2$、$Q_1$分别接入到译码电路中的8421四个输入端的2和1，并使8、4输入端的状态为0，然后通过数码管观察显示的计数结果。此时不用接图的中7段译码器4511和七段数码管WT5101BSD。

② 用示波器检测$Q_2$和$Q_1$的波形，画出波形图，注意翻转时刻。比较两种接法画波形的依据有何不同。

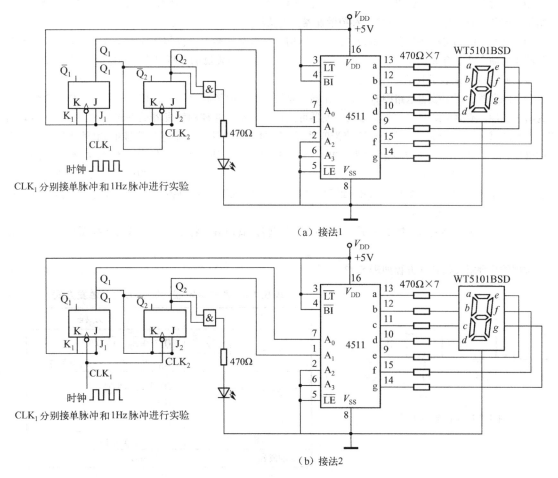

图5.24 四进制计数器

## 4．实训报告

（1）整理实训数据、图表并对实训结果进行分析讨论。

（2）写出实训内容第2点，即四人抢答电路的原理分析。

（3）画出实训内容第3点的实训电路连线图以及电路原理分析和波形图。

（4）接单脉冲时，为什么有时按压一下单脉冲按键，输出端可能会翻转几次，出现连续计数的现象？而接 1Hz 输入脉冲时没有这种现象？

### 5. 想想做做

利用 JK 触发器或 D 触发器构成八进制计数器，同时，在实现每次八分频的同时输出一个脉冲信号给后续电路。

## 本章学习指导

（1）触发器由于具有记忆存储作用，它可以将各种数字信息存储起来，供信息处理时使用，在数字系统中运用极为广泛。

（2）触发器的类型，从逻辑功能上区分，有 RS 触发器，D 触发器，JK 触发器，T 触发器，T′ 触发器。从结构上区分，有：基本 RS 触发器，钟控触发器，主从触发器，边沿触发器。

（3）触发器的结构往往包含反馈结构，这一结构使得电路的输出不仅与当前的输入信号有关，而且与电路原来的输出状态有关。为表征不同时间段的相互影响，在触发器的分析过程中，通常会用到 $Q^n$ 来表示现状态，而用 $Q^{n+1}$ 来表示其下一种状态。

（4）触发器运用于数字电路中时，其工作通常要按一定的时钟频率进行，控制触发器工作频率的脉冲称为时钟脉冲。有时钟脉冲作控制信号的触发器可以通过时钟脉冲控制触发器的翻转时刻，常见的翻转时刻有 CP＝1 或 CP＝0 期间、上升沿或下降沿四种，翻转时刻可以从触发器逻辑符号中 CP 输入线的表示方法中确定。CP 与触发端的连接见图 5.25。图 5.25（a）说明 CP＝1 期间，触发器有可能翻转；图 5.25（b）说明 CP＝0 期间，触发器有可能翻转；图 5.25（c）说明 CP 由 "0" 变 "1"（即上升沿）时，触发器才有可能翻转；图 5.25（d）说明 CP 由 "1" 变 "0"（即下降沿），触发器才有可能翻转。是否翻转由触发输入引脚的状态决定。

（5）对一个触发器逻辑功能的分析，通常通过状态转换真值表、特征方程、状态转换图和工作波形几种形式。

常用的几种触发器特征方程如表 5.13 所示。

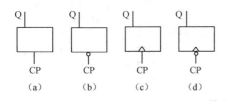

图 5.25　CP 触发方式

表 5.13　各种触发器的特征方程、触发方式

| 名　称 | 特征方程 |
| --- | --- |
| 基本 RS 触发器 | $Q^{n+1} = \overline{\overline{S}_D} + \overline{R}_D Q^n$<br>$\overline{R}_D + \overline{S}_D = 1$　　（约束条件） |
| 同步 RS 触发器 | $Q^{n+1} = S + \overline{R} Q^n$<br>$R \cdot S = 0$ |
| 同步 D 触发器 | $Q^{n+1} = D$ |
| JK 触发器 | $Q^{n+1} = J \overline{Q}^n + \overline{K} Q^n$ |
| D 触发器 | $Q^{n+1} = D$ |
| T 触发器 | $Q^{n+1} = T \overline{Q}^n + \overline{T} Q^n$ |
| T′触发器 | $Q^{n+1} = D$ |

## 习　题　5

5.1　触发器有（　）个稳态，4 个触发器可以保存（　）位二进制代码。

5.2 图 5.26 的波形输入到图 5.2 与非门构成的基本 RS 电路, 试画出输出端 Q、$\overline{Q}$的波形。

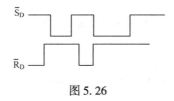

图 5.26

5.3 画出图 5.27 (a) 所示由或非门组成的基本 RS 触发器的输出端 Q、$\overline{Q}$的波形, 输入端 $S_D$、$R_D$的波形如图 (b) 所示。

5.4 同步 RS 触发器与基本 RS 触发器比较起来有何特点? CP、R、S 的波形见图 5.28, 对应画出 Q 的波形 (设初始状态 Q = 0)。

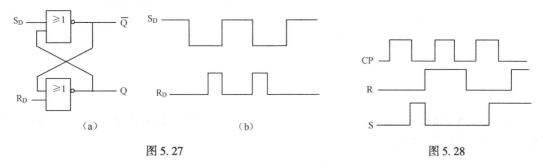

（a）      （b）

图 5.27      图 5.28

5.5 设图 5.29 所示各触发器的初始状态均为 0, 试画出在 CP 脉冲作用下 Q 端的波形。

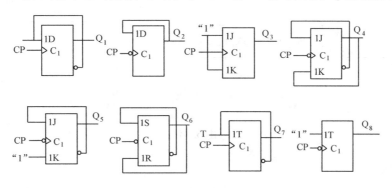

图 5.29

5.6 如图 5.30 所示的是上升沿翻转的带清零端$\overline{R}_D$和预置数端$\overline{S}_D$的 D 触发器的输入波形, 画出相应输出 Q 的波形 (设初始态 Q 为 0)。

5.7 如图 5.31 所示对应下降沿翻转的 JK 触发器, 已知 J、K、CP 的波形, 试画出 Q、$\overline{Q}$端对应的波形 (设 Q 的初始态为 0)。

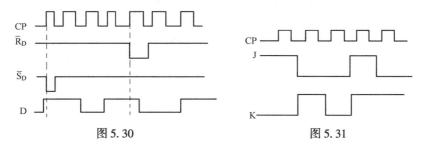

图 5.30      图 5.31

5.8 电路如图 5.32 所示,设 $Q_1$、$Q_2$ 的初始态均为 0,试画出在 CP 作用下,$Q_1$ 和 $Q_2$ 的波形,要求画出五个脉冲周期。

5.9 如图 5.33(a)所示逻辑电路,已知 CP 为连续脉冲,如图 5.33(b)所示,试画出 $Q_1$,$Q_2$ 的波形。

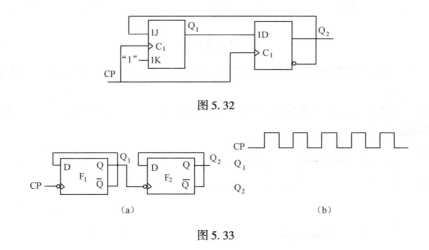

图 5.32

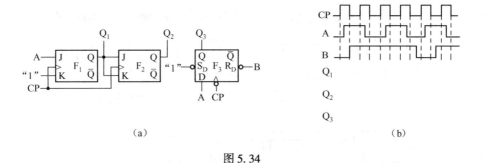

(a) (b)

图 5.33

5.10 触发器电路如图 5.34(a)所示,试根据图 5.34(b)的 CP,A,B 波形,对应画出输出端 Q 的波形,设触发器的初始状态为 0。

(a) (b)

图 5.34

# 第6章 时序逻辑电路

利用一定数量的触发器和门电路我们能够制作一种称为时序逻辑电路的器件。这种器件的功能可以用下例说明：假设用计算器进行3＋4的运算，当我们把3通过键盘输入后，显示屏上将显示3字，然后输入＋号时，3字通常还是存在的，但是一旦输入4字，通常计算器上3字会消失，但前期输入的3字的信息肯定不能消失，此时可利用"寄存器"把3的信息保存起来，供加法运算时使用。另一种时序逻辑电路是计数器，它主要用来统计输入的脉冲数并用二进制数的形式计数，在输出端指示统计结果，如频率计就是对单位时间内输入的脉冲信号进行计数，然后通过前面所学的译码显示电路显示出计数结果。

通过这一章的学习，应当掌握的知识有：

(1) 寄存器的类型。

(2) 移位寄存器的应用。

(3) 常用的计数器类型。

(4) 任意进制计数器的实现。

## 6.1 概述

在计算机和其他数字系统中广泛应用的时序逻辑电路有：寄存器和计数器。

寄存器的基本功能是存储用二进制代码表示的数据或信息。

计数器的基本功能是统计时钟脉冲的个数，即实现计数功能。

### 6.1.1 时序逻辑电路的基本特点和结构

时序逻辑电路（简称时序电路）的输出状态不仅取决于当时的输入信号，而且还和电路的原来状态有关，因此，时序逻辑电路必须含有存储电路，由它将某一时刻以前的电路状态保存下来。存储电路可以用具有保持功能的元件组成，也可用触发器构成。本章只讨论由触发器构成存储电路的时序电路。

按照记忆电路中触发器状态变化的时刻是否一致，时序逻辑电路分为同步时序电路和异步时序电路两大类。

同步时序电路中，所有的触发器状态都在同一时钟信号（CP）作用下同时发生变化，第5章中5.3.1小节的第4点讲述的用JK触发器构成的四进制计数器就是同步时序电路。异步时序电路中，没有统一的时钟脉冲，触发器状态的变化时刻可能并不一致。第5章中5.3.3小节的第4点讲述的用D触发器构成的四进制计数器就是异步时序电路。同步时序电路的工作速度要比异步时序电路快，但电路结构一般较后者复杂。

由于中、大规模集成电路的普及，用户可以直接使用寄存器和计数器芯片而无须用触发器自行搭接时序逻辑电路。为帮助读者明确时序逻辑电路的工作过程，本书介绍同步时序逻辑电路的分析方法。异步时序逻辑电路使用时，外特性与同步时序逻辑电路基本相同。异步时序逻辑电路的分析方法与同步时序逻辑电路分析方法主要区别在于要注意触发器的翻转时刻，其余都基本相同，此处不做介绍。

 想一想：不管是同步时序电路还是异步时序电路，对其中任一触发器来讲，其翻转时刻都是由其 CP 所连接的信号决定，只不过 CP 脉冲提供方式有一定的差异。这种说法对不对？

### 6.1.2　时序逻辑电路的一般分析方法

#### 1. 时序逻辑电路的分析步骤

分析一个时序逻辑电路，就是要找出其逻辑功能。具体地说，就是要找出电路的输出的状态在输入变量和时钟信号（CP）作用下的变化规律。

图 6.1 所示是时序逻辑电路分析的一般步骤。

```
┌──────────┐   ┌────────┐   ┌──────────┐   ┌────────┐   ┌────────┐
│确认电路   │   │写驱动  │   │把驱动方程 │   │求状态转 │   │用文字描│
│的输入输   │→ │方程和  │→ │代入触发器 │→ │换真值表，│→ │述逻辑功│
│出变量，   │   │时钟方  │   │的特征方程，│   │画状态转 │   │能      │
│判断同步   │   │程      │   │从而求出状 │   │换图，时 │   │        │
│还是异步   │   │        │   │态方程并写 │   │序图     │   │        │
│电路       │   │        │   │出输出方程。│   │        │   │        │
└──────────┘   └────────┘   └──────────┘   └────────┘   └────────┘
```

图 6.1　时序逻辑电路分析的一般步骤

#### 2. 同步时序逻辑电路的分析举例

**例 6.1**　分析图 6.2 所示电路的逻辑功能。

**解**：观察逻辑图可见，X 是输入量，Z 是输出量，同一 CP 同时作用于两触发器，所以是同步时序电路，$FF_1$、$FF_2$ 是记忆器件，两个与门是组合电路。

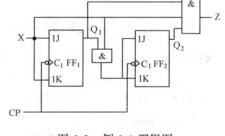

图 6.2　例 6.1 逻辑图

（1）写驱动方程。

$$\left. \begin{array}{l} J_1 = K_1 = X \\ J_2 = K_2 = XQ_1^n \end{array} \right\} \tag{6-1}$$

（2）求状态方程和输出方程。据 JK 触发器特征方程 $Q^{n+1} = J\overline{Q}^n + \overline{K}Q^n$，将式（6-4）代入特征方程有：

$$\left. \begin{array}{l} Q_1^{n+1} = X\overline{Q}_1^n + \overline{X}Q_1^n = X \oplus Q_1^n \\ Q_2^{n+1} = XQ_1^n\overline{Q}_2^n + \overline{XQ_1^n}Q_2^n = (XQ_1^n) \oplus Q_2^n \end{array} \right\} \tag{6-2}$$

输出方程为：

$$Z = XQ_2^nQ_1^n \tag{6-3}$$

（3）求状态转换真值表。在时序逻辑电路中，为了体现状态变换的连续性，方便总结电路的功能，在写状态转换真值表时，不要直接把所有的状态组合直接写出，而是先写第一个输入状态和初态（通常情况下，初态设为0），然后代入特性方程和输出方程计算第一个次态和输出。再后，把第一个次态作为第二个现态和输入来计算第二个次态和输出，……直至计算结束或者计算到某一循环状态（即与前面已有的状态相同）。如果计算到某一循环状态时，并没用完全部输入组合，这时要把其他输入组合写在循环状态后面作为现输入和现态，并各自计算出其输出的次态和现输出。

由式（6-2）可计算出状态转换真值表的次态，由式（6-6）计算现输出 Z，见表 6.1。

表 6.1　例 6.1 状态转换真值表

| 现输入和现态 | | | 次 态 | | 现 输 出 | 说　明 |
|---|---|---|---|---|---|---|
| X | $Q_2^n$ | $Q_1^n$ | $Q_2^{n+1}$ | $Q_1^{n+1}$ | Z | |
| 0 | 0 | 0 | 0 | 0 | 0 | $Q_2Q_1$ 状态不变 |
| 0 | 0 | 1 | 0 | 1 | 0 | |
| 0 | 1 | 0 | 1 | 0 | 0 | |
| 0 | 1 | 1 | 1 | 1 | 0 | |
| 1 | 0 | 0 | 0 | 1 | 0 | $Q_2Q_1$ 按加 1 方式递加 |
| 1 | 0 | 1 | 1 | 0 | 0 | |
| 1 | 1 | 0 | 1 | 1 | 0 | |
| 1 | 1 | 1 | 0 | 0 | 1 | |

（4）画状态转换图和时序图。在分析时序电路时常把状态转换真值表的内容进一步表示为状态转换图的形式，从而直观地了解促使电路从一种状态转换到另一种状态的输入组合。图 6.3 是例 6.1 所示电路的状态转换图。在状态转换图中以圆圈表示电路的各个状态，以箭头表示状态转换的方向，还在箭头旁注明了状态转换前的输入变量取值和输出值。通常将输入变量取值写在斜线以上，将输出值写在斜线以下。

为便于用实验的方法检查时序电路的逻辑功能，还可将状态转换真值表的内容画成时间波形的形式。在时钟脉冲序列作用下，电路状态、输出状态随时间变化的波形图叫做时序图。图 6.4 是例 6.1 电路的时序图。

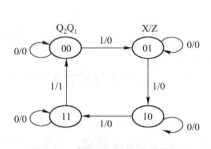

图 6.3　例 6.1 的状态转换图

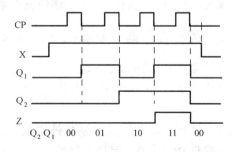

图 6.4　例 6.1 的时序图

（5）逻辑功能说明。图 6.2 所示电路是可控计数器。其逻辑功能为：当 X = 1 时，是四进制加法计数器，即经过 4 个时钟脉冲作用后，电路的状态循环一次；同时在 Z 端输出一个进位脉冲，因此，Z 是进位信号。当 X = 0 时，计数器停止计数，保持原状态不变。有关计数器的详细内容将在 6.3 节进行讲述。

通过上面的例子我们对时序电路的分析方法有所了解。在实际分析过程中，某些步骤视具体情况可省略。当得到状态转换真值表后，电路的功能就已经分析出来，而状态转换图和时序图是对电路逻辑功能进行更简捷和直观的描述。

想一想：

（1）如果你要分析的不是用触发器构成的时序逻辑电路，而是用集成电路构成的时序逻辑电路，你将如何着手分析其功能？

（2）对比图 6.3 和图 5.15（a）JK 触发器的连接方法，说明两者的关系。

## 6.2 寄存器（Register）

寄存器用来暂时存放参与运算的数据和运算结果。

一个触发器只能寄存一位二进制数，要存 $n$ 位数时，就得用 $n$ 个触发器。常用的有四位、八位、十六位寄存器。寄存器是数字仪表和计算机硬件系统中最基本的逻辑器件之一，几乎在所有的数字系统中都要用到它。

从广义上讲寄存器属于第 9 章将要介绍的存储器的范围，它与存储器有两点不同：存储器一般用来存放最后的处理结果，存放时间可以很长，而寄存器一般是用来存放中间处理结果，其存放时间一般都短，只暂存一下；存储器的存放容量很大，一般都是若干千字（一个字长为 8 位）以上，而寄存器只能是一个字或几个字，容量很小。

寄存器存入数码的方式有并行和串行两种。并行方式就是数码各位从各对应位输入端同时输入到寄存器中；串行方式就是数码从一个输入端逐位输入到寄存器中。

从寄存器取出数码的方式也有并行和串行两种。在并行方式中，被取出的数码在对应的输出端上同时出现；而在串行方式中，被取出的数码在一个输出端逐位出现。

并行方式和串行方式相比较，并行存取方法的速度比串行方式快得多，但所用的数据线数将比串行方式多。

寄存器按功能分为数码寄存器、移位寄存器。

### 6.2.1 数码寄存器（Digital Register）

数码寄存器具有寄存二进制数码和清除原有数码的功能。

第 5 章中 5.3.3 小节的第 4 点讲述的由 D 触发器构成的 2 位寄存器就属于数码寄存器。

数码寄存器存、取数码信息是受外部的控制"命令"来进行的。如 D 触发器，并不是所有时刻都满足 $Q^{n+1} = D$，而只在脉冲上升沿到来时刻 $Q^{n+1} = D$ 才成立，其他时刻 D 的变化并不改变 Q 的状态。即在 CP 脉冲信号的控制下，在某一时刻，触发器的状态随输入 D 的状态发生变化，将输入的状态暂时存储起来。

数码寄存器的数据代码在存储时是同时输入、同时输出，即并行输入、并行输出。

上一章用于实现抢答器电路的 4D 触发器 74LS175 就可以实现 4 位数码的寄存，数据只

有在 $\overline{R}_D$ 端为高电平即处于无效状态，且脉冲上升沿到来时才能写入数码，其余时候数码锁存，D 的变化无法影响 Q。

### 6.2.2　移位寄存器（Shift Registers）

移位寄存器（简称移存器）既能存放数据代码，又能使之进行一定方向移位。

移位寄存器常用于算术逻辑运算或串 – 并行变换等。移位寄存器向高位移一位就相当于乘 2，向低位移一位就相当于除 2，如 $[0100]_B = [4]_D$，向低位移一位变为 $[0010]_B = [2]_D$，向高位移一位变为 $[1000]_B = [8]_D$，相当于乘 2。

所谓移位，就是每来一个移位脉冲（时钟脉冲），各触发器的状态便向右（或向左）移动一位，即所寄存的数码可以在时钟脉冲作用下依次进行移位。

图 6.5 所示为 4 位右移寄存器。电路由四个 D 触发器组成，A 为数码串行输入端，Y 为数码串行输出端，各触发器串行链接，依次 $FF_3$ 为最高位触发器，FF0 为最低位触发器，移位控制脉冲为 CP。右移又称为上移，图 6.6 中数据传输方向为 $Q_0 \rightarrow Q_1 \rightarrow Q_2 \rightarrow Q_3$。

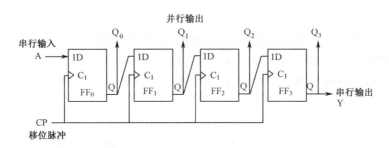

图 6.5　4 位右移寄存器

电路的工作过程分析如下：

设移位寄存器的初始状态为 $Q_0 Q_1 Q_2 Q_3 = 0000$，4 位二进制数码 $A_3 A_2 A_1 A_0 = 1011$，高位在前，低位在后，依次从 A 端输入。在移位脉冲（即触发器的时钟脉冲）的作用下，移位寄存器的代码移动情况将如表 6.2 所示。图 6.6 给出了各触发器输出端移位过程的波形图。

表 6.2　4 位右移寄存器状态表

| CP 脉冲 | 输　入 | 输　　出 | | | | |
|:---:|:---:|:---:|:---:|:---:|:---:|:---:|
| | | $Q_0$ | $Q_1$ | $Q_2$ | $Q_3$ | $Y = Q_3$ |
| 0 | 0 | 0 | 0 | 0 | 0 | 0 |
| 1 | 1 | 1 | 0 | 0 | 0 | 0 |
| 2 | 0 | 0 | 1 | 0 | 0 | 0 |
| 3 | 1 | 1 | 0 | 1 | 0 | 0 |
| 4 | 1 | 1 | 1 | 0 | 1 | 1 |

可见，经过 4 个 CP 信号后，串行输入的 4 位代码全部移入了移位寄存器中，这时，触发器的状态就变为 $Q_3 Q_2 Q_1 Q_0 = A_3 A_2 A_1 A_0 = 1011$。若同时从四个触发器的输出端输出信号，

就可以实现代码的串行 – 并行转换。若只有 Y（$Q_3$）端输出，串行输入，串行输出，则共经 8 个 CP 信号，1011 将依次从 Y 端输出。图 6.6 给出了电路的时序图。从时序图可以看出，随着移位脉冲 CP 的顺序，输入数码依次向右移位。

改变寄存器的电路结构可实现代码的左移寄存功能。

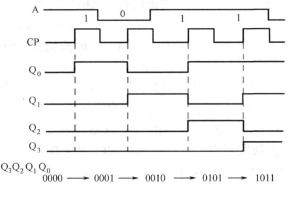

图 6.6　图 6.6 的时序图

从实用的角度出发，移位寄存器大都设计成带移位控制端的双向移位寄存器，即在移位控制信号的作用下，电路既可以实现右移，也可以实现左移。

目前已有多种中规模集成移位寄存器，常用的有 4 位和 8 位两种。而且对数码寄存的方式也相当灵活，可以是串行输入串行输出、并行输入并行输出、串行输入并行输出、并行输入串行输出。74LS194 是功能较强的 4 位双向移位通用寄存器。图 6.7 有其外引脚示意图。$D_0$、$D_1$、$D_2$、$D_3$ 是并行移位输入，$Q_0$、$Q_1$、$Q_2$、$Q_3$ 是并行输出，$Q_0$ 和 $Q_3$ 也分别是左移输出和右移输出。$SR_{IN}$ 是右移输入端，与 $D_0$ 功能相同可以直接进入第 1 级 D 触发器。$SL_{IN}$ 是左移输入端，与 $D_3$ 功能相同可以直接进入第 4 级 D 触发器。$\overline{R}_D$ 端是异步置 0 端。$\overline{R}_D = 0$，各触发器都置 0；正常工作时，$\overline{R}_D$ 应处于 1 态。$S_1$、$S_0$ 是两个工作模式控制端，控制 $S_1$、$S_0$ 的组合取值，可以完成四种功能，其功能真值表如表 6.3 所示。

表 6.3　4 位双向移位寄存器 74LS194 的功能表

| 输入 | | | | | | | | | | 输出 | | | | 功能说明 |
|---|---|---|---|---|---|---|---|---|---|---|---|---|---|---|
| 清零 | 控制 | | 时钟 | 串行输入 | | 并行输入 | | | | | | | | |
| $\overline{R}_D$ | $S_1$ | $S_0$ | CP | $SL_{IN}$ | $SR_{IN}$ | $D_0$ | $D_1$ | $D_2$ | $D_3$ | $Q_0$ | $Q_1$ | $Q_2$ | $Q_3$ | |
| 0 | × | × | × | × | × | × | × | × | × | 0 | 0 | 0 | 0 | 异步置 0 |
| 1 | × | × | 0 | × | × | × | × | × | × | $Q_0$ | $Q_1$ | $Q_2$ | $Q_3$ | 保持 |
| 1 | 1 | 1 | ↑ | × | × | $d_0$ | $d_1$ | $d_2$ | $d_3$ | $d_0$ | $d_1$ | $d_2$ | $d_3$ | 并行送数 SR、SL 输入均无效 |
| 1 | 0 | 1 | ↑ | × | 1 | × | × | × | × | 1 | $Q_0^n$ | $Q_1^n$ | $Q_2^n$ | ⎫ 右移 |
| 1 | 0 | 1 | ↑ | × | 0 | × | × | × | × | 0 | $Q_0^n$ | $Q_1^n$ | $Q_2^n$ | ⎭ |
| 1 | 1 | 0 | ↑ | 1 | × | × | × | × | × | $Q_1^n$ | $Q_2^n$ | $Q_3^n$ | 1 | ⎫ 左移 |
| 1 | 1 | 0 | ↑ | 0 | × | × | × | × | × | $Q_1^n$ | $Q_2^n$ | $Q_3^n$ | 0 | ⎭ |
| 1 | 0 | 0 | × | × | × | × | × | × | × | $Q_0^n$ | $Q_1^n$ | $Q_2^n$ | $Q_3^n$ | 保持 |

与 74LS194 引脚功能相同的 CMOS 还有 74HC194、40194 等器件，可作同步并行移位寄存，也可串行左移右移，常用作总线寄存、串并行变换，总线编组通用寄存，或用作一般通用的寄存器。

想一想：如果要输入二进制数码的位数多于移位寄存器的位数，在脉冲的作用下，数码如何移动？会出现什么现象？

### 6.2.3 移位寄存器应用举例

寄存器应用广泛，尤其是移位寄存器，除能存放数码、数码延时和能将数码串行并行互换外，还具有其他广泛用途。

环形脉冲分配器是移位寄存器的重要应用之一。如图 6.7（a）所示是由 74LS194 构成的环形脉冲分配器，它实际上是将 $Q_3$ 接右移串行输入端 $SR_{IN}$ 而构成的一个环形右移寄存器。若取 $Q_3$、$Q_2$、$Q_1$、$Q_0$ 中只有一个 "1" 的循环为主循环（该电路现接法即如此），把开关 $S_1$ 和 $S_2$ 都接高电平（即 $S_1S_0 = 11$），194 处于并行输入方式，当 CP 到来时，数据输入端 $D_3D_2D_1D_0 = 0001$ 并行置入到寄存器，使其初始状态 $Q_3Q_2Q_1Q_0 = 0001$。然后把开关 $S_1$ 接低电平，开关 $S_0$ 接高电平（即 $S_1S_0 = 01$），194 执行右移即上移操作：第 1 个 CP 到来时，寄存器从 $Q_3Q_2Q_1Q_0 = 0001$，右移为 0010；第 2 个 CP 来后，就右移为 0100；第 3 个 CP 到来后，就右移为 1000；由于 $Q_3$ 与 $SR_{IN}$ 相连，则此时 $SR_{IN} = 1$，在第 4 个 CP 到来后，1 又移到 $Q_0$，$Q_3Q_2Q_1Q_0$ 就移回到初始状态 0001。同理，若把初始状态分别设置为 0011、0111、0101 等，也能得到它们的右移状态变化图，如图 6.7（b）所示，其主循环状态的波形图如图 6.7（c）所示。

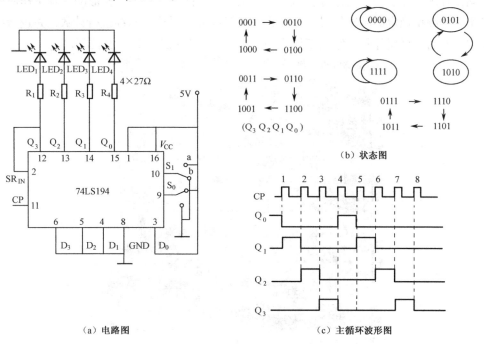

（a）电路图　　　　（c）主循环波形图

图 6.7　74LS194 构成环形计数器

从图 6.7（c）可见，当输入信号 $D_3D_2D_1D_0$ 中只有一个 1（或只有一个 0）时，正脉冲由 4 个输出端 $Q_0 \sim Q_3$ 按顺序出现，形成了 4 个节拍的节拍脉冲输出，所以该电路称为节拍发生器。另外，当 $Q_3$ 出现一个完整的脉冲（正脉冲）时，已有 4 个 CP 脉冲进入电路，若将 CP 视为计数脉冲，将 $Q_3$ 视为进位，则是一个四进制计数器，所以又称其为环形计数器。

若用 Q 端控制灯光，就可变成不同组合和旋转方向的发光彩灯。

想一想：

（1）在允许使用门电路的情况下，能否利用 74LS194 实现八进制计数器？若能，试画出连接图。

（2）请设计一个显示音乐 2 节拍的节拍显示器电路。

（3）若要使图 6.7（a）的电路实现左移，应如何连线？

## 6.3 计数器

计数器是完成统计输入脉冲个数的电路。计数器不仅可以用来计数，而且也常用做数字系统的定时、分频、产生序列信号和执行数字运算等。

数字钟是计数器的典型应用实例。图 6.8（a）是逻辑电路构成的数字钟的实物图，图 6.8（b）是数字钟的结构框图，从框图中可知，数字钟采用了大量的计数器。采用单片机也可以制作体积较小的数字钟，实物见图 6.9 所示。这两种数字钟的体积都较大。生活中查看时间，常用的是如图 6.10 所示的较为精致的电子表，电子表也是数字钟。数字钟由于采用的器件集成度不同，外观上存在极大的差异，但不同形状的数字钟工作原理是相似的。其工作原理是由晶振产生一个频率稳定的脉冲信号，分频为 1Hz 脉冲波，对这一脉冲进行计数，并进行秒→分→时进位，然后再译码显示。它的工作原理可参见图 6.8（b）所示的框图分析。

（a）实物图

图 6.8　逻辑电路构成的数字钟

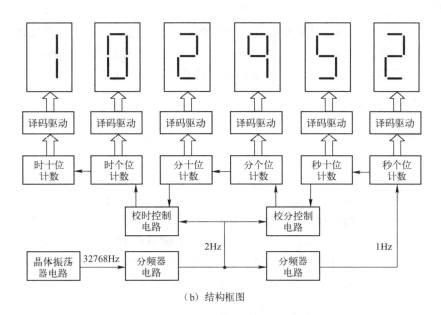

（b）结构框图

图 6.8　逻辑电路构成的数字钟（续）

图 6.9　单片机制作的数字钟

（a）外观图

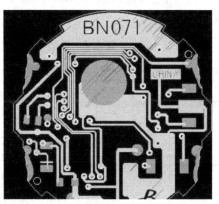

（b）内部结构

图 6.10　某一型号电子表的外观和内部结构

计数器的种类繁多。根据触发器的个数 $n$ 来分类可称为 $n$ 位二进制计数器；按计数器中触发器动作的时序可分为同步计数器和异步计数器；按计数过程中计数的增减来分类，有加法、减法和可逆计数器；若按模数（计数器一个循环的独立状态个数）划分，可分为 $2^n$ 进制计数器、非 $2^n$ 进制计数器，其中二 – 十进制（或称十进制）是最常用的非 $2^n$ 进制计数器。

### 6.3.1  $2^n$ 进制计数器

$2^n$ 进制计数器：采用 $n$ 个触发器，计数进制 $M=2^n$。第 5 章介绍了采用 2 组 JK 触发器构成 4 进制计数器。

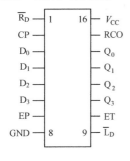

图 6.11  161 外引脚图

161 是中规模集成同步二进制计数器，161 是可预置、可保持同步的 4 位二进制加法计数器。161 有 TTL 系列中的 54/74161、54/74LS161 和 54/74F161 以及 CMOS 系列中的 54/74HC161、54/74HCT161 等。图 6.11 是 161 的外引脚排列图。161 电路除了具有二进制加法计数功能外，还具有预置数、保持和异步置零等附加功能。图 6.11 中 $\overline{L}_D$ 为同步预置数控制端，$D_0$、$D_1$、$D_2$、$D_3$ 为数据输入端，RCO 为进位输出端，$\overline{R}_D$ 为异步置零（复位）端，$E_P$ 和 $E_T$ 为工作状态控制端。

表 6.4 是 161 的功能表。由表可知，74161 具有以下功能：

（1）异步清零。当 $\overline{R}_D=0$ 时，不管其他输入端的状态如何，不论有无时钟脉冲 CP，计数器输出将被直接置零（$Q_3Q_2Q_1Q_0=0000$），称为异步清零。

（2）同步并行预置数。当 $\overline{R}_D=1$、$\overline{L}_D=0$ 时，在输入时钟脉冲 CP 上升沿的作用下，并行输入端的数据 $d_3d_2d_1d_0$ 被置入计数器的输出端，即 $Q_3Q_2Q_1Q_0=d_3d_2d_1d_0$。由于这个操作要与 CP 上升沿同步，所以称为同步预置数。

（3）计数。当 $\overline{R}_D=\overline{L}_D=EP=ET=1$ 时，在 CP 端输入计数脉冲，计数器进行二进制加法计数。

（4）保持。当 $\overline{R}_D=\overline{L}_D=1$，且 $EP\cdot ET=0$，则计数器保持原来的状态不变。这时，如 $EP=0$、$ET=1$，则进位输出信号 RCO 保持不变；如 $ET=0$，则不管 EP 状态如何，进位输出信号 RCO 为低电平 0。

表 6.4  同步 4 位二进制计数器 161 功能表

| 清 零 | 预 置 | 使 能 | | 时 钟 | 预置数据输入 | | | | 输 出 | | | | 工 作 模 式 |
|---|---|---|---|---|---|---|---|---|---|---|---|---|---|
| $\overline{R}_D$ | $\overline{L}_D$ | EP | ET | CP | $D_3$ | $D_2$ | $D_1$ | $D_0$ | $Q_3$ | $Q_2$ | $Q_1$ | $Q_0$ | |
| 0 | × | × | × | × | × | × | × | × | 0 | 0 | 0 | 0 | 异步清零 |
| 1 | 0 | × | × | ↑ | $d_3$ | $d_2$ | $d_1$ | $d_0$ | $d_3$ | $d_2$ | $d_1$ | $d_0$ | 同步置数 |
| 1 | 1 | 0 | × | × | × | × | × | × | 保持 | | | | 数据保持 |
| 1 | 1 | × | 0 | × | × | × | × | × | 保持 | | | | 数据保持 |
| 1 | 1 | 1 | 1 | ↑ | × | × | × | × | 计数 | | | | 加法计数 |

注：分辨清零端 $\overline{R}_D$ 和预置数端 $\overline{L}_D$ 是同步还是异步，可以从功能表 CP 的取值判断。若对应 CP 用约束项符号 × 表示，则为异步；用脉冲或脉冲边沿表示，则为同步。异步触发的

优先等级最高，同步触发需要时钟配合。

**2. 异步 $2^n$ 进制计数器**

异步 $2^n$ 进制计数器与同步 $2^n$ 进制计数器相比，具有以下特点：

（1）外部计数脉冲 CP 只作用于首级。

（2）各级触发器的翻转时间是有先后次序的，先是首级，接着次级，……，故称为异步计数器。使用时注意翻转时刻。

想一想：试查找异步 4 位二进制加法计数器 74LS93 的芯片资料，然后与 74161 进行比较，分析以下问题：从使用者的角度而言，同步计数器和异步计数器的外部连接是否存在很大差异？它们的管脚类型是否有差别？

## 6.3.2 十进制计数器

二－十进制计数器用 4 位二进制数来代表 1 位十进制数，即其输出结果是 BCD 码，通常简称为十进制计数器。

二－十进制计数器是非 $2^n$ 进制计数器最典型的应用。二－十进制计数器是在 $2^n$ 进制计数器的基础上演变而来的。

二－十进制的编码（BCD 码）方式有多种，最常用的 8421BCD 码是取 4 位二进制编码中的 16 个状态的前 10 个状态"0000"～"1001"来表示十进制数和 0～9 十个数码的。也就是当计数器计数到第 9 个脉冲后，若再来一个脉冲，计数器的状态必须由 1001 变到 0000，完成一个循环变化。8421BCD 码加法计数器的状态表如表 6.5 所示。由于四个触发器的输出端有 16 种组合，取出其中 10 种状态组合后，剩余的 6 种为无效态。十进制计数器在设计时通常使这 6 种状态经一定数量的脉冲后能够转换到 10 种有效状态中的任何一种，即具有自启动功能。

表 6.5　二－十进制加法计数器的状态表

| 计 数 脉 冲 | 输　　出 | | | | 十 进 制 数 |
|---|---|---|---|---|---|
| CP | $Q_3$ | $Q_2$ | $Q_1$ | $Q_0$ | |
| 0 | 0 | 0 | 0 | 0 | 0 |
| 1 | 0 | 0 | 0 | 1 | 1 |
| 2 | 0 | 0 | 1 | 0 | 2 |
| 3 | 0 | 0 | 1 | 1 | 3 |
| 4 | 0 | 1 | 0 | 0 | 4 |
| 5 | 0 | 1 | 0 | 1 | 5 |
| 6 | 0 | 1 | 1 | 0 | 6 |
| 7 | 0 | 1 | 1 | 1 | 7 |
| 8 | 1 | 0 | 0 | 0 | 8 |
| 9 | 1 | 0 | 0 | 1 | 9 |
| 10 | 0 | 0 | 0 | 0 | 10 |

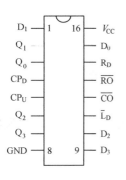

图 6.12　192 外引脚图

目前十进制计数器集成电路品种很多，功能完善，价格也较便宜，因此实际应用中一般不再采用由 JK 触发器自行设计十进制计数器，普遍应用中规模集成计数器。

### 1. 同步二 – 十进制计数器

图 6.12 是同步可逆十进制计数器 192 的外引脚排列图。192 是可预置的双时钟 8421BCD 码十进制加/减（可逆）计数器（即既能执行递加，又能执行递减的计数器）。192 在 TTL 系列中有 54/74192、54/74LS192、54/74F192 等以及 CMOS 系列中的 54/74HC192、54/74HCT192 等。表 6.6 是 192 的功能表。

（1）异步清零。当清零复位端 $R_D = 1$ 时，计数器清 0，计数器中各触发器输出 $Q_3$、$Q_2$、$Q_1$、$Q_0$ 都为 0。

**表 6.6　同步十进制可逆计数器 192 功能表**

| 加法时钟 $CP_U$ | 减法时钟 $CP_D$ | 允许预置 $\overline{L}_D$ | 复位 $R_D$ | 动　　作 |
|---|---|---|---|---|
| ↑ | 1 | 1 | 0 | 加 1 计数 |
| ↓ | 1 | 1 | 0 | 不计数 |
| 1 | ↑ | 1 | 0 | 减 1 计数 |
| 1 | ↓ | 1 | 0 | 不计数 |
| × | × | 0 | 0 | 异步预置数 Q = D |
| × | × | × | 1 | 异步清零 Q = 0 |

（2）异步置数。当 $R_D = 0$ 时，允许预置端 $\overline{L}_D = 0$ 时，功能为置数，即将输入 $D_3$、$D_2$、$D_1$、$D_0$ 送到对应的触发器输出端，使 $Q_3 Q_2 Q_1 Q_0 = D_3 D_2 D_1 D_0$。

（3）计数。当 $R_D = 0$，$\overline{L}_D = 1$ 时，完成计数功能。当 $CP_D = 1$、$CP_U$ 上升沿到来时，按 8421BCD 码进行加法计数；当 $CP_U = 1$、$CP_D$ 上升沿来到时，作 8421BCD 码减法计算。$\overline{C}_0$、$\overline{B}_0$ 分别为进位、借位输出，低电平有效。

同步十进制加/减（可逆）计数器有单时钟和双时钟（加减计数脉冲分别由不同端输入）两种结构形式，并各有定型的集成电路产品出售。如单时钟类型的有 74LS190、74LS168、CC4510 等。

### 2. 异步二 – 十进制加法计数器

图 6.13 所示计数器是异步二 – 十进制加法计数器的一种，可看作是由独立的一位二进制计数器和一位五进制计数器构成。图中 JK 端不接外输入表示 J = K = 1，在触发器脉冲作用下起"取反"功能。若计数脉冲从 $CP_A$ 输入，$Q_0$ 输出，则为二进制计数器。若计数脉冲从 $CP_B$ 输入，$Q_3 Q_2 Q_1$ 输出，则构成五进制计数器。原因是当 $Q_3 Q_2 Q_1$ 按 000→001→010→011→100 变化后，再来脉冲将出现 $Q_3 Q_2 Q_1 = 101$，在 $Q_3 Q_2 Q_1$ 翻转为 101 那一刹那，由于 $Q_3 = 1$，$Q_1 = 1$ 时，将会使与非门 G 输出为 0，而 G 的输出又接至 FF3 及 FF1 的 $\overline{R}_D$ 端，使得 $Q_3$ 及 $Q_1$ 立即置 "0"。其结果是 $Q_3 Q_2 Q_1 = 101$ 的状态一经出现（即第 6 个计数脉冲 CP 的下跳沿作用后），又

立即自行复位为"000"（这一方法称为反馈归零法），101 的状态不可能稳定存在，不是一种有效状态，即 100 后可看作状态转换为 000，这时就构成了五进制。

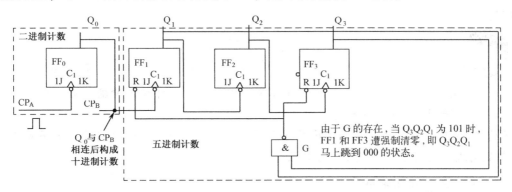

图 6.13　异步十进制加法计数器

若把 $CP_A$ 接计数脉冲，$Q_0$ 和 $CP_B$ 相连，这时脉冲到来时，计数器的输出端 $Q_3Q_2Q_1Q_0$ 将按 $0000 \to 0001 \to 0010 \to 0011 \to 0100 \to 0101 \to 0110 \to 0111 \to 1000 \to 1001 \to 0000$ 的顺序翻转。即构成异步十进制计数器。

74LS290 是异步十进制计数，其引脚如图 6.14 所示，内部结构如图 6.13 所示，由一个 1 位二进制计数器和 1 个异步五进制计数器组成。如果计数脉冲由 $CP_A$ 端输入，输出由 $Q_0$ 端引出，即得二进制计数器；如果计数脉冲由 $CP_B$ 端输入，输出由 $Q_3 \sim Q_1$ 引出，即是五进制计数器；如果将 $Q_0$ 与 $CP_B$ 相连，计数脉冲由 $CP_A$ 输入，输出由 $Q_3 \sim Q_0$ 引出，即得 8421 码十进制计数器，因此又称此电路为二－五－十进制计数器。

从表 6.7 即 74LS290 的功能表可知，当复位 $R_{0(2)} = R_{0(1)} = 1$，且置位输入 $R_{9(2)} \cdot R_{9(1)} = 0$ 时，74LS290 的输出被直接置 0；只要置位输入 $R_{9(2)} = R_{9(1)} = 1$，则 74LS290 的输出被直接置 9，即 $Q_3Q_2Q_1Q_0 = 1001$；只有同时满足 $R_{D(2)} \cdot R_{D(1)} = 0$ 和 $R_{9(2)} \cdot R_{9(1)} = 0$ 时，才能在计数脉冲（下降沿）作用下实现二－五－十进制计数。

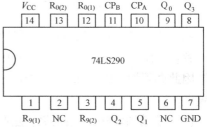

图 6.14　异步十进制计数器 74LS290

表 6.7　74LS290 功能表

| 复 位 输 入 | | 置 位 输 入 | | 时 钟 | 输 出 | | | |
|---|---|---|---|---|---|---|---|---|
| $R_{0(1)}$ | $R_{0(2)}$ | $R_{9(1)}$ | $R_{9(2)}$ | CP | $Q_3$ | $Q_2$ | $Q_1$ | $Q_0$ |
| 1 | 1 | 0 | × | × | 0 | 0 | 0 | 0 |
| 1 | 1 | × | 0 | × | 0 | 0 | 0 | 0 |
| × | × | 1 | 1 | × | 1 | 0 | 0 | 1 |
| 0 | × | 0 | × | ↓ | 加法计数 | | | |
| 0 | × | × | 0 | ↓ | | | | |
| × | 0 | 0 | × | ↓ | | | | |
| × | 0 | × | 0 | ↓ | | | | |

即 74LS290 当复位输入端有效时，输出 Q 全部为 0，当置位输入端有效时，输出 $Q_3Q_2$ $Q_1Q_0 = 1001$。输入端的优先顺序为：第一为置位输入端，其次为复位输入端，最后才是计数脉冲。

想一想：

（1）在 74LS290 中，为什么二进制计数输出作为五进制计数脉冲输入后，会成为十进制，而不是七进制？试一试用时序波形图进行说明。

（2）图 6.16 中，3 位二进制数构成五进制的设计思想给了你什么启迪？如果需要 3 位二进制数构成七进制计数器，应如何实现？

### 6.3.3 N 进制计数器

N 进制计数器是指 N 种状态为一个计数循环周期的计数器。

尽管计数器的品种很多，但也不可能任一进制的计数器都有与其对应的集成电路。在需要用到它们时，只能用现有的成品计数器外加适当的电路连接而成。

用现有的 M 进制集成计数器构成 N 进制计数器时，如果 $M > N$，则只需一片 M 进制计数器，利用把输出端状态反馈回清零端或预置数端来打断原循环规律的方法来实现；如果 $M < N$，则要用多片 M 进制计数器串接起来使用，也称为级联扩展；如需要的进制数 N 大于 M 又不是 M 的倍数，则利用级联取得高进制数后再利用反馈强制形成 N 进制。

#### 1. 反馈法实现 N 进制计数器

**例 6.2** 用 74161 构成八进制计数器。

**解**：74161 有 16 个状态，八进制有 8 个状态。因此属于 $M > N$ 的情况。

因此必须设法跳过 $M - N = 16 - 8 = 8$ 个状态。通常用两种方法实现，即反馈清零法和反馈置数法。

（1）反馈清零法。反馈清零法适用于有清零输入端的集成计数器。74161 有异步清零功能，在其计数过程中，不管它的输出处于哪一状态，只要在异步清零输入端加一低电平，使 $\overline{R_D} = 0$，74161 的输出会立即从那个状态回到 0000 状态。清零信号（$\overline{R_D} = 0$）消失后，74161 又从 0000 状态开始重新计数。

图 6.15（a）所示的八进制计数器，就是借助 74161 的异步清零功能实现的。图 6.15（b）所示是该八进制计数器的主循环状态图。由图可知，74161 从 0000 状态开始计数，当输入第八个 CP 脉冲（上升沿）时，输出 $Q_3Q_2Q_1Q_0 = 1000$，通过与非门译码后，反馈给 $\overline{R_D}$ 端一个清零信号，立即使 $Q_3Q_2Q_1Q_0$ 返回 0000 状态，$\overline{R_D}$ 端的清零信号也随着消失，74161 重新从 0000 状态开始新的计数周期。由于 1000 只是刹那间出现，不能算作一种有效状态，因此，在主循环状态图中用虚线表示。这样就跳过了 1000 ~ 1111 共 8 个状态，获得了八进制计数器。

（2）反馈置数法。反馈置数法适用于具有预置数功能的集成计数器。可方便实现非零起始的计数循环。

对于具有同步预置数功能的计数器而言，在其计数过程，可以将它输出的任何一个状态通过译码，产生一个预置数控制信号反馈至预置数控制端。由于 74161 是同步置数，等下一

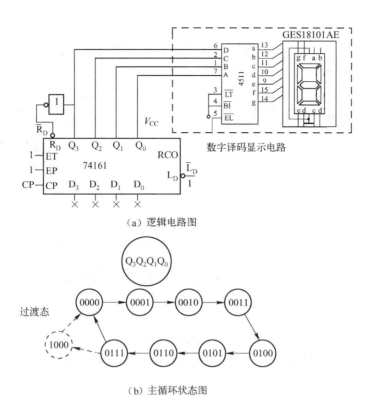

（a）逻辑电路图

（b）主循环状态图

图 6.15　用反馈清零法将 74161 接成八进制数器

个 CP 脉冲作用后，计数器才会把预置数输入端 $D_3$、$D_2$、$D_1$、$D_0$ 的状态置入输出端，所以同步置数没有过渡态。预置数控制信号消失后，计数器就从被置入的状态开始重新计数。

图 6.16（a）是借助同步预置数功能，采用反馈置数法，用 74161 构成从 0011 到 1010 的八进制计数器的逻辑电路图。其中图 6.16（a）的接法是当输出 $Q_3Q_2Q_1Q_0 = 1010$ 时，经与非门产生预置数控制信号 0，反馈至 $\overline{L}_D$ 端，在下一个 CP 脉冲的上升沿到达时置入 0011 状态。图 6.16（b）是图 6.16（a）所示电路的主循环状态图。其中 0100～1010 这 7 个状态是 74161 进行加 1 计数实现的。从 1010 跳变到 0011 是由反馈（同步）置数得到的。由此可以推知，反馈置数操作可在 74161 计数循环状态（0000～1111）中的任何一个状态下进行。例如，可将 $Q_3Q_2Q_1Q_0 = 1111$ 状态的信号加到 $\overline{L}_D$ 端，把预置数据输入端设为 1000 状态，计数值则为 1000～1111 状态。

如不想从 $Q_3Q_2Q_1Q_0 = 0000$ 开始计数，到 1010 后再置数到 001，可加入一个 2 输入与门，使外加一置数脉冲和与非门的输出结果相与后再输入 $\overline{L}_D$ 端，则随时可以把数据 0011 输入 $Q_3Q_2Q_1Q_0$ 中。

如想直接从 0011 开始计数，不经 0000，0001，0010 三种状态，可在 $\overline{L}_D$ 前加一个 2 输入的与门逻辑电路，见图 6.16（c）所示。

注意：利用异步清零端或异步置数端，电路的翻转是"一触即发"型，电路变化过程需要存在过渡态去形成触发信号强制清零或置数。利用同步清零端或同步置数端，由于所有电路变化都要在 CP 脉冲配合下进行，可利用最后一种状态去形成触发信号在下一个脉冲来时再强制清零或置数，不需要过渡态。

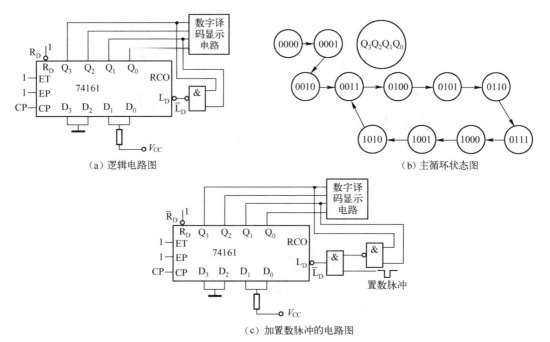

（a）逻辑电路图

（b）主循环状态图

（c）加置数脉冲的电路图

图 6.16　用反馈置数法将 74161 接成八进制数器

想一想：

（1）用反馈置数法和反馈清零法在实现何种计数循环时比较有优势？如果 4 位二进制计数器想实现从 0011~1001 计数，最好选用哪一种方法？

（2）用 MP3，CD 机听歌时，可进行选曲和循环播放的原理可能是什么？

### 2. 任意进制计数器的设计

**例 6.3**　用 74LS161 构成 8421BCD 码表示的二十四进制计数器。

**解：**因为 $M=16$，$N=24$。需采有 2 片 74LS161 来实现。由于单片 74LS161 为十六进制，所以首先要把个位 74LS161 连接成 8421 码即十进制计数器，这时需利用同步预置数端把个位 74L161 连成十进制计数器。由于 74LS161 是同步置数，用与非门 $G_1$ 输入端连接 $Q_3Q_0$ 的输出，$G_1$ 的输出端连接到预置数端 $\overline{L}_D$。当计数到 $Q_3Q_2Q_1Q_0=1001$，$\overline{L}_D=0$。同时，把 $Q_3Q_0$ 分别和 74LS161 的使能端 EP 和 ET 连接。在个位 $Q_3Q_2Q_1Q_0=1001$ 时，EP=ET=1。在下一个脉冲到来时，个位 $Q_3Q_2Q_1Q_0$ 翻转为 0000，即形成十进制。$Q_3Q_2Q_1Q_0$ 从 1001 翻转到 0000 是脉冲下降沿到来后翻转的，十位的 74LS161，在此脉冲下降沿到来的那一刹那，由于 $Q_3$、$Q_0$ 未翻转，$Q_3=Q_0=$EP=ET 仍为 1，可进行一次计数。翻转后 $Q_3=Q_0=0$，则 EP、ET 为 0，在低位重新进行十进制循环后十位才能计数一次。

利用 74LS161 异步清零端可连接成二十四进制计数器。当计数器的个位和十位计数循环从 $[0]_D$ 到 $[23]_D$ 时，再来一个脉冲将翻转到 $[24]_D$，即使高位的 $Q_1$ 和低位的 $Q_2$ 为 1，这时与非门 $G_2$ 输出为 0，与非门 $G_3$ 输出一定也为 0，使计数器立即返回到 0000 0000 状态。状态 $[0010\ 0100]_{8421BCD}=[24]_D$ 仅在刹那间出现，这样，就构成了二十四进制计数器。其逻辑电路如图 6.17 所示，图中清零脉冲输入端是在启动或需要复位时保证计数器状态为全 0，在电路正常计数时为高电平。

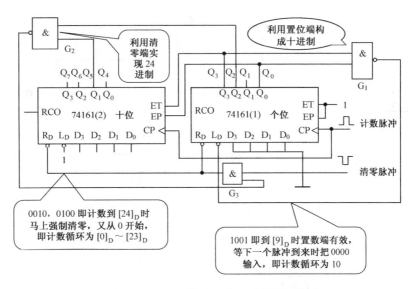

图 6.17　74161 构成二十四进制计数器

**例 6.4**　用 74LS290 构成 8421BCD 码表示的二十四进制计数器。

**解：** 因为 $M = 10$，$N = 24$，需要两片 74LS290 级联构成 100 进制计数器，然后利用反馈法来实现 24 进制。级联采用是把个位 74LS290 的 $Q_3$ 充当进位使用，当个位的 $Q_3Q_2Q_1Q_0$ 从 0000 计数到 0111 时，$Q_3$ 一直为 0，当计数到 1001 时，$Q_3$ 翻转为 1，但此时 $Q_3$ 为上升沿跳变，十位 74LS290 仍无计数脉冲输入，直到 $Q_3Q_2Q_1Q_0$ 从 1001 计数到 0000 那一刹那，$Q_3$ 从 1 翻转为 0，形成下降沿，充当进位脉冲，十位 74LS290 进行一次计数。在此基础上，再借助 74LS290 的异步清零功能，用反馈清零法将个位的 $Q_2$ 和十位的 $Q_1$ 分别接至两芯片的 $R_{0(1)}$ 和 $R_{0(1)}$ 端，在第 24 个计数脉冲作用后，计数器输出为 0010 0100 状态，十位的 $Q_1$ 与个位的 $Q_2$ 同时为 1，使计数器立即返回到 0000 0000 状态。状态 0010 0100 仅在刹那间出现。这样就构成了从 0000 0000 到 0010 0011 的二十四进制计数器。其逻辑电路如图 6.18 所示。

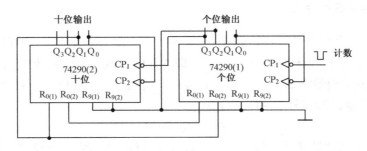

图 6.18　74290 构成二十四进制计数器

二十四进制计数器是数字电子钟里必不可少的组成部分，用来累计小时数。将图 6.18 所示电路与 BCD 七段显示译码器 7448 及共阴极七段数码管显示器 BS201 连接起来，如图 6.19 所示，就组成了数字电子钟里时间的计数、译码及显示电路。

计数、译码、显示三个逻辑功能电路常常结合在一起使用，几乎所有的仪器、仪表、数字系统中均用到它。除了可以使用上面介绍的芯片外，还可以选用逻辑功能相当的其他芯片，设计相当灵活。

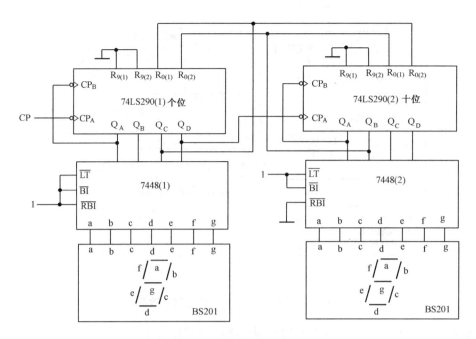

图 6.19　数字电子钟的时计数、译码、显示电路

想一想：总结采用具有不同使能端的计数芯片构成任意进制计数器的特点。

### 6.3.4　计数器应用举例

计数器能对时钟信号进行计数。将这一基本功能进行扩展，还常用来自动控制机械操作的时序；用于测量频率；在通信雷达系统中用来测量时间；在计算机中用以进行时序控制，使计算机按顺序一条一条执行指令等等。

**1. 测量脉冲信号的频率**

图 6.20 所示是测量脉冲频率的原理框图。将待测频率脉冲信号 $u_X$ 和取样脉冲 A 同时送到与门，在 $t_1 \sim t_2$ 期间，取样脉冲为高电平（即 A = 1），则与门的输出 $F_G = 1 \cdot u_X = u_X$，待测脉冲通过与门进入计数器计数，计数器的结果就是在 $t_1 \sim t_2$ 期间待测脉冲 $u_X$ 的脉冲个数 $N$，由此可求得待测脉冲信号 $u_X$ 的频率 $f$ 为：

$$f = N/(t_2 - t_1)$$

例如，若待测脉冲频率为 3690Hz，而 $(t_2 - t_1) = 1s$，则计数器的计数结果为 3690；在 0.1s 内为 369；0.01s 内为 36.9，即为 36 或 37。计数结果经译码驱动显示器件即可显示待测脉冲信号 $u_X$ 的频率值，图 6.21 是测量脉冲频率原理的示意图。显然，每次测量计数器都应从 0 开始计数，所以在每次测量前计数器都必须先清 0。

这种测量方法的精度主要取决于取样脉冲时间间隔 $t_1 \sim t_2$ 的精度。解决的办法是用一频率稳定的晶体振荡器来产生标准脉冲，然后分频得到取样脉冲，如图 6.22 所示的框图。

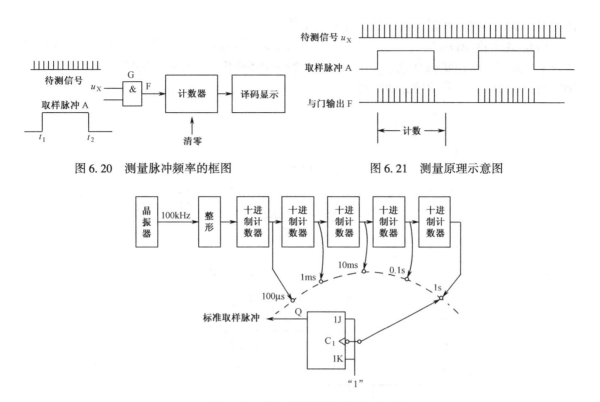

图 6.20　测量脉冲频率的框图

图 6.21　测量原理示意图

图 6.22　获标准取样脉冲的方法

### 2. 多次分频计数电路的运用

如图 6.20 中所示要从 100kHz 中获得 1 秒的脉冲要经五级十进制计数器。若选用同步十进制计数器 74LS192 则需要五片。市面上现有多位二进制计数器，可以构成多级进制和高进制分频数，其输出端构成的加 1 二进制数可作为连续的地址码供一些场合使用。12 位的计数器 4040 有 $Q_0 \sim Q_{11}$ 位输出端，其进制数分别为 $2^0$，$2^1$，$2^2$，…，$2^{11}$，输出端 $Q_{11}Q_{10}Q_9Q_8Q_7Q_6Q_5Q_4Q_3Q_2Q_1Q_0$ 在计数脉冲的控制下，可实现二进制递加数从 000000000000 → 000000000001→000000000010→…→111111111111→000000000000 的循环。图 6.23 是 4040 管脚图。

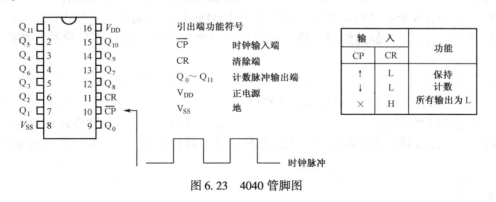

图 6.23　4040 管脚图

### 3. 组成脉冲分配器

脉冲分配器是数字系统中定时部件的组成部分，它在时钟脉冲作用下，顺序地使每个输出端输出节拍脉冲，用以协调系统各部分的工作。

图 6.24（a）所示为一个由计数器 74161 和译码器 74138 组成的脉冲分配器。74161 构成模 8 计数器，输出状态 $Q_2Q_1Q_0$ 在 000～111 之间循环变化，从而在译码器输出端 $Y_0$～$Y_7$ 分别得到图 6.24（b）所示的脉冲序列。

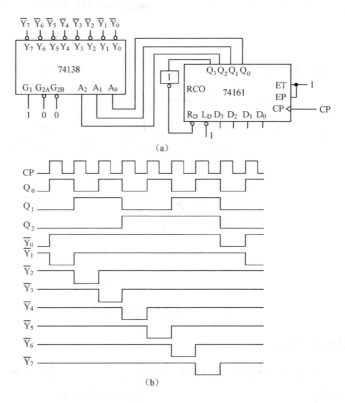

图 6.24　计数器构成脉冲分配器

#### 4. 数字测速系统

图 6.23 是测量电机转速的数字测速系统示意图，测量的结果以十进制数字显示出来。

电路工作原理：电机每转一周，光线透过圆盘上的小孔照射光电元件一次，光电元件每秒发出的信号个数反映电机的转速。光电信号较弱，必须放大，放大后的脉冲还不能直接用来测量，还要经过整形电路整形以得到宽度和幅度一定的矩形脉冲，如图 6.25 所示。

为了测量转速，还要有个时间标准，如以秒为单位，把一秒内的脉冲个数记录下来，就得出电机每秒的转速。这个标准时间由采样脉冲整形电路产生，它是一个宽度为 1s 的矩形脉冲，让它去控制门电路，把"门"打开 1s。在这段时间内，来自整形电路的脉冲可以经过门电路进入计数器，然后再由二－十进制显示译码器显示出十进制数，这就是电机的转速数。

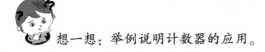想一想：举例说明计数器的应用。

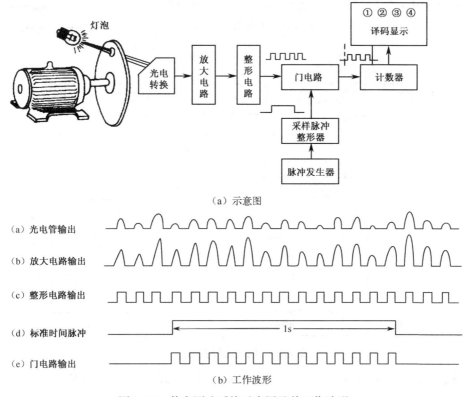

（a）示意图

（a）光电管输出

（b）放大电路输出

（c）整形电路输出

（d）标准时间脉冲

1s

（e）门电路输出

（b）工作波形

图 6.25　数字测速系统示意图及其工作波形

### 6.3.5　寄存器和计数器的综合应用

寄存器和计数器结合在一起，可以实现各种定时控制电路。汽车尾灯控制电路是其中一种运用。

汽车在夜间行驶过程中，其尾灯的变化规律如下：正常行驶时，车后 6 只尾灯全部点亮；左转弯时，左边 3 只灯依次从右向左循环闪动，右边 3 只灯熄灭；右转弯时，右边 3 只灯依次从左向右循环闪动，左边 3 只灯熄灭；当车辆停车时，6 只灯一明一暗同时闪动。图 6.24 所示的是实现这样控制的一种电路。下面分析其工作原理。其中 L、R 状态表示汽车的行驶状态，其值由用户通过控制器设置。

（1）计数器 74192 的工作过程。图 6.26 所示是采用置数法设计的模 3 计数器。从图 6.27 所示波形中可以看出，每来 3 个 CP 脉冲，$Q_1$，$Q_0$ 输出一个 1，使 $\overline{L}_D = 0$，$Q_1$，$Q_0$ 又从 00 开始计数。即 $Q_1$，$Q_0$ 的变化规律是 001001001，其周期长度为 P＝3 的序列信号。这一信号将作为移位寄存器 74194 的串行输入。

（2）汽车正常行驶时。L＝0，R＝0，数据选择器 74138 的输出 $\overline{Y}_0 = 0$，$\overline{Y}_1 = \overline{Y}_2 = 1$，两移位寄存器 74194 的 $S_1 S_0 = 11$，进行置数操作，由于 $G_2$ 输出为 1，所以且取用的并行数据输入端均为 1，所以 74194（Ⅰ）的 $Q_B Q_C Q_D$ 与 74194（Ⅱ）的 $Q_A Q_B Q_C$ 均为 111，故 6 只尾灯全亮。

（3）汽车左转弯时。L＝0，R＝1，这时 74138 的输出 $\overline{Y}_1 = 0$，$\overline{Y}_0 = \overline{Y}_2 = 1$，移位寄存器 74194（Ⅱ）的异步清零端 $\overline{R}_D = 0$，其 $Q_A Q_B Q_C = 000$，右灯 $R_1$，$R_2$ 和 $R_3$ 全部熄灭；而 74194（Ⅰ）的 $S_1 S_0 = 10$，将进行左移操作，其左移串行输入端 $D_{SL}$ 的数码来自计数器 74192 的 $Q_0$

端的"001001001…"序列信号。故 $Q_D Q_C Q_B$ 的变化规律为：100→010→001→l00→…（假设初始状态为100），所以汽车左转时其尾灯亮灯将这样变化：$L_1$→$L_2$→$L_3$→$L_1$→…。

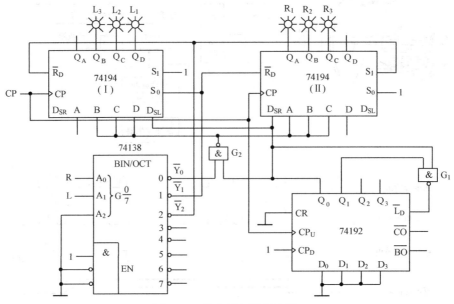

图 6.26　汽车尾灯控制电路

（4）汽车右转弯时。$L=1$，$R=0$，这时 74138 的输出 $\overline{Y}_2=0$，$\overline{Y}_0=\overline{Y}_1=1$，移位寄存器 74194（1）的异步清零端 $\overline{R}_D=0$，其 $Q_B Q_C Q_D=000$，左灯 $L_1$，$L_2$ 和 $L_3$ 全部熄灭；而 74194（Ⅱ）的 $S_1 S_0=01$，将进行右移操作，其右移串行输入端 $D_{SR}$ 的数码也来自异步计数器 74192 的 $Q_1$ 端的"001001001…"序列信号。故 $Q_A Q_B Q_C$ 的变化规律为：100→010→001→l00→…（假设初始状态为100），所以汽车右转时其尾灯亮灯将这样变化：$R_1$→$R_2$→$R_3$→$R_1$→…。

（5）汽车暂停时。$L=1$，$R=1$，这时 74138 的输出 $\overline{Y}_0=\overline{Y}_1=\overline{Y}_2=1$，两移位寄存器的 $S_1 S_0=11$，置数操作，其并行数据输入端 74194（Ⅰ）的 B，C，D 和 74194（Ⅱ）的 A，B，C 的数值完全由 74192 的 $Q_0$ 来确定。当 $Q_0=0$ 时，这 6 个输入端全为 1，在时钟 CP 作用下，6 只尾灯同时点亮；而当 $Q_0=1$ 时，6 个并行输入端全为 0，在时钟 CP 作用下，6 只车灯同时熄火。由于 $Q_0$ 波形是随 CP 以两个连续 0 和一个 1 交替变化（见图 6.25），因此，6 只尾灯随 CP 两个周期亮，一个周期暗的方式闪烁。

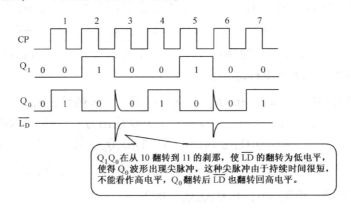

图 6.27　74192 的工作波形

## 实训6　移位寄存器的运用，七进制计数器，60进制计数器

### 1. 实训目的

（1）熟悉集成计数器逻辑功能和各控制端作用。

（2）掌握计数器使用方法。

### 2. 实训仪器及材料

| | | |
|---|---|---|
| （1）双踪示波器 | | 1个 |
| （2）74LS194 | 移位寄存器 | 1片 |
| （3）74LS160/161 | 十进制/十六进制同步计数器 | 2片 |
| （4）74LS00 | 四2输入与非门 | 1片 |
| （5）74LS20 | 四输入双与非门 | 1片 |

### 3. 实训内容及步骤

（1）移位寄存器的运用。按图6.7连接好电路，观察发光二极管的变化。想一想，如果希望每一时刻有两只发光二极管发光，应如何设置 $D_3D_2D_1D_0$。

（2）任意进制计数器设计方法。采用脉冲反馈法（称复位法或置位法），采用74LS161组成模7和模12计数器。当实现十六以上进制的计数器时可将多片级连使用。

① 画出连线电路图。

② 按图接线，并将输出端 $Q_3Q_2Q_1Q_0$ 接到译码显示电路的相应输入端，连接时注意输入输出之间高低位的对应关系。首先用单脉冲作为输入脉冲验证设计是否正确，然后用1Hz脉冲信号输入，通过数码管观察计数结果。

③ 记录上述实训内容波形。

（3）计数器级连。分别用2片74LS161计数器级连成二十四进制和六十进制计数器。步骤如上。

### 4. 实训报告

（1）整理实训内容和各实训数据。

（2）画出实训内容第1、2项所使用的电路图及工作波形图。

（3）说明每一个实训电路的工作原理。

（4）画出用74LS290替代74LS161构成六十进制的电路图，并分析其工作原理。

### 5. 想想做做

（1）设计一个秒计数器，参考电路见图6.28。

（2）设计一个篮球比赛计时器，设计要求如下：

① 篮球比赛上下半场各20分钟，要求能随时暂停，启动后继续计时，一场比赛结束后应可清零重新开始比赛。

② 计时器由分、秒计数器完成，秒计数器为模60，分计数器应能计至40分钟。

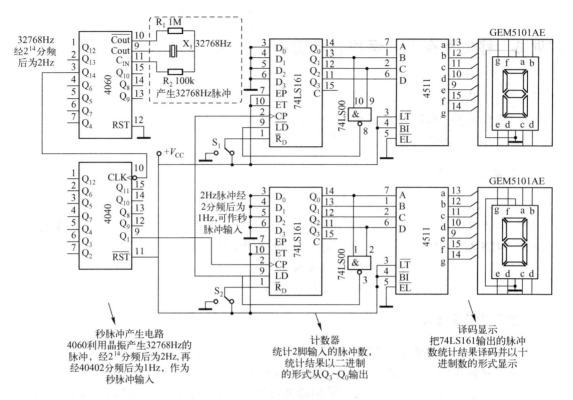

图 6.28　秒计数器的电路图

③ "分"、"秒" 显示用 LED 数码管，应配用相应译码器。

④ 用按钮开关控制计时器的启动/暂停。

⑤ 半场、全场到自动音响提示，用按钮开关可关断声音。

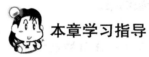 **本章学习指导**

（1）时序逻辑电路是数字电路系统中重要的组成部分，从逻辑功能上讲，时序逻辑电路种类很多，但其共同特点和一般的分析方法、描述方法是基本相同的。

（2）时序逻辑电路区别于组合逻辑电路的基本特点是：在功能上，时序逻辑电路的输出不仅取决于当时的输入信号，而且还和电路的原来状态有关；在结构上，时序逻辑电路一般总含有记忆功能的存储电路——触发器。

（3）时序逻辑电路通常可分为两大类：同步时序逻辑电路与异步时序电路。常见的时序逻辑电路有寄存器、计数器等。

（4）寄存器用来存放二进制代码，按其功能可分为数码寄存器和移位寄存器。数码寄存器电路简单，只用来存放数码，具有接收数码、保持并清除原有数码等功能。一个多位数码寄存器可看作是多个触发器的并行使用。移位寄存器是一个同步时序电路，具有存放数码功能且还有移位数码的功能，即在 CP 作用下，能将其存放的数码依次左移或右移。按存放数码的输入输出方式不同，移位寄存器有四种工作方式：串行入/串行出、串行入/并行出、并行入/串行出、并行入/并行出。

（5）计数器的基本功能是可对输入计数脉冲 CP 进行加法或减法计数，也可用于分频、定时、运算和自控等。二进制计数器是构成各种计数器的基础，应重点掌握；十进制计数器应用广泛，学习时应侧重理解 8421BCD 码计数器。

（6）常用集成时序逻辑器件寄存器和计数器的产品很多，要正确使用和广泛应用这些器件，必须要学会借助有关器件手册和技术资料，弄清楚所用器件的逻辑功能、外接引脚功能以及逻辑关系。要了解和记住一些常用信号名和作用，以方便使用。对于一些多功能的芯片，使用时一定要根据使用要求注意正确连接，否则就达不到使用要求。

# 习 题 6

6.1 时序逻辑电路有哪两大类电路？两者区别何在？

6.2 时序逻辑电路和组合逻辑电路的主要区别是什么？

6.3 以二进制代码形式来存放数据或指令的器件叫什么？

6.4 常用的时序逻辑电路有哪些？

6.5 图 6.29 所示的数码寄存器，上升沿若原来状态 $Q_2Q_1Q_0$ $=101$，现输入数码 $D_2D_1D_0=011$，CP 上升沿来到后，$Q_2Q_1Q_0$ 等于多少？

6.6 图 6.30 所示的数码寄存器的初始状态 $Q_3Q_2Q_1Q_0=0000$，串行右移输入端 $D_{SR}$ 输入的数据为 1101，试列出在连续 4 个 CP 脉冲作用下，寄存器的状态表。要经多少个 CP 脉冲，1101 才能依次从 Y 端全部输出？

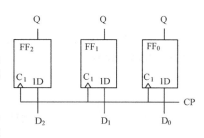

图 6.29

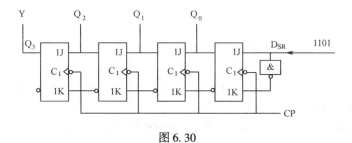

图 6.30

6.7 图 6.31（a）所示的移位寄存器初始状态为 1111，对应图 6.30（b）所示的 CP 作用下，画出 $Q_3$、$Q_2$、$Q_1$、$Q_0$ 的波形。试问，第 2 个 CP 到来后，寄存器存放的数码是什么？

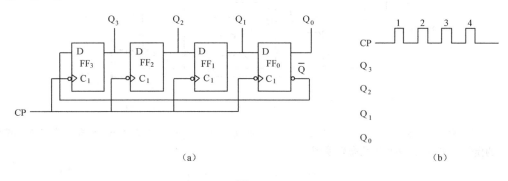

（a）　　　　　　　　　　　　　　　　（b）

图 6.31

6.8 数码寄存器和移位寄存器有什么区别？

6.9 什么是并行输入、串行输入、并行输出和串行输出？

6.10 计数器的基本功能是什么？

6.11 利用计数器可对什么信号进行分频？若输入脉冲信号频率是 10MHz，对其进行 5 分频后的频率为多少 MHz？

6.12　试分析图6.32（a）、（b）所示电路的逻辑功能。要求分别写出有关方程、画出状态真值表、状态转换图，并用文字简述其逻辑功能。

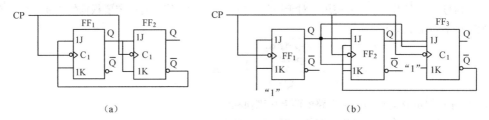

（a）　　　　　　　　　　　　　（b）

图6.32

6.13　图6.33所示是用74LS161构成的同步四位二进制加法计数器图，试在图上加上合适的连接线，把它改成1位8421BCD码十进制加法计数器。并画出其状态转换图。

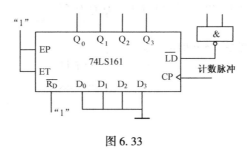

图6.33

6.14　利用74161设计60进制计数器。

6.15　分别利用74290和74192设计88进制计数器。

6.16　某电视图像系统中需要512进制计数器，如何用本章介绍的集成计数器来构成？

6.17　画出一种数字钟的电路方框图。

6.18　分析图6.34所示时序电路的逻辑功能，写出电路驱动方程、状态方程，画出状态转换图。

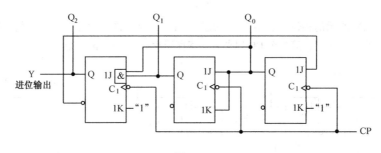

图6.34

6.19　用示波器在某计数器的三个触发器的输出端 $Q_0$、$Q_1$、$Q_2$ 观察到如图6.35所示的波形，求出该计数器的模数（进制），并画出状态转换图。

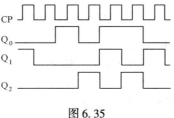

图6.35

# 第7章　脉冲波形的产生和变换

在数字电路或系统中，传递信息主要是通过"0"和"1"来实现。这些"0"和"1"信息，一般都是用矩形脉冲来表示。通常矩形脉冲的高电平表示"1"，低电平表示"0"。在传送过程中，由于器件或外部干扰的原因，这些信号可能会产生失真或变形，数字信号最大的优点就是可以对它们进行整形，恢复其信息。数字电路工作常常需要各种脉冲波形，例如时钟脉冲、控制过程中的定时信号等。这些脉冲波形的获得通常采用两种方法：一种是用脉冲信号产生器直接产生脉冲信号；另一种则是对已有的信号进行变换，使之满足系统的要求，即脉冲波形的变换。

通过这一章的学习，主要掌握如下知识：

(1) 多谐振荡器、单稳态电路和施密特触发器的工作原理。

(2) 能够运用555电路设计多谐振荡器、单稳态电路和施密特触发器。

## 7.1　概述

### 1. 常见脉冲波形

脉冲信号的波形有各种各样，常见的脉冲信号波形如图7.1所示。由图可见，脉冲信号都是瞬间突变的，是一种持续时间极短的电压（或电流）。广义上讲，不具有连续正弦波形状的信号都可称为脉冲信号，简称脉冲。

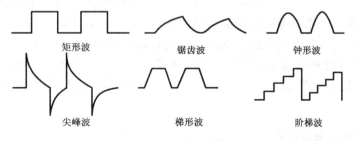

矩形波　　　　锯齿波　　　　钟形波

尖峰波　　　　梯形波　　　　阶梯波

图7.1　几种常见的脉冲信号波形

### 2. 常用的脉冲参数

实际应用中常运用一些物理量来描述脉冲信号的特征，这些物理量称为脉冲信号参数。最典型的脉冲信号为矩形脉冲。下面以实际矩形脉冲电压波形为例，定义脉冲信号的一些参数。见图7.2所示。

脉冲幅度 $V_m$——脉冲电压的最大变化幅度。用来表示脉冲信号强弱的参数。

上升时间 $t_\mathrm{r}$（又称脉冲前沿）——脉冲波从 $0.1V_\mathrm{m}$ 上升到 $0.9V_\mathrm{m}$ 所需要的时间。

下降时间 $t_\mathrm{f}$（又称脉冲后沿）——脉冲波从 $0.9V_\mathrm{m}$ 下降到 $0.1V_\mathrm{m}$ 所需要的时间。

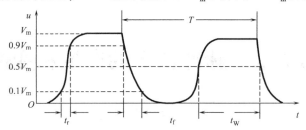

图 7.2　描述矩形脉冲特性的主要参数

脉冲宽度 $t_\mathrm{W}$（简称脉宽）——从脉冲前沿的 $0.5V_\mathrm{m}$ 处起，到后沿的 $0.5V_\mathrm{m}$ 处止的一段时间。

脉冲周期 $T$——周期性重复的脉冲序列中，两个相邻脉冲之间的时间间隔，有时也用频率 $f = 1/T$ 表示单位时间内脉冲重复的次数。

占空比 $q$——脉冲宽度与脉冲周期的比值，即 $q = t_\mathrm{W}/T$。当 $q = 0.5$ 时为方波。

通常脉冲波的频率可通过数字频率计（或示波器测周期）测定。脉冲波的幅度、脉宽、上升时间和下降时间等可通过示波器读出。

　想一想：如果脉冲波形上升沿时间过长，作为时钟脉冲使用，是否会带来问题。

## 7.2　集成 555 定时器

555 定时器是一种多用途的单片中规模集成电路。该电路使用灵活、方便，只需外接少量的阻容元件就可以构成单稳态电路、多谐振荡器和施密特触发器。因而在波形的产生与变换、测量与控制、家用电器和电子玩具等许多领域中都得到了广泛的应用。

目前生产的定时器有双极型和 CMOS 两种类型，其型号分别有 NE555 和 C7555 等多种。通常，双极型产品型号最后的三位数码都是 555，CMOS 产品型号的最后四位数码都是 7555，它们的结构、工作原理以及外部引脚排列基本相同，以下统一简称为"555"。

一般双极型定时器具有较大的驱动能力，而 CMOS 定时电路具有低功耗、输入阻抗高等优点。555 定时器工作的电源电压很宽，并可承受较大的负载电流。双极型定时器电源电压范围为 5～16V，最大负载电流可达 200mA；CMOS 定时器电源电压变化范围为 3～18V，最大负载电流在 4mA 以下。

### 1. 555 定时器的电路结构

图 12.3（a）、（b）所示分别是 555 定时器的电气原理图和电路符号。从图 7.3（a）可知 555 定时器内部结构由以下部分构成：

（1）由三个阻值为 5kΩ 的电阻组成的分压器。作用如下：

$V_\mathrm{c}$ 悬空或外接一抗干扰电容时，电压比较器 $\mathrm{C_1}$ 同相输入端电压为 $\dfrac{2}{3}V_\mathrm{CC}$，电压比较器 $\mathrm{C_2}$ 反同相输入端电压为 $\dfrac{1}{3}V_\mathrm{CC}$。

$V_C$外接一电源$V_S$时，电压比较器$C_1$同相输入端电压为$V_S$，电压比较器$C_2$反同相输入端电压为$\frac{1}{2}V_S$。

（2）两个电压比较器$C_1$和$C_2$。

$V_+ > V_-$，输出$u_0$为正电压，看做高电平"1"输出。

$V_+ < V_-$，输出$u_0$为负电压，看做低电平"0"输出。

（3）基本 RS 触发器，控制输出电平。

（4）放电三极管 VT 及缓冲器 G。

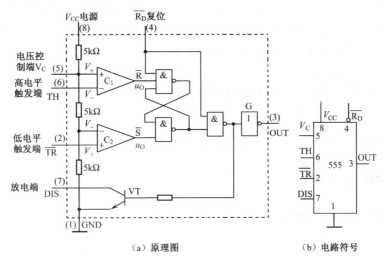

（a）原理图　　　（b）电路符号

图 7.3　555 定时器的电气原理图和电路符号

### 2. 555 定时器的功能表

555 定时器的功能见表 7.1。此表中，认为$V_C$不外接电源，该点电压为$\frac{2}{3}V_{CC}$，TH、$\overline{\text{TR}}$是触发器的电平触发端，两触发点的触发电平不同，$V_{\text{TH}} > \frac{2}{3}V_{CC}$有效触置 0；$V_{\overline{\text{TR}}} < \frac{1}{3}V_{CC}$有效触置 1；两个触发端均无效时，保持；两个触发端均有效时，$\overline{\text{TR}}$优先，输出为 1。其功能可以总结为："两输入触发点，类似非门功能，低电平优先触发。输出高电平时，导电管截止。"当然，与两电平触发端相比，复位端的优先等级是最高的。

表 7.1　555 定时器的功能表

| 复位端$\overline{R}_D$④脚 | 高电平触发 TH⑥脚 | 低电平触发$\overline{\text{TR}}$②脚 | 输出端③脚 | 三极管 VT |
|---|---|---|---|---|
| 0 | × | × | 0 | 导通 |
| 1 | $> \frac{2}{3}V_{CC}$ | $> \frac{1}{3}V_{CC}$ | 0 | 导通 |
| 1 | $< \frac{2}{3}V_{CC}$ | $> \frac{1}{3}V_{CC}$ | 不变 | 不变 |
| 1 | $< \frac{2}{3}V_{CC}$ | $< \frac{1}{3}V_{CC}$ | 1 | 截止 |
| 1 | $> \frac{2}{3}V_{CC}$ | $< \frac{1}{3}V_{CC}$ | 1 | 截止 |

想一想：555 电路的主要功能是什么，与基本 RS 触发器比较有什么特点？

## 7.3 施密特触发器

施密特触发器：具有回差电压特性，能将边沿变化缓慢的电压波形整形为边沿陡峭的矩形脉冲。

施密特触发器是一种特殊的双稳态电路。它要依赖外加触发信号来维持两个稳定状态，电路从一个稳态转换到另一个稳态是依靠外加信号电位的高低来触发，一旦外触发信号降到一定电平以下，电路立即恢复到初始的稳定状态，没有记忆功能。

施密特触发器可以用分立元件或运算放大器或电压比较器构成；也可用门电路构成，如图 7.4 所示。由于用 555 定时器构成施密特触发器很简单，其工作原理也简明，所以在实际应用中得以广泛应用。

### 7.3.1 用 555 定时器构成的施密特触发器

#### 1. 电路结构和工作原理

把$\overline{TR}$与 TH 的连接端作为电路信号的输入端，即可构成施密特触发器，如图 7.5（a）所示。

设输入端加入一个已知幅度大于$\frac{2}{3}V_{CC}$的三角波，如图 7.5（b）所示，现分析电路的工作过程。

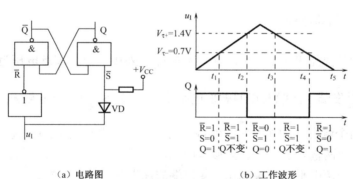

（a）电路图　　　　　　　（b）工作波形

图 7.4　门电路构成的施密特触发器

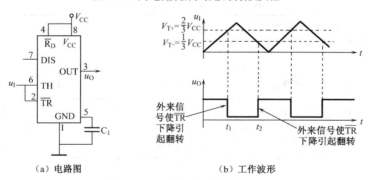

（a）电路图　　　　　　　（b）工作波形

图 7.5　555 构成的施密特触发器

（1）当输入 $u_I < \frac{1}{3}V_{CC}$ 时，即 $V_{\overline{TR}} = V_{TH} < \frac{1}{3}V_{CC}$，触发器置 1（Q = 1），而 $\overline{Q} = 0$ 使电路输出为高电平（$u_O = 1$），处于第一稳定状态。

（2）当输入上升到 $u_I \geqslant \frac{2}{3}V_{CC}$，即 $V_{\overline{TR}} = V_{TH} \geqslant \frac{2}{3}V_{CC}$，触发器置 0（Q = 0），输出为低电平（$u_O = 0$），处于第二稳定状态。

（3）当输入 $u_I$ 由最高值下降到 $u_I \leqslant \frac{1}{3}V_{CC}$（即 $t_4$ 时刻），触发器置 1，电路输出 $u_O$ 为高电平，即又回到第一稳态。如此循环，就得到图 7.5（b）所示的工作波形。

**2. 电压滞回特性和主要参数**

电压滞回特性：由上分析可见，施密特触发器能把三角波转换为矩形脉冲。当输入 $u_I$ 上升到 $V_{T+} = \frac{2}{3}V_{CC}$ 时，输出 $u_O$ 由高电平转为低电平；当输入 $u_I$ 下降到 $V_{T-} = \frac{1}{3}V_{CC}$ 时，输出 $u_O$ 由低电平返回到高电平，通常把 $V_{T+}$ 称为施密特触发器的上限阈值电压，把 $V_{T-}$ 称为下限阈值电压，将 $V_{T+}$ 与 $V_{T-}$ 之差称为回差电压 $\Delta V_T$，即 $\Delta V_T = V_{T+} - V_{T-}$。这种正向阈值电压 $V_{T+}$ 与负向阈值电压 $V_{T-}$ 不相等的现象称为回差现象。回差是施密特触发器固有的特性，称为回差特性。这一特性使其电压传输特性曲线出现一个回线，如图 7.6 所示。

显然，回差特性意味着输入电压在回差电压 $\Delta V_T$ 范围内变化对输出没有影响，因此可以防止输入端的噪声电压引起的误脉冲输出。回差越大，电路的抗干扰能力越强，但回差过大，触发灵敏度将变低。

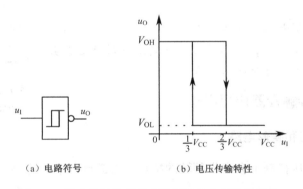

（a）电路符号　　　　（b）电压传输特性

图 7.6　施密特触发器的电路符号和电压传输特性

主要静态参数如下：

（1）上限阈值电压 $V_{T+}$ —— $u_I$ 上升过程中，输出电压 $u_O$ 由高电平 $V_{OH}$ 跳变到低电平 $V_{OL}$ 时，所对应的输入电压值。$V_{T+} = \frac{2}{3}V_{CC}$。

（2）下限阈值电压 $V_{T-}$ —— $u_I$ 下降过程中，$u_O$ 由低电平 $V_{OL}$ 跳变到高电平 $V_{OH}$ 时，所对应的输入电压值。$V_{T-} = \frac{1}{3}V_{CC}$。

（3）回差电压 $\Delta V_T$。回差电压又叫滞回电压，定义为：

$$\Delta V_T = V_{T+} - V_{T-} = \frac{1}{3}V_{CC}$$

若在电压控制端 $V_C$（5 脚）外加电压 $V_S$，则将有 $V_{T+} = V_S$、$V_{T-} = V_S/2$、$\Delta V_T = V_S/2$，而且当改变 $V_S$ 时，它们的值也随之改变。

### 7.3.2　集成施密特触发器

施密特触发器可以由 555 定时器构成，也可以用分立元件和集成门电路组成。因为这种电路应用十分广泛，所以市场上有专门的集成电路产品出售，称之为施密特触发门电路。集成施密特触发器性能的一致性好，触发阈值稳定，使用方便。

图 7.7 是 CMOS 集成施密特触发器 CC40106（六反相器）的引线功能图，表 7.2 所示是其主要静态参数。

用施密特触发器构成的反相器即使输入信号变化缓慢，电路仍然能够输出很好的矩形波且带负载能力较强。

**表 7.2　集成施密特触发器 CC40106 的主要静态参数**　　　　（单位：V）

| 电源电压 $V_{DD}$ | $V_{T+}$ 最小值 | $V_{T+}$ 最大值 | $V_{T-}$ 最小值 | $V_{T-}$ 最大值 | $\Delta V_T$ 最小值 | $\Delta V_T$ 最小值 |
|---|---|---|---|---|---|---|
| 5 | 2.2 | 3.6 | 0.9 | 2.8 | 0. | 1.6 |
| 10 | 4.6 | 7.1 | 2.5 | 5.2 | 1.2 | 3.4 |
| 15 | 7.8 | 10.8 | 4 | 7.4 | 1.6 | 5 |

想一想：

（1）用施密特触发器实现的反相器与 TTL 非门适用范围有何不同？

（2）施密特触发器如果外来高电压信号瞬间撤走，即输入电压从高电平跳变为低电平，电路是否能保持原来的状态？其稳态的维持是否需要输入电平的保持来实现？

图 7.7　集成施密特触发器 CC40106 外引线功能图

### 7.3.3　施密特触发器应用举例

#### 1. 用作接口电路和整形电路

利用触发器在电压控制下会发生翻转的特点，可进行电平的转换，给后级电路输出电平适合的脉冲信号。

（1）将缓慢变化的输入信号转换为符合 TTL 系统要求的脉冲波形，如图 7.8（a）所示。

（2）也可把不规则的输入信号整形为矩形脉冲，如图 7.8（b）所示。

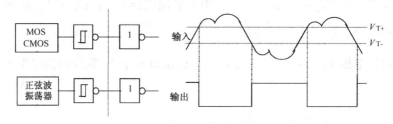

（a）具有整形作用的 TTL 系统接口　　　　（b）脉冲整形电路的输入输出波形

图 7.8　施密特触发器的电平转换作用

## 2. 用于脉冲鉴幅

将幅值大于 $V_{T+}$ 的脉冲选出，如图 7.9 所示。

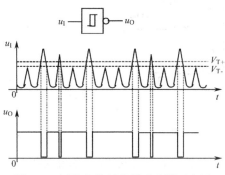

图 7.9　用施密特触发器鉴别脉冲幅度

想一想：能否举例说明施密特触发器在其他电路中的应用。

# 7.4　单稳态触发器

单稳态触发器：有一个稳定状态和一个暂稳状态；在外来触发脉冲作用下，能够由稳定状态翻转到暂稳状态；暂稳状态维持一段时间后，将自动返回到稳定状态。

单稳态触发器在数字系统和装置中一般用于定时（产生一定宽度的脉冲）、整形（把不规则的波形转换成等宽、等幅的脉冲）以及延时（将输入信号延迟一定的时间之后输出）等。

单稳态触发器可用普通门电路构成，如图 7.10 所示，图（a）是微分型单稳态触发器，图（b）是积分型单稳态触发器；也有专用的集成单稳态触发器，而使用 555 定时器构成的单稳态触发器，其显著特点是暂态时间可调范围大，若采用性能良好的定时电容 C，其暂态时间可长达数分钟甚至十几分钟，因此常用于延时时间较长的场合。

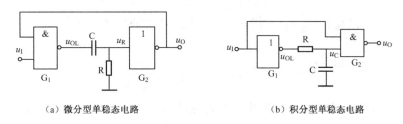

（a）微分型单稳态电路　　　　　　　　　（b）积分型单稳态电路

图 7.10　门电路构成的常用单稳态触发器

## 7.4.1　采用 555 定时器的单稳态触发器

### 1. 电路结构和工作原理

图 7.11 所示是采用 555 定时器构成的单稳态触发器。图中 R、C 为外接定时元件，$C_1$

是旁路电容，防止干扰串到 $V_C$ 端，输入触发信号加在 $\overline{\text{TR}}$ 端。其工作过程如下。

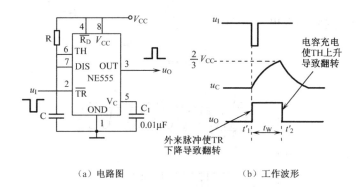

（a）电路图 　　　　　　　　（b）工作波形

图 7.11　555 构成单稳态触发器

（1）稳态。当接通 $V_{CC}$ 后，$V_{CC}$ 通过 R 向 C 充电，当电容电压上升到 $u_C = V_{TH} \geqslant \dfrac{2}{3} V_{CC}$ 时，输出端 $u_O$ 为低电平，且放电管 VT 导通，定时电容 C 通过 VT 放电，使 $u_C = 0$（即 $V_{TH} = 0$），电路输出 OUT 端为低电平，即 $u_O = 0$，电路处于稳态。

（2）暂稳态。当 $\overline{\text{TR}}$ 端输入信号 $u_1$ 负脉冲到，且幅度低于 $\dfrac{1}{3} V_{CC}$（即 $V_{\overline{TR}} < \dfrac{1}{3} V_{CC}$）时，电路输出端 OUT 为高电平，555 内部放电管 VT 截止，定时电容 C 开始充电，电路处于暂稳态。C 的充电回路为 $V_{CC} \rightarrow R \rightarrow C \rightarrow$ 地。充电时间常数 $\tau = RC$。当充电电压 $u_C$ 上升到 $\geqslant \dfrac{2}{3} V_{CC}$ 时，输出端 $u_O$ 为低电平，放电管导通，C 通过 VT 迅速放电，电路结束暂稳态，而且自动返回到触发前的稳态。电路输出从高电平跳变为低电平。完成了一次单稳态触发的全过程。一直维持至下一个负脉冲到来。其工作波形如图 7.11（b）所示。

**2. 主要参数估算**

（1）输出脉冲宽度 $t_W$。输出脉冲宽度 $t_W$ 就是暂稳态维持时间，也就是定时电容的充电时间。由图 7.11（b）所示电容电压 $u_C$ 的工作波形不难看出 $u_C(0^+) \approx 0V$，$u_C(\infty) = V_{CC}$，实际上升到最高电压 $u_C(t_W) = \dfrac{2}{3} V_{CC}$，代入 RC 过渡过程计算公式，可得：

$$t_W = \tau_1 \ln \frac{u_C(\infty) - u_C(0^+)}{u_C(\infty) - u_C(t_W)} = \tau_1 \ln \frac{V_{CC} - 0}{V_{CC} - \dfrac{2}{3} V_{CC}} = \tau_1 \ln 3 = 1.1 RC$$

上式说明，单稳态触发器输出脉冲宽度 $t_W$ 仅决定于定时元件 R、C 的取值，与输入触发信号和电源电压无关，调节 R、C 的取值，即可方便地调节 $t_W$。

（2）恢复时间 $t_{re}$。一般取 $t_{re} = (3 \sim 5) \tau$，即认为经过 3～5 倍的时间常数电容就放电完毕。

（3）最高工作频率 $f_{max}$。若输入触发信号 $u_1$ 是周期为 $T$ 的连续脉冲时，为保证单稳态触发器能够正常工作，应满足下列条件：

$$T > (t_W + t_{re})$$

即 $u_1$ 周期的最小值 $T_{min}$ 应为 $t_W + t_{re}$，即

$$T_{min} = t_W + t_{re}$$

因此，单稳态触发器的最高工作频率应为：

$$f_{max} = \frac{1}{T_{min}} = \frac{1}{t_W + t_{re}}$$

需要指出的是，在图 7.11 所示电路中，输入触发信号 $u_1$ 的脉冲宽度（低电平的保持时间），必须小于电路输出 $u_0$ 的脉冲宽度（暂稳态维持时间 $t_W$），否则电路将不能正常工作。因为当单稳态触发器被触发翻转到暂稳态后，如果 $u_1$ 端的低电平一直保持不变，那么 555 定时器的输出端将一直保持高电平不变。

解决这一问题的一个简单方法，就是在电路的输入端加一个 RC 微分电路，即当 $u_1$ 为宽脉冲时，让 $u_1$ 经 RC 微分电路之后再接到 $\overline{TR}$ 端。不过微分电路的电阻应接到 $V_{CC}$，以保证在 $u_1$ 下降沿未到来时，$\overline{TR}$ 端为高电平。

想一想：

（1）单稳态电路的工作过程和生活中接触到的不倒翁的原理是否有相通之处？

（2）自动楼梯灯在有人上楼梯时自动点亮，过一段时间后自动关闭。这是不是单稳态控制的电路，若是，触发信号是什么？

### 7.4.2  集成单稳态触发器

#### 1. TTL 集成单稳态触发器 74121 的逻辑功能和使用方法

图 7.12（a）是 TTL 集成单稳态触发器 74121 的逻辑符号，图 7.12（b）是工作波形图。该器件是在普通微分型单稳态触发器的基础上附加以输入控制电路和输出缓冲电路而形成的。它有两种触发方式：下降沿触发和上升沿触发。$A_1$ 和 $A_2$ 是两个下降沿有效的触发输入端，B 是上升沿有效的触发信号输入端。

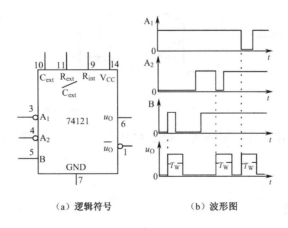

（a）逻辑符号　　　　　（b）波形图

图 7.12　集成单稳态触发器 74121 的逻辑符号和波形图

$u_0$ 和 $\overline{u}_0$ 是两个状态互补的输出端。$R_{ext}/C_{ext}$，$C_{ext}$ 是外接定时电阻和电容的连接端，外接定时电阻 $R_{ext}$（阻值可在 $1.4 \sim 40\text{k}\Omega$ 之间选择）应一端接 $V_{CC}$（引脚 14），另一端接引脚

11。外接定时电容C（一般在10pF～10μF之间选择）一端接引脚10，另一端接引脚11即可。若C是电解电容，则其正极接引脚10，负极接引脚11。74121内部已经设置了一个2kΩ的定时电阻，$R_{int}$（引脚9）是其引出端，使用时只需将引脚9与引脚14连接起来即可，不用时则应让引脚9悬空。

表7.3是集成单稳态触发器74121的功能表，表中1表示高电平，0表示低电平，

**表7.3 集成单稳态触发器74121的功能表**

| 输　　入 | | | 输　　出 | | |
|---|---|---|---|---|---|
| $A_1$ | $A_2$ | B | $u_O$ | $\overline{u}_O$ | 工作特性 |
| 0 | × | 1 | 0 | 1 | |
| × | 0 | 1 | 0 | 1 | |
| × | × | 0 | 0 | 1 | 保持稳态 |
| 1 | 1 | × | 0 | 1 | |
| 1 | ⌐ | 1 | ⊓ | ⊔ | |
| ⌐ | 1 | 1 | ⊓ | ⊔ | 下降沿触发 |
| ⌐ | ⌐ | 1 | ⊓ | ⊔ | |
| 0 | × | ⌐ | ⊓ | ⊔ | 上升沿触发 |
| × | 0 | ⌐ | ⊓ | ⊔ | |

图7.13表明了集成单稳态触发器74121的外部元件连接方法，图（a）是使用外部电阻$R_{ext}$且电路为下降沿触发连接方式，图（b）是使用内部电阻$R_{int}$且电路为上升沿触发连接方式。

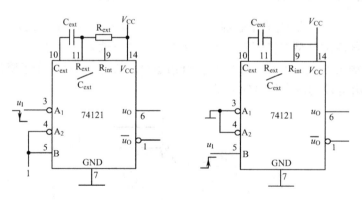

（a）使用外接电阻$R_{ext}$（下降沿触发）　　　（b）使用内部电阻$R_{int}$（上升沿触发）

图7.13　集成单稳态触发器74121的外部元件连接方法

### 2. 主要参数

（1）输出脉冲宽度$t_W$。

$$t_W = RC \cdot \ln2 \approx 0.7RC$$

使用外接电阻：　　　　　　　　$t_W \approx 0.7R_{ext}C$

使用内部电阻：　　　　　　　　$t_W \approx 0.7R_{int}C$

（2）输入触发脉冲最小周期$T_{min}$。

$$T_{min} = t_W + t_{re}$$

式中，$t_{re}$ 是恢复时间。

（3）周期性输入触发脉冲占空比 $q$。定义：

$$q = t_W/T$$

式中，$T$ 是输入触发脉冲的重复周期；

$t_W$ 是单稳态触发器的输出脉冲宽度。

最大占空比为：

$$q_{max} = t_W/T_{min} = \frac{t_W}{t_W + t_{re}}$$

74121 的最大占空比用 $q_{max}$ 表示，当 $R = 2k\Omega$ 时为 67%；当 $R = 40k\Omega$ 时可达 90%。不难理解，若 $R = 2k\Omega$ 且输入触发脉冲重复周期 $T = 1.5\mu s$，则恢复时间 $t_{re} = 0.5\mu s$，这是 74121 恢复到稳态所必需的时间。如果占空比超过最大允许值，电路虽然仍可能被触发，但 $t_W$ 将不稳定，也就是说 74121 不能正常工作，这也是使用 74121 时应该注意的一个问题。

**3. 关于集成单稳态触发器的重复触发问题**

集成单稳有不可重复触发型和可重复触发型两种。不可重复触发的单稳一旦被触发进入暂稳态以后，再加入触发脉冲不会影响电路的工作过程，必须在暂稳态结束以后，它才能接受下一个触发脉冲而转入下一个暂稳态，如图 7.14（a）所示。而可重复触发的单稳态在电路被触发而进入暂稳态以后，如果再次加入触发脉冲，电路将重新被触发，使输出脉冲再继续维持一个 $t_W$ 宽度，如图 7.14（b）所示。

74121、74221、74LS221 都是不可重复触发的单稳态触发器。属于可重复触发的触发器有 74122、74LS122、74123、74LS123 等。

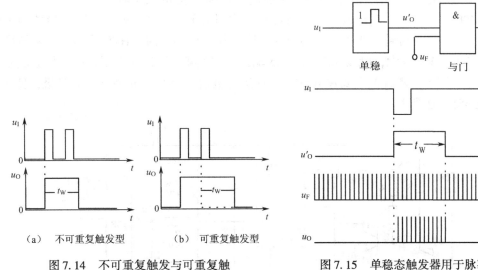

（a）不可重复触发型　（b）可重复触发型

图 7.14　不可重复触发与可重复触发型单稳态触发器的工作波形

图 7.15　单稳态触发器用于脉冲的延时与定时选通

有些集成单稳态触发器上还设有复位端（例如 74221、74122、74123 等）。通过复位端加入低电平信号能立即终止暂稳态过程，使输出端返回低电平。

### 7.4.3 单稳态触发器的应用

#### 1. 延时与定时

（1）延时。在图7.11中，$u_0$的下降沿比$u_I$的下降沿滞后了时间$t_W$，即延迟了时间$t_W$。单稳态触发器的这种延时作用常被应用于时序控制中。

（2）定时。在图7.15中，单稳态触发器的输出电压$u_0'$，用做与门的输入定时控制信号，当$u_0'$为高电平时，与门打开，$u_0 = u_F$，当$u_0'$为低电平时，与门关闭，$u_0$为低电平。显然与门打开的时间是恒定不变的，就是单稳态触发器输出脉冲$u_0'$的宽度$t_W$。

#### 2. 整形

单稳态触发器能够把不规则的输入信号$u_I$整形成为幅度和宽度都相同的标准矩形脉冲$u_0$。$u_0$的幅度取决于单稳态电路输出的高、低电平，宽度$t_W$决定于暂稳态时间。图7.16是单稳态触发器用于波形整形的一个简单例子。

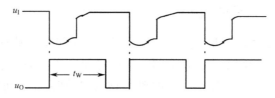

图7.16 单稳态触发器用于波形的整形

#### 3. 触摸、声控双功能延时灯

图7.17所示为一触摸、声控双功能延时灯电路。电路由电容降压整流电路、声控放大器、555触发定时器和控制器组成。具有声控和触摸控制灯亮的双功能。

555和$VT_1$、$R_3$、$R_2$、$C_4$组成单稳定时电路，定时时间$t_W = 1.1R_2C_4$，图示参数的定时（即灯亮）时间约为1分钟。当击掌声传至压电陶瓷片（HTD）时，HTD将声音信号转换成电信号，经$VT_2$、$VT_1$放大，触发555，使555输出端（3脚）输出高电平，触发导通晶闸管SCR，电灯亮；同样，若触摸金属片A时，人体感应电信号经$R_4$、$R_5$加至$VT_1$基极，使$VT_1$导通，触发555，达到上述效果。

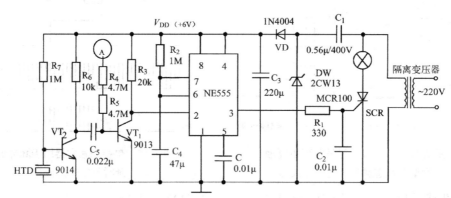

图7.17 触摸、声控双功能延时灯电路

想一想：你能否举例说明单稳态电路在其他电器中的运用？

## 7.5 多谐振荡器

多谐振荡器：用来产生矩形波（或方波）的电路，又称为脉冲发生器。

多谐振荡器是一种无稳态电路，它有两个暂时稳定的状态，又称为暂稳态。只要接通电源，无需外加触发信号，多谐振荡器便能自动输出一定频率和脉宽的矩形脉冲。由于矩形脉冲波含有丰富的多次谐波，所以习惯上又把矩形波振荡器称为多谐振荡器。

多谐振荡器同其他振荡器相似，电路含有放大电路和正反馈电路两个部分。所以它可以用三极管分立元件构成；可以用普通的运算放大器构成；也可以利用门电路工作在转折区的放大和反相作用，在电路中形成正反馈的特点，用集成门电路来构成多谐振荡器。图7.18所示的电路是用 RC 作为定时元件构成的门电路多谐振荡器，在频率的稳定度要求不高的场合常用到。其中图7.18（a）所示是典型的门电路多谐振荡器，图7.18（b）所示是实际应用中经常被用到的门电路多谐振荡器，图7.18（c）所示是容易起振的用施密特触发器和门电路一起构成的多谐振荡器。

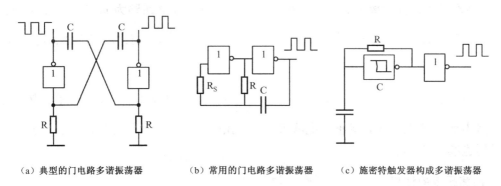

（a）典型的门电路多谐振荡器　　（b）常用的门电路多谐振荡器　　（c）施密特触发器构成多谐振荡器

图7.18　用门电路构成的多谐振荡器

### 7.5.1　用555定时器构成的多谐振荡器

#### 1. 电路组成及工作原理

用555定时器来构成多谐振荡器是555定时器典型的工作模式之一。如图7.19（a）所示的电路是555定时器常用的振荡器连接方法。图中 $R_1$、$R_2$、C 为外接定时元件。与555单稳态触发器相比不同的是，外触发端 $\overline{TR}$ 与 TH 连接在一起，取电容电压为信号，RC 回路再接入一个电阻 $R_2$。接通电源后不需外加触发信号，在输出端能得到矩形波。下面对照555定时器的逻辑状态表简要分析电路工作原理。

（1）第一暂稳态。合上电源瞬间，电容 C 来不及充电时，$u_C = 0$ 即 $V_{TR} = V_{TH}$ 都小于 $\frac{1}{3}V_{CC}$，输出端 OUT 为高电平，即 $u_0 = 1$。此时放电管截止，定时电容 C 被充电，充电回路

为 $V_{CC} \rightarrow R_1 \rightarrow R_2 \rightarrow C \rightarrow$ 地，充电时间常数 $\tau_1 = (R_1 + R_2)C$。$u_C$ 按指数规律上升。电路处于第一暂稳态。

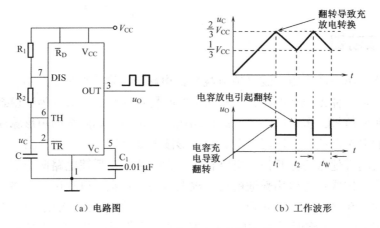

（a）电路图　　　　　（b）工作波形

图 7.19　555 构成的多谐振荡器

（2）第二暂稳态。当 $u_C$ 逐渐上升到 $\frac{2}{3}V_{CC}$ 时，即 $V_{\overline{TR}} = V_{TH} = \frac{2}{3}V_{CC}$，输出端 OUT 为低电平，第一暂态结束。此时放电管 VT 导通，电容 C 放电，放电回路为 $u_C \rightarrow R_2 \rightarrow VT \rightarrow$ 地，放电时间常数为 $\tau_2 = R_2C$。$u_C$ 按指数规律下降，在 $u_C$ 未下降到 $\frac{1}{3}V_{CC}$ 前，输出不变，电路处于第二暂态。

当 $u_C$ 下降到 $u_C < \frac{1}{3}V_{CC}$ 时，即 $V_{\overline{TR}} = V_{TH} < \frac{1}{3}V_{CC}$，输出端 OUT 为高电平，第二暂态结束，因为此时放电管 VT 截止。电容又开始充电……，其后重复上述过程，这样在输出端得到连续的矩形波。

**2. 振荡频率的估算**

（1）电容充电时间 $T_1$。电容充电时，时间常数 $\tau_1 = (R_1 + R_2)C$，起始值 $u_C(0^+) = \frac{1}{3}V_{CC}$，结束值 $u_C(\infty) = V_{CC}$，转换值 $u_C(T_1) = \frac{2}{3}V_{CC}$，带入 RC 过渡过程计算公式进行计算：

$$T_1 = \tau_1 \ln \frac{u_C(\infty) - u_C(0^+)}{u_C(\infty) - u_C(T_1)} = \tau_1 \ln \frac{V_{CC} - \frac{1}{3}V_{CC}}{V_{CC} - \frac{2}{3}V_{CC}}$$

$$= \tau_1 \ln 2 = 0.7(R_1 + R_2)C$$

（2）电容放电时间 $T_2$。电容放电时，时间常数 $\tau_2 = R_2C$，起始值 $u_C(0^+) = \frac{2}{3}V_{CC}$，结束值 $u_C(\infty) = 0$，转换值 $u_C(T_2) = \frac{1}{3}V_{CC}$，带入 RC 过渡过程计算公式进行计算：

$$T_2 = 0.7R_2C$$

（3）电路振荡周期 $T$。

$$T = T_1 + T_2 = 0.7(R_1 + 2R_2)C$$

（4）电路振荡频率 $f$。

$$f = \frac{1}{T} \approx \frac{1.43}{(R_1 + 2R_2)C}$$

（5）输出波形占空比 $q$。

定义：$q = T_1/T$，即脉冲宽度与脉冲周期之比，称为占空比。

$$q = \frac{T_1}{T} = \frac{0.7(R_1 + R_2)C}{0.7(R_1 + 2R_2)C} = \frac{R_1 + R_2}{R_1 + 2R_2}$$

想一想：多谐振荡器的工作需要外来脉冲触发吗？电路能自动翻转主要是由于电路中加入了什么元件？

### 3. 占空比可调的多谐振荡器电路

在图 7.19 所示电路中，由于电容 $C$ 的充电时间常数 $\tau_1 = (R_1 + R_2)C$，放电时间常数 $\tau_2 = R_2C$，所以 $T_1$ 总是大于 $T_2$，$u_O$ 的波形不仅不可能对称，而且占空比 $q$ 不易调节。利用半导体二极管的单向导电特性，把电容 $C$ 的充电和放电回路隔离开来，再加上一个电位器，便可构成占空比可调的多谐振荡器，如图 7.20 所示。

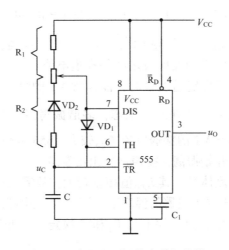

图 7.20　占空比可调的多谐振荡器

由于二极管的引导作用，电容 $C$ 的充电时间常数 $\tau_1 = R_1C$，放电时间常数 $\tau_2 = R_2C$。通过与上面相同的分析计算过程可得：

$$T_1 = 0.7R_1C$$

$$T_2 = 0.7R_2C$$

占空比为：

$$q = \frac{T_1}{T} = \frac{T_1}{T_1 + T_2} = \frac{0.7R_1C}{0.7R_1C + 0.7R_2C} = \frac{R_1}{R_1 + R_2}$$

只要改变电位器滑动端的位置，就可以方便地调节占空比 $q$，当 $R_1 = R_2$ 时，$q = 0.5$，$u_O$ 就成为对称的矩形波。

### 7.5.2 多谐振荡器应用实例

#### 1. 简易温控报警器

图 7.21 是利用多谐振荡器构成的简易温控报警电路，利用 555 定时器构成可控音频振荡电路，用扬声器发声报警，可用于火警或热水温度报警，电路简单，调试方便。

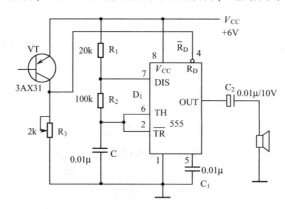

图 7.21　多谐振荡器用作简易温控报警电路

图 7.21 中晶体管 VT 可选用锗管 3AX31、3AX81 或 3AG 类，也可选用 3DU 型光敏管。3AX31 等锗管在常温下，集电极和发射极之间的穿透电流 $I_{CEO}$ 一般在 $10 \sim 50\mu A$，且随温度升高而增大较快。当温度低于设定温度值时，晶体管 VT 的穿透电流 $I_{CEO}$ 较小，555 复位端 $\overline{R_D}$（4 脚）的电压较低，电路工作在复位状态，多谐振荡器停振，扬声器不发声。当温度升高到设定温度值时，晶体管 VT 的穿透电流 $I_{CEO}$ 较大，555 复位端 $\overline{R_D}$ 的电压升高到解除复位状态之电位，多谐振荡器开始振荡，扬声器发出报警声。

需要指出的是，不同的晶体管，其 $I_{CEO}$ 值相差较大，故需改变 $R_3$ 的阻值来调节控温点。方法是先把测温元件 VT 置于要求报警的温度下，调节 $R_3$ 使电路刚发出报警声。报警的音调取决于多谐振荡器的振荡频率，由元件 $R_2$、$R_1$ 和 C 决定，改变这些元件值，可改变音调，但要求 $R_2$ 大于 $1k\Omega$。

#### 2. 步进脉冲产生电路

该电路用 555 电路构成多谐振荡器，利用跳线 J 连接不同的电容产生不同频率的脉冲信号输出，从而实现步进调节。

想一想：步进脉冲产生电路的输出脉冲频率有多少种？分别是多少？

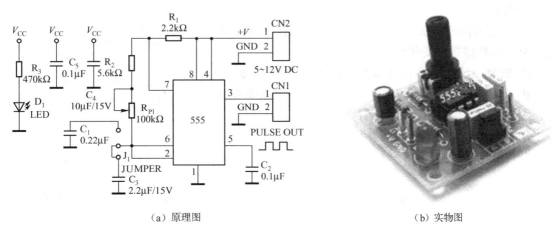

（a）原理图　　　　　　　　　　（b）实物图

图 7.22　步进脉冲产生电路

# 实训 7　时基电路

## 1. 实训目的

（1）掌握 555 时基电路的结构和工作原理，学会对此芯片的正确使用。

（2）学会分析和测试用 555 时基电路构成的多谐振荡器、单稳态触发器、施密特触发器等三种典型电路。

## 2. 实训仪器及材料

（1）双踪示波器。

（2）数字电路实验箱。

（3）器件。

| | |
|---|---|
| NE556，（或 LM556，5G556 等）双时基电路 1 片或 555 | 2 片 |
| 二极管 1N4148 | 2 只 |
| 电位器　22kΩ、1 kΩ | 2 只 |
| 电阻、电容 | 若干 |
| 扬声器 | 1 只 |
| KD-150 系列音乐集成块 | 1 个 |
| 小型无锁按键开关 | |
| 9013 型硅 NPN 三极管，要求 $\beta \geqslant 100$ | |

## 3. 实训内容

（1）555 时基电路构成的多谐振荡器。电路如图 7.23 所示。

① 按图接线。图中元件参数如下：

$R_1 = 15\text{k}\Omega$，$R_2 = 5.1\text{k}\Omega$，$C_1 = 0.33\mu\text{F}$，$C_2 = 0.047\mu\text{F}$

② 用示波器或指示灯观察并测量 OUT 端波形的频率，并与理论估算值比较，算出频率

的相对误差值。

③ 若将电阻改为 $R_1 = 15\text{k}\Omega$，$R_2 = 10\text{k}\Omega$，电容 C 不变，上述的数据有何变化？

④ 根据上述电路的原理，充电回路的支路是 $R_1 \rightarrow R_2 \rightarrow C_1$，放电回路的支路是 $R_2 \rightarrow C_1$，将电路略作修改，增加一个电位器 $R_W$ 和两个引导二极管，构成图 7.24 所示的占空比可调的多谐振荡器。

其占空比 $q$ 为：

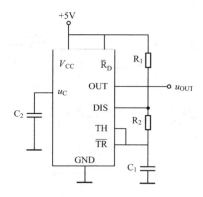

图 7.23 多谐振荡器电路

$$\frac{R_1}{R_1 + R_2}$$

改变 $R_W$ 的位置，可调节 $q$ 值。

合理选择元件参数？（电位器选用 22kΩ），使电路的占空比 $q = 0.2$，且正脉冲宽度为 0.2ms。

调试电路，测出所用元件的数值，估算电路的误差。

（2）555 定时器构成的单稳态触发器。实训电路如图 7.25 所示。

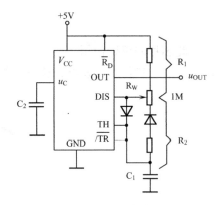

图 7.24 占空比可调的多谐振荡器电路

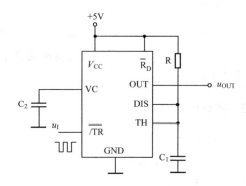

图 7.25 单稳态触发器电路

① 按图 7.24 接线，图中 $R = 10\text{k}\Omega$，$C_1 = 6200\text{pF}$，$u_I$ 是频率约为 10kHz 左右的方波时，用双踪示波器观察 OUT 端相对于 $u_I$ 的波形，并测出输出脉冲的宽度 $T_W$。

② 调节 $u_I$ 的频率，分析并记录观察到的 OUT 端波形的变化。

③ 若想使 $T_W = 10\mu\text{s}$，怎样调整电路？测出此时各有关的参数值。

（3）应用电路。

① 图 7.26 所示为用双时基芯片 556 的两个时基电路构成的低频对高频调制的救护车警铃电路。

a. 参考实训内容确定图 7.26 中未定元件参数。

b. 按图 7.26 接线，注意先不接扬声器。

c. 用示波器观察输出波形并记录。

d. 接上扬声器，调整参数到声响效果满意。

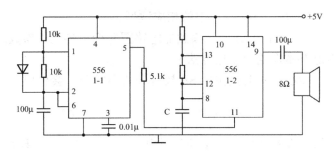

图 7.26　用时基电路组成警铃电路

② 图 7.27 所示是用 555 定时器构成音乐传花游戏机电路。这种电路按动键后，会产生音乐声，经一段时间后，音乐声停止，且音乐声保持时间可调，可取代击鼓来进行击鼓传花游戏。

a. 555 定时器的 3 脚先不与音乐集成块的 $V_{DD}$ 相连，接通电源，观察 LED 发不发光。

b. 按一下 SB 按键，随即松开，观察发光二极管 LED 的发光现象。若电路装焊正常，则当按下 SB 按键时，LED 将发光，经一段时间后，自动熄灭。否则，应检查电路是否存在安装焊接的错误。

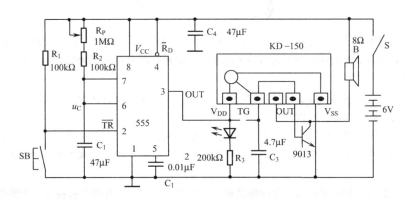

图 7.27　音乐传花游戏机电路

c. 长时间按压 SB 不放，观察 LED 的发光现象，想想原因。断开电源，把 555 定时器的 3 脚与音乐集成块的 $V_{DD}$ 相连。

d. 接通电源，按一下 SB 按键，正常时应见到 LED 发光，同时嗽叭发出音乐声，经一段时间后，LED 不再发光，喇叭不再发声。

调节 $R_W$ 的位置，观察发光二极管发光和喇叭发声的现象有何变化，想想原因。

（5）时基电路使用说明。556 定时器的电源电压范围较宽，可在 +5 ~ +16V 范围内使用（若为 CMOS 的 555 芯片则电压范围在 +3 ~ +18V 内）。

电路的输出有缓冲器，因而有较强的带负载能力，双极性定时器最大的灌电流和拉电流都在 200mA 左右，因而可直接推动 TTL 或 CMOS 电路，包括能直接推动蜂鸣器等器件。

本实训所使用的电源电压 $V_{CC} = +5V$。

**4. 实训报告**

（1）按实训内容各步要求整理实训数据。

（2）画出实训内容中（1）和（2）中的相应波形。

（3）画出实训内容中（3）最终调试满意的电路图并标出各元件参数。

（4）总结时基电路基本电路及使用方法。

（5）在音乐传花游戏机中长时间按压 SB 按键开关不放时，会出现什么情况？为什么？

### 5. 想想做做

（1）触摸自熄电路。在普通台灯上增加少量电子元件，可使台灯具有触摸自熄功能。使用时，只要用手摸一下台灯上的金属装饰件，台灯就能自动燃亮，几分钟后，它又自动熄灭。

触摸自熄电路如本章图 7.17 所示。为了保证使用者的绝对安全，$R_4$、$R_5$ 采用了高阻值电阻器，最好用 RJ-1/4W 型金属膜电阻器，$R_1$、$R_2$、$R_3$ 可用普通 RTS-1/8W 碳膜电阻器；其他元器件的选择见图示。

（2）简易电子琴电路。用 555 电路设计一个简易电子琴电路，当按压不同键时，会对应产生音乐中 1，2，3，4，5，6，7 的音调。

本章学习指导

（1）本章学习的重点是双稳态电路、单稳态电路、多谐振荡器和施密特电路的特点。重点介绍了 555 定时器的应用。本章的难点是对多谐振荡器的工作原理、施密特触发器的回差特性的理解以及对常用脉冲电路输出波形的分析。

（2）施密特触发器和单稳态触发器是最常用的两种脉冲整形电路。因为施密特触发器输出的高、低电平依赖输入信号的电平而改变，所以其输出脉冲的宽度由输入信号决定。由于它的回差特性和输出电平转换过程中的正反馈作用，所以输出波形的边沿陡峭。单稳态触发器输出信号主要参数是脉宽，其脉宽完全由电路参数决定，与输入信号无关。输入信号只起触发作用。因此，单稳态触发器可用于产生固定宽度的脉冲信号。

（3）多谐振荡器是一种常用的自激脉冲振荡电路。它没有稳态，只有两个暂稳态。无需外加输入信号，只要接通电源，就能自动产生矩形脉冲。其主要参数是重复周期。它主要用于脉冲信号源和电子自动开关等。

（4）555 定时器应用广泛，使用方便，除了构成单稳、多谐和施密特电路外，还可以接成其他各种应用电路。使用时应注意的是：CMOS 555/556 型在绝大多数场合可直接代替双极型 555/556 型使用，且多数参数得以改善。但 CMOS 型的驱动电流较双极型的要小，替换时必须注意查阅有关器件手册。

习 题 7

7.1 判断题（正确的在括号内打√，否则打×）

（1）单稳态触发器，外加信号触发后能保持一段暂稳态，所以这种电路具有记忆功能，即将触发信号保持一段时间。（ ）

（2）自激多谐振荡器与单稳态、施密特触发器的一个明显不同之处是多谐电路没有输入触发信号，所以电路没有输入端，只有输出端，其输出信号是一个标准的正弦信号。（ ）

（3）限幅器与施密特触发器都可以用来鉴幅，但前者只是简单地削掉不需要的部分，保留下所需要的波形；后者还能把保留的波形进行整形，输出边沿陡峭的矩形脉冲。（ ）

（4）触发器、多谐振荡器不能产生方波。（ ）

7.2 555 定时器具有哪些应用特点？

7.3 用集成电路 74121 产生脉宽为 3ms 的脉冲信号，如选 $R = 2k\Omega$ （内部电阻），试问外接电容 $C_{ext}$ 应取何值？

7.4 单稳态触发器对触发脉冲有无要求？如触发脉冲宽度大于单稳态触发器输出脉宽，试问电路会产生什么现象？应如何解决？

7.5 施密特触发器的主要用途是什么？其工作特点如何？它具有怎样的传输特性？

7.6 图 7.28 所示是由 555 定时器接成的单稳态触发器电路，试估算按下按键 SB 后的输出脉冲 $u_0$ 的宽度。

7.7 在图 7.29（a）所示施密特触发器 G 上加输入信号 $u_i$ 的波形，如图 7.38（b）所示。试对应 $u_1$ 画出输出信号 $u_0$ 的波形。

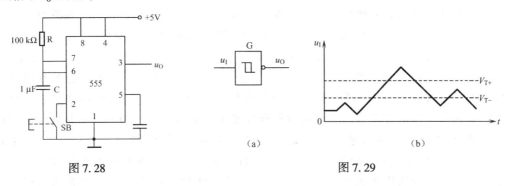

图 7.28　　　　　　　　　　图 7.29

7.8 如图 7.19（a）示的 555 定时器组成的多谐振荡器。当 $R_1 = 4.7k\Omega$，$R_2 = 4.7k\Omega$，$C = 0.1\mu F$ 时，试估算电路的振荡周期，画出 $u_C$ 和 $u_0$ 的波形。

7.9 要实现图 7.30 所示的 $u_{01} \rightarrow u_{02} \rightarrow u_{03}$ 的波形变换功能，对应的方框内应采用何种电路？

7.10 已知如图 7.5 所示定时器构成的施密特触发器，已知电源电压 $V_{CC} = 12V$，求：

（1）电路的 $V_{T+}$，$V_{T-}$ 和 $\Delta V_T$ 各为多少？

（2）如果输入电压波形如图 7.31，试画出输出 $u_0$ 的波形。

（3）若电压端接至 +6V，则电路的 $V_{T+}$，$V_{T-}$ 和 $\Delta V_T$ 各为多少？

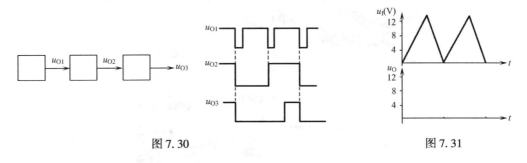

图 7.30　　　　　　　　　　图 7.31

7.11 555 定时器构成的单稳态电路。已知：$R = 3.9k\Omega$，$C = 1\mu F$，估算脉宽 $T_W$ 的数值。

7.12 用 555 定时器组成的多谐振荡器电路如图 7.19 所示。已知：$V_{CC} = 15V$，$R_1 = R_2 = 5k\Omega$，$C = C_1 = 0.01\mu F$。计算振荡器的振荡周期 $T$。

# 第8章 数/模、模/数转换

人们在生活中接触到的信号通常是模拟信号，如声音、图像、重量等。在电子与信息技术和计算机控制系统处理时，声音、图像、重量等信号通过检测电路获得的是模拟电信号（如通过麦克风把声音信号变成的电信号，摄像机把图像信号变成的电信号），这些模拟信号可以是直接的电量（如电压、电流等），也可以是来自传感器的非电量（如位移、压力、流量等）间接转换成的电量。而现代信息处理系统在分析和处理信息时往往运用数字处理技术（如计算机、激光音像设备、数字手机等），这就要求信息是数字信号。数字信号是指以二进制数为基础表示的量，在时间和幅度上都是离散的。为此，必须把检测到的模拟信号转变为相应的数字信号，实现这一功能的电路就是模/数（A/D）转换器（简称ADC）。另外，经数字电路或计算机系统分析处理后的结果还必须变成模拟电信号，才能利用一些模拟信号驱动的终端器件（如喇叭、显像管）转化成人们所熟悉的具体、形象的信号（如声音、图像等）。实现把数字信号转换成模拟信号的电路称为数/模（D/A）转换器（简称DAC）。图8.10所示DVD碟片的摄录和播放就是一个典型的内含ADC和DAC的例子。录像机拍摄到的信号和电视机播放的信号都是模拟信号，而存储数据的光盘上所存储的是数字信号。为此必须进行数/模转换和模/数转换。

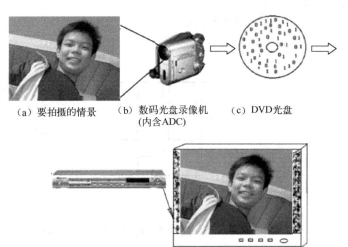

(a) 要拍摄的情景　　(b) 数码光盘录像机　　(c) DVD光盘
　　　　　　　　　　　 (内含ADC)

(d) DVD播放机（内含DAC）　　(e) 电视机

图8.1　DVD碟片的摄录和播放

通过本章的学习，应该掌握如下知识。

(1) 模/数转换和数/模转换的工作原理。

(2) R-2R倒T形电阻网络D/A转换器的工作原理。

（3）逐次比较型的 A/D 转换器的工作原理。

（4）模数转换和数模转换的主要参数。

（5）常用数模转换器的使用方法。

# 8.1 概述

模/数转换器（简称 A/D 转换器）：将模拟信号转换成数字信号的电路。

数/模转换器（简称 D/A 转换器）：将数字信号转换成模拟信号的电路。

A/D 转换器和 D/A 转换器已经成为计算机系统中不可缺少的接口电路。图 8.2 所示为利用 A/D 转换和 D/A 转换的数字系统。

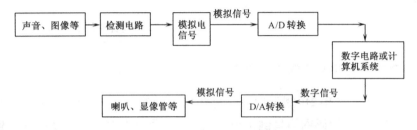

图 8.2　利用 D/A 转换、A/D 转换的系统

 想一想：你身边有哪些电子产品内需要 A/D 转换器和 D/A 转换器？

# 8.2 数/模（D/A）转换器

## 8.2.1 D/A 转换器的基本原理

把二进制数表示数字量的大小转换成相应模拟量的大小。

二进制数是用"0"、"1"代码按数位组合起来表示数字量大小，是有权码，每位代码都有一定的权值。为了将数字量转换成模拟量，必须将每 1 位的代码按其权的大小转换成相应的模拟量，然后将这些模拟量相加，即可得到与数字量成正比的总模拟量，从而实现了数字 – 模拟转换，这就是构成 D/A 转换器的基本思路。如 $[1010]_B$ 和 $[0101]_B$，$[1010]_B = [10]_D$，$[0101]_B = [5]_D$，前者比后者大一倍。我们希望，经 D/A 转换后，输入 $[1010]_B$ 时输出的模拟量比输入 $[0101]_B$ 时输出的模拟量大一倍。

图 8.3　D/A 转换器的
输入、输出关系框图

图 8.3 所示是 D/A 转换器的输入、输出关系框图，$D_0 \sim D_{n-1}$ 是输入的 $n$ 位二进制数，$u_o$ 是与输入二进制数成比例的输出电压。

图 8.4 所示是一个输入为 3 位二进制数时 D/A 转换器的转换特性，它具体而形象地反映了 D/A 转换器的基本功能。图中 D 表示输入的数码。

常用的数模转换器有电阻网络 D/A 转换器、一位（bit）数/模转换器。

## 8.2.2 电阻网络 D/A 转换器

图 8.5 是电阻网络 D/A 转换器的基本结构框图。图中，输入数字信号控制电阻网络，产生与该位的权值成正比的电流或电压；最后通过求加放大器将所得电流或电压相加，即得转换后的模拟电压输出。

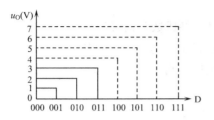

图 8.4 3 位 D/A 转换器的转换特性

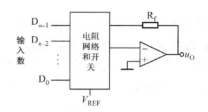

图 8.5 电阻 D/A 转换器基本结构框图

### 1. R-2R 倒 T 形电阻网络 D/A 转换器

下面介绍一种常见的 R-2R 倒 T 形电阻网络 D/A 转换器，其结构如图 8.6 所示。$S_0 \sim S_3$ 为模拟开关，R-2R 电阻解码网络呈倒 T 形，运算放大器 A 构成求和电路。$S_i$ 由输入数码 $D_i$ 控制。

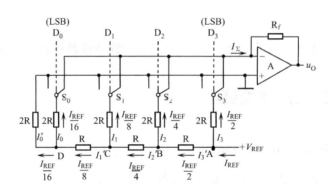

图 8.6 R-2R 倒 T 形电阻网络 D/A 转换原理

当 $D_i = 1$ 时，$S_i$ 接运放反相输入端（"虚地"），$I_\Sigma$ 流入求和电路。

当 $D_i = 0$ 时，$S_i$ 将电阻 2R 接地。

无论模拟开关 $S_i$ 处于何种位置，与 $S_i$ 相连的 2R 电阻均等效接"地"（地或虚地）。这样流经 2R 电阻的电流与开关位置无关，为确定值。A、B、C、D 任何一点对地的电阻都为 R（从左到右并联简化），如图 8.7 所示。

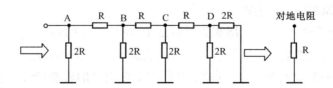

图 8.7 节点对地等效电阻

而从 A、B、C、D 点处向右看，两端网络等效电阻都是 2R，可知：

$$I_3 = I_3' = \frac{1}{2}I_{REF} = \frac{1}{2^1}I_{REF}$$

$$I_2 = I_2' = \frac{1}{2}I_3' = \frac{1}{4}I_{REF} = \frac{1}{2^2}I_{REF}$$

$$I_1 = I_1' = \frac{1}{2}I_2' = \frac{1}{8}I_{REF} = \frac{1}{2^3}I_{REF}$$

$$I_0 = I_0' = \frac{1}{2}I_1' = \frac{1}{16}I_{REF} = \frac{1}{2^4}I_{REF}$$

由于 A、B、C、D 任何一点对地电阻都为 R，所以，$I_{REF} = V_{REF}/R$。用 $S_3$、$S_2$、$S_1$、$S_0$ 表示开关的状态。开关 S 的状态是由输入二进制数码来决定的，即 $S_3S_2S_1S_0 = D_3D_2D_1D_0$。当 D = S =1 时，开关接运放反相输入端；当 D = S = 0 时，开关接地。则流入运算放大器反相端的总电流 $I_\Sigma$ 为：

$$I_\Sigma = I_3 + I_2 + I_1 + I_0 = \frac{V_{REF}}{R}\left(\frac{1}{2^1}D_3 + \frac{1}{2^2}D_2 + \frac{1}{2^3}D_1 + \frac{1}{2^4}D_0\right)$$

运算放大器的输出电压为：

$$u_0 = -R_f I_\Sigma = -\frac{R_f V_{REF}}{2^4 R}(D_3 \times 2^3 + D_2 \times 2^2 + D_1 \times 2^1 + D_0 \times 2^0) \tag{8-1}$$

若 $D_3D_2D_1D_0 = 1010$ 输入，则输出电压为 $-\frac{R_f V_{REF}}{2^4 R} \times 10$，若 $D_3D_2D_1D_0 = 0101$ 输入，则输出电压为 $-\frac{R_f V_{REF}}{2^4 R} \times 5$。可见输入 1010 时的输出电压的幅度是输入 0101 时输出电压幅度的 2 倍。

将数码推广到 $n$ 位的情况，可得出输入数字量与输出模拟量之间的一般表达式：

$$u_0 = -R_f I_{REF} = -\frac{V_{REF} R_f}{2^n R}(D_{n-1} \times 2^{n-1} + D_{n-2} \times 2^{n-2} + D_{n-3} \times 2^{n-3} + \cdots + D_0 \times 2^0) \tag{8-2}$$

上式括号内为 $n$ 位二进制数的十进制数值，可用 $N_B$ 表示。如果使式中 $R_f = R$，则式 8.2 可以改写为：

$$u_0 = -\frac{V_{REF}}{2^n}N_B \tag{8-3}$$

### 2. D/A 转换器的输出方式

D/A 转换器按输出方式来分又可分为：数字 – 电流型和数字 – 电压型，在 D/A 转换器手册中分别标为 I 和 U。常用的 D/A 转换器大部分都是数字 – 电流转换器，如实际应用时需要将电流转换成电压，就必须如图 8.5 所示外接运算放大器。

D/A 转换器有两种电压极性输出。根据式（8 – 3）可知，当输入 4 位二进制数时，输出电压范围是 $0 \sim -15/16V_{REF}$，这种输出方法称为单极性输出。当输入带有符号位的数字信号时，输出电压范围可以在正负电压间变化，如 $-10 \sim +10V$，这种输出方式称为双极性输出。

### 3. DAC 的主要性能指标

在选用 DAC 的关键是考虑参数能满足使用要求，最主要考虑的参数是转换精度和转换速度。

（1）转换精度。D/A 转换器的转换精度通常用分辨率和转换误差来描述。

① 分辨率。D/A 转换器模拟输出电压可能被分离的等级数。输入数字量位数越多，输出电压可分离的等级越多，即分辨率越高。所以分辨率是指对应于一个最低二进制数有效位（LSB）的模拟量的值。在实际应用中，往往用输入数字量的位数表示 D/A 转换器的分辨率。此外，D/A 转换器的分辨率也可以用能分辨的最小输出电压（此时输入的数字代码只有最低有效位为 1，其余各位都是 0）与最大输出电压（此时输入的数字代码各有效位全为 1）之比给出。$N$ 位 D/A 转换器的分辨率可表示为 $\dfrac{1}{2^n-1}$，它表示 D/A 转换器在理论上可以达到的精度。

② 转换误差。转换误差的来源很多，转换器中各元件参数值的误差、基准电源不够稳定和运算放大器的零漂的影响等。

D/A 转换器的绝对误差（或绝对精度）是指输入端加入最大数字量（全 1）时，D/A 转换器的理论值与实际值之差。该误差值应低于 $V_{LSB}/2$，即表示输出电压的误差低于输入为 00…01 时输出电压的一半。

例如，一个 8 位的 D/A 转换器，对应最大数字量 $[11111111]_B=[FF]_H$ 的模拟理论输出值为 $\dfrac{255}{256}V_{REF}$，$\dfrac{1}{2}V_{LSB}=\dfrac{1}{512}V_{REF}$，所以实际值不应超过 $\left(\dfrac{255}{256}\pm\dfrac{1}{512}\right)V_{REF}$。

在选择器件考虑转换精度时，习惯上就是考虑选择 DAC 的输入二进制数的位数。如要求分辨率为 1%，则选用 DAC 最少的位数为 7 位，因为 $\dfrac{1}{2^7-1}>1\%$；实际选用 8 位，因为常用的 DAC 为 8 位、10 位、12 位、16 位、24 位等等。

（2）转换速度。

① 建立时间（$t_{set}$）。指输入数字量变化时，输出电压变化到相应稳定电压值所需时间。一般用 D/A 转换器输入的数字量 $N_B$ 从全 0 变为全 1 时，输出电压达到规定的误差范围（$\pm V_{LSB}/2$）时所需时间表示。D/A 转换器的建立时间较快，单片集成 D/A 转换器建立时间最短可达 0.1μs 以内。

② 转换速率（SR）。大信号工作状态下模拟电压的变化率。选择器件考虑转换速率的因素主要由输出信号的最高频率决定。

（3）温度系数。在输入不变的情况下，输出模拟电压随温度变化产生的变化量，称为温度系数。一般用满刻度输出条件下温度每升高 1℃，输出电压变化的百分数作为温度系数。这一参数在要求有高稳定度输出时要考虑，如利用 DAC 产生高精度的的参考信号源时就必须考虑，而在一般要求的情况下不用考虑。

**4. 集成电阻网络 D/A 转换器的应用**

D/A 转换器在实际电路中应用很广，它不仅常作为接口电路用于微机系统，而且还可利用其电路结构特征和输入、输出电量之间的关系构成数控电流源、电压源、数字式可编程增益控制电路和波形产生电路等。

集成电阻网络 D/A 转换器有串行输入和并行输入两种形式。串行输入的 D/A 转换器数字量输入端仅有一条引线，数字量从高位到低位逐次一位输入，通过内置移位寄存器再转换成并行信号进行处理，它的工作速度相对较慢，但信号线很少，接口方便，适用于远距离数据传输，芯片有 12 位的 AD7543 等。这里以并行 8 位电流型 D/A 转换器 DAC0832 为例讨论集成 D/A 转换器的应用。

DAC0832 带有两个输入数据缓冲寄存器，是一种单电源（+5 ～ +15V）的 CMOS 型器件。其参考电压 $V_{REF}$ 可在–9 ～ +9V 范围内选择，转换速度约为 1μs。

DAC0832 的功能示意图和外引线示意图如图 8.8 所示。由于包含了数据寄存器，可被方便连接到总线中。当该芯片未被选中，即使输入线所连的总线数据发生变化，也不会影响输出结果。

（1）直通工作方式。如果同时使两个寄存器的控制器的控制信号都接有效电平，那么器件就呈直通状态，相当于无数据寄存器的 D/A 转换器。输入端数据一发生变化，输出模拟量随着发生变化。

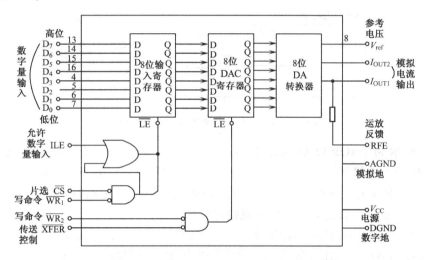

图 8.8　DAC 0832

（2）单缓冲工作方式。当只需要一级缓冲的情况时，可以把 $\overline{XFER}$ 和 $\overline{WR_2}$ 引脚直接接地，使 DAC 寄存器呈直通状态即可。还可以同步控制两个寄存器作一级缓冲使用，例如把 ILE 直接接高电平（5V 电源），把 $\overline{WR_1}$ 和 $\overline{WR_2}$ 相连再接微处理器的 $\overline{WR}$ 控制信号，把 $\overline{XFER}$ 与 $\overline{CS}$ 相连再接某个地址译码器的输出端（线选时就直接接某一根地址线）。

（3）双缓冲工作方式。当 ILE = 1，$\overline{CS} = \overline{WR_1} = 0$ 时，输入寄存器的输出跟踪输入的 8 位数据；当 ILE = 0 或 $\overline{CS}$、$\overline{WR_1}$ 两个信号由 0 变为 1 时，输入的 8 位数据就被锁存。

当 $\overline{XFER} = \overline{WR_2} = 0$ 时，DAC 寄存器的输出跟踪输入缓冲寄存器输出的数据；当这两个信号中至少有一个信号由 0 变为 1 时，DAC 寄存输出端的数据就被锁存。

因为第一级和第二级缓冲器分别要满足三个和两个信号电平要求才能锁存数据，所以偶然的输入干扰信号一般不会影响数据寄存的正确性，非常可靠。

DAC 0832 可实现单极性电压输出和双极性电压输出。

图 8.9 是一个单极性电压输出的电路原理图，根据数字量转换，得到的输出电流 $I_{OUT1}$ 通过运算放大器的反馈电阻 $R_{FB}$ 流向放大器的输出端，其输出电压为 $-I_{OUT1}R_{FB}$。

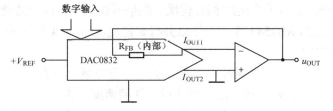

图 8.9　DAC0832 单极性电压输出电路图

图 8.10 是一个双极性电压输出电路原理图，其输出电压为：

$$U_{OUT} = V_{REF}(N_B - 128)/128$$

式中，$N_B$ 为 DAC 锁存器锁存的二进制数。

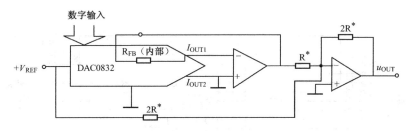

图 8.10　DAC0832 双极性电压输出电路图

图 8.11 所示为 DAC0832 的应用电路。该电路中，所有控制脚满足有效工作条件，DAC0832 工作于直通状态。$D_0 \sim D_7$ 是其数字信号输入端。数字信号输入以后，在 0832 内形成输入数字信号对应的十进制数字大小成正比的电流，此电流经反馈电阻从 9 脚输出，经运算放大器 LM324 进行一级放大后，从 b 点输出模拟电压。

图 8.11 中，若利用 8 位可逆计数器作为数字信号输入的信号源，在计数器加到全"1"时，用加/减控制电路复位使计数器进入减法计数状态，而当减到全"0"时，加/减控制电路置位，使计数器再次处于加法计数状态，如此周而复始，从输出端即可得到三角波。

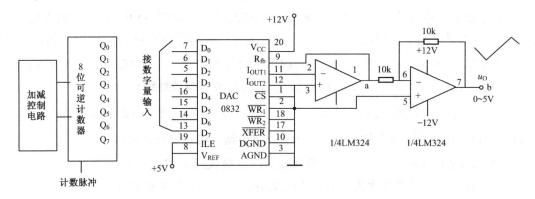

图 8.11　DAC0832 应用电路

想一想：要求输出电压的最大值为 10V，能分辨的最小电压为 10mV，则最少应选用多少位的 DAC？

### 8.2.3　1位D/A（数/模）转换器

1位D/A转换器：把数字量的大小转换成不同脉冲宽度或不同脉冲频率的一种转换器。

1位（bit）数/模转换器由于电路简单，失真小，内置数字滤波器，可以提高输出模拟信号的信噪比等原因，在音频DAC中应用得非常多。CD、VCD、DVD的音频DAC大多采用这一类芯片。在D/A转换器手册中通常以$\Delta-\Sigma$作标记。

利用PWM（脉冲宽度调制）的1位D/A转换器的转换波形示意图见图8.12所示。图中PWM的作用是把输入数字信号转换成频率固定、但脉宽与输入数据大小成正比的脉冲串，即用脉宽来代表数据的大小。再通过低通积分滤波器取出与其脉宽成正比的平均直流成分，得到模拟信号。它们之间的关系是：输入数字信号的大小决定脉宽的宽窄，而脉宽的宽窄又决定输出模拟信号的幅度，最终实现数/模转换器的功能。

图8.12　1位D/A转换波形图

常见的1位DAC芯片有16/20位的PCM1710U、16位的SM5875BM、20位的AK4320等。这类芯片的数据（DATA）大多以串行的方式输入，但与串行输入的电阻网络D/A转换器的工作原理不同。

# 8.3　模/数（A/D）转换器

## 8.3.1　A/D转换器的基本原理

### 1. A/D转换原理

A/D转换步骤分为：采样、保持、量化和编码。如图8.13所示。

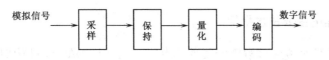

图8.13　A/D转换步骤

（1）采样和保持。采样的作用是把在时间上连续的输入模拟信号$u_1$转换成在时间上断续的信号，输出脉冲波的包络仍反映输入信号幅度的大小。为了能准确地反映输入信号的信息，根据取样定理，采样信号的频率$f_s$和输入模拟信号的最高频率$f_{imax}$之间必须满足下述条件：

$$f_s \geqslant 2f_{imax} \tag{8-4}$$

式（8-4）通常称为奈奎斯特取样定理。

因为每次把取样电压转换为相应的数字量都需要一定的时间，所以在每次取样以后，必须把取样电压保持一段时间。可见，进行A/D转换时所用的输入电压，实际上是每次取样结束时的$u_1$值。经取样保持后的波形见图8.14中的细虚线波形。$S(t)$表示取样信号。

（2）量化和编码。数字信号不仅在时间上是离散的，而且在数值上的变化也不是连续的。这就是说，任何一个数字量的大小，都是以某个最小数量单位的整倍数来表示的。因此，在用数字量表示取样电压时，也必须把它化成这个最小数量单位的整倍数，这个转化过程就叫做量化。所规定的最小数量单位叫做量化单位，用 $S$ 表示。如图 8.14（b）中与横轴平行的两线之间表示一个最小量单位，用 $S$ 表示，量化结果如图 8.14（c）中的粗线。数字信号最低有效的 1 所对应模拟量的大小就等于 $S$，图 8.14 中为 $S = 1$（mV）。

由于模拟电压是连续的，所以就不一定能被 $S$ 整除，因而不可避免引入误差，通常将其称为量化误差。量化误差是进行模/数转换必然存在的误差。从图 8.14 可见，量化后的波形与输入波形形状并不相同，但还是能够反映输入信号的变化规律。

编码是把量化的数值用二进制代码表示，如图 8.14（d）所示，用 3 位二进制代码表示一位量化后的数值。把编码后的二进制代码输出就得到 A/D 转换的输出信号，

对同一正弦波，若 $S$ 越小，误差将越小，编码时所需二进制代码的位数就越多，对器件性能要求也越高。

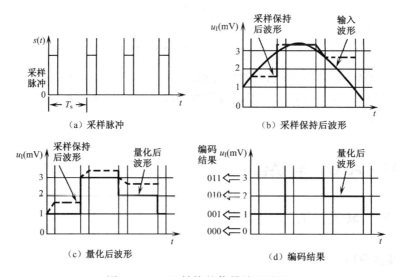

图 8.14　A/D 转换的信号处理过程

### 2. A/D 转换器的主要技术指标

选用 ADC 的关键是考虑参数能满足使用要求，与选用 DAC 器件相似，最主要需考虑的参数是转换精度和转换速度。

（1）分辨率。A/D 转换器的分辨率是以输出数字量的位数来表示，位数越多，量化单位越小，要求输入信号的分辨率就越高。

（2）转换速度。A/D 转换器的转换速度可用转换时间表示。转换时间指从接收到转换控制信号开始，到得到稳定的数字信号输出所经历的时间。

**例 8.1**　某信号采集系统要求用一片 A/D 转换集成芯片在 1s（秒）内通过信号选择器对 20 个热电偶的输出电压分时轮流进行 A/D 转换。已知热电偶输出电压范围为 0 ~ 0.025V（对应于 0℃ ~ 400℃温度范围），需要分辨的温度为 0.1℃，试问应选择多少位的 A/D 转换器？其转换时间为多少？

**解**：对于从 0℃~400℃温度范围，信号电压范围为 0~0.025V，分辨的温度为 0.1℃，这相当于 $\frac{0.1}{400}=\frac{1}{4000}$ 的分辨率。12 位 A/D 转换器的分辨率为 $\frac{1}{2^{12}}=\frac{1}{4096}$，所以必须选用 12 位的 A/D 转换器。

系统的取样速率为每秒 20 次，取样时间为 50ms。由于取样时间长，基本上所有类型的 A/D 转换器都可以达到。

**想一想**：要求把音频信号转换为数据信号，设音频的频率范围为 0~22kHz，则应要求 ADC 最低转换速率是多少？ADC 转换位数与音频的信噪比有没有关系？

### 3. A/D 转换器的分类、特点及应用

A/D 转换器大致可以分成并行比较型、逐次逼近型和积分型，各自特点和应用见表 8.1。在实际应用中，应从系统数据总的位数、精度要求、输入模拟信号的范围及输入信号极性等方面综合考虑 A/D 转换器的选用。

表 8.1　A/D 转换器的分类、特点及应用

| 分　类 | 特　点 | 应　用 |
|---|---|---|
| 并行比较型 | 速度最快，但设备成本较高，精度也不易做高 | 数字通信技术和高速数据采集技术 |
| 逐次逼近型 | 工作速度中等，精度也较高，成本较低 | 中高速数据采集系统、在线自动检测系统、动态测控系统 |
| 积分型 | 精度可以做得很高，有滤波作用，抗干扰性能很强，速度很慢 | 数字仪表（数字万用表、高精度电压表）和低速数据采集系统 |

## 8.3.2　逐次逼近型 A/D 转换器

### 1. 逐次逼近型 A/D 转换器原理

逐次逼近型 A/D 转换器的原理类似于一架平衡天平。它是用一系列的基本电压（如同天平所用的砝码）同要转换的电压（如同重物）进行比较，逐位（如同从大到小一个个地加砝码）确定转换成的各位数是 1 还是 0（如同根据天平的平衡情况确认砝码是拿走→视为 "0"，还是留在托盘→视为 "1"）。转换所得数据就是 A/D 转换的结果（如同所加砝码同重物重量相等时，砝码重量就是重物重量）。

图 8.15 是逐次逼近型 A/D 转换器原理框图。假设它是 3 位 A/D 转换器。它的工作步骤概括如下：

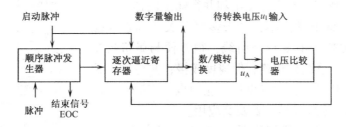

图 8.15　逐次逼近型 A/D 转换器的原理框图

（1）清零。当出现启动脉冲时，顺序脉冲发生器、逐次逼近寄存器全部清零，故 D/A 输出也为零。

（2）触发转换过程。当第一时钟脉冲到达时，顺序脉冲发生器最高位置 1，D/A 转换器输入为 100，输出电压 $u_A$ 为其满刻度的一半，它与输入电压进行比较，若 $u_A < u_I$，则逐次逼近寄存器把高位的 1 锁存（保留），否则不锁存（为 0）。然后顺序脉冲发生器把次高位置 1，此时输出为 110，它所转换的电压再与输入电压进行比较，若 $u_A < u_I$，则数据锁存器将第 2 位 1 锁存，否则不锁存，上述过程重复进行。

（3）等待转换过程的结束。当顺序脉冲发生器全部为 1 时，再来一个右移脉冲就作为 A/D 转换结束信号 EOC，逐次逼近寄存器的锁存结果就是 A/D 转换的结果。如果 A/D 转换位数为 $N$，则转换时间为 $N+1$ 个时钟脉冲。

（4）读取数字信号结果。把逐次逼近寄存器的锁存结果输出，就得到 A/D 转换后的数据量。

下面以表格说明。假设该 A/D 转换器所用 D/A 转换最大输出电压为 1.0V，设输入电压为 0.625V。3 位数码从左到右排列分别为高位、次高位、低位，若为 1 时所对应的电压值见表 8.2。

表 8.2　代码位置对应的电压值

| 二进制代码"1"所在位置 | 高　位 | 次　高　位 | 低　位 |
| --- | --- | --- | --- |
| 相对应电压值（V） | 0.5 | 0.25 | 0.125 |

逐次逼近过程分析见表 8.3。

表 8.3　逐次逼近过程分析

| 顺　序 | 顺序脉冲发生器数码 | 逐次逼近寄存器数码 | $u_A$（V） | 与输入电压比较结果 | 比较后逐次逼近寄存器锁存结果 |
| --- | --- | --- | --- | --- | --- |
| 启动脉冲 | 000 | 000 | | | |
| 时钟脉冲 1 | 100 | 100 | 0.5 | 0.625 > 0.5 | 100 |
| 时钟脉冲 2 | 110 | 110 | 0.75 | 0.625 < 0.75 | 100 |
| 时钟脉冲 3 | 111 | 101 | 0.625 | 0.625 = 0.625 | 101 |
| 时钟脉冲 4 | 输出 EOC | | | | 输出锁存结果 101 |

从表 8.3 中可见，当 0.625V 电压输入该 D/A 转换器，相应输出的数字信号从最高位到最低位排列是 101。

**2. 集成 A/D 转换器的应用**

A/D 转换器的数字量有串行输出和并行输出两种。串行的 D/A 转换器的引线非常简单，如带多路开关 2 通道 8 位 A/D 转换器 ADC0832 只有 8 根外引线，很方便与微机控制的串行总线（如 I$^2$C 总线）相连，但速度较慢；并行输出的 A/D 转换器外引线比较多，但速度快，应用也很广泛。下面我们以 ADC0804 介绍 A/D 转换器及其应用。

（1）ADC0804 引脚及使用说明。ADC0804 是 CMOS 集

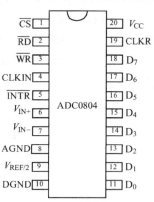

图 8.16　ADC0804 引脚图

成工艺制成的逐次比较型 A/D 转换器芯片，管脚如图 8.16 所示。分辨率为 8 位，转换时间为 $100\mu s$，输入电压范围为 $0\sim5V$，增加某些外部电路后，输入模拟电压可为 $\pm5V$。该芯片内有输出数据锁存器，当与计算机连接时，转换电路的输出可以直接连接到 CPU 的数据总线上，无需附加逻辑接口电路，其转换结果是否输出可由计算机输出控制。

ADC0804 引脚名称及意义如下：

$V_{IN+}$、$V_{IN-}$：ADC0804 的两模拟信号输入端，用以接收单极性、双极性和差模输入信号。

$D_7\sim D_0$：A/D 转换器数据输出端，该输出端具有三态特性，能与微机总线相连接。

AGND：模拟信号地。

DGND：数字信号地。

CLKIN：外电路提供时钟脉冲输入端。

CLKR：内部时钟发生器外接电阻端，与 CLKIN 端配合，可由芯片自身产生时钟脉冲，其频率为 $\dfrac{1}{1.1RC}$。

$\overline{CS}$：片选信号输入端，低电平有效，一旦 $\overline{CS}$ 有效，表明 A/D 转换器被选中，可启动工作。

$\overline{WR}$：写信号输入，接受微机系统或其他数字系统控制芯片的启动信号，低电平有效，当 $\overline{CS}$、$\overline{WR}$ 同时为低电平时，启动转换。

$\overline{RD}$：读信号输入，低电平有效，当 $\overline{CS}$、$\overline{RD}$ 同时为低电平时，可读取转换输出数据。

$\overline{INTR}$：转换结束输出信号，低电平有效。输出低电平表示本次转换已经完成。该信号常作为向微机系统发出的中断请求信号。

在使用 ADC0804 各引脚时应注意以下几点：

① 转换时序。ADC0804 控制信号的时序图如图 8.17 所示，由图可见，各控制信号时序关系为：当 $\overline{CS}$ 与 $\overline{WR}$ 同为低电平时，A/D 转换器被启动，且在 WR 上升沿后 $100\mu s$ 模/数转换完成，转换结果存入数据锁存器，同时 $\overline{INTR}$ 自动变为低电平，表示本次转换已结束。如 $\overline{CS}$、$\overline{RD}$ 同时为低电平，则数据锁存器三态门打开，数据信号送出，而在 $\overline{RD}$ 高电平到来后三态门处于高阻状态。

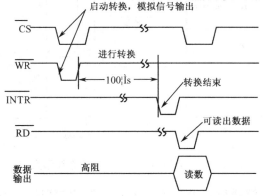

图 8.17　ADC0804 控制信号的时序图

② 零点和满刻度调节。ADC0804 的零点无需调整。满刻度调整时，先给输入端加入电压 $V_{IN+}$，使满刻度所对应的电压值是

$$V_{IN+} = V_{max} - 1.5\left[\frac{V_{max} - V_{min}}{256}\right]$$

式中，$V_{max}$ 是输入电压的最大值；

$V_{min}$ 是输入电压的最小值。

当输入电压 $V_{IN+}$ 值合适时，调整 $V_{REF}/2$ 端电压值使输出码为 $[11111110]_B$ 或 $[11111111]_B$。

③ 参考电压的调节。在使用 A/D 转换器时，为保证其转换精度，要求输入电压满量程使用。如输入电压动态范围较小，则可调节参考电压 $V_{REF}$，以保证小信号输入时 ADC0804 芯片 8 位的转换精度。

④ 接地。模/数、数/模转换电路中要特别注意地线的正确连接，否则干扰将很严重，以致影响转换结果的准确性。A/D、D/A 及取样－保持芯片上都提供了独立的模拟地（AGND）和数字地（DGND）。在线路设计中，必须将所有器件的模拟地和数字地分别相连，然后将模拟地与数字地仅在一点上相连接。地线的正确连接方法如图 8.18 所示。

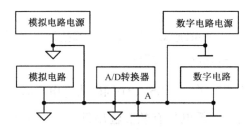

图 8.18  正确的地线连接

（2）ADC0804 的典型应用。在现代过程控制及各种智能仪器和仪表中，为采集被控（被测）对象数据以达到由计算机进行实时检测、控制的目的，常用微处理器和 A/D 转换器组成数据采集系统。单通道微机化数据采集系统的示意图如图 8.19 所示。

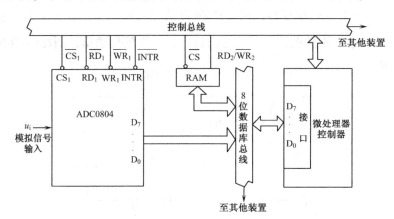

图 8.19  单通道微机化数据采集系统示意图

系统由微处理器、存储器和 A/D 转换器组成，它们之间通过数据总线（DBUS）和控制总线（CBUS）连接，系统信号采用总线传送方式。

现以程序查询方式为例，说明 ADC0804 在数据采集系统中的应用。采集数据时，首先微处理器执行一条传送指令，在指令执行过程中，微处理器在控制总线的同时产生 $\overline{CS_1}$、$\overline{WR_1}$ 低电平信号，启动 A/D 转换器工作，ADC0804 经 $100\mu s$ 后将输入模拟信号转换为数字信号存于输出锁存器，并在 $\overline{INTR}$ 端产生低电平表示转换结束，并通知微处理器可来取数。当微处理器通过总线查询到 $\overline{INTR}$ 为低电平时，立即执行输入指令，以产生 $\overline{CS_1}$、$\overline{RD_1}$ 低电平信号到 ADC0804 相应引脚，将数据取出并存入存储器中。整个数据采集过程中，由微处理器有序地执行若干指令完成。

想一想：ADC0804 的引脚可以分为哪几类？在使用时要特别要注意的是哪些引脚？

（3）串行模/数转换器 ADC0832 的应用。ADC0832 是一种串行的模/数转换器，在使用时，是配合微处理器使用。由微处理控制其是否进行模/数转换。图 8.20 中，是由单片机 AT89S51 输出电平去控制 ADC0832 的片选端 $\overline{CS}$ 电平，当 $\overline{CS}$ 为低电平时，通过 $D_1$ 端输入通道功能选择数据信号，选择是对通道 $CH_0$，还是 $CH_1$ 进行数/模转换，转换得到的数据从 $D_0$ 输出。由于 $D_0$ 和 $D_1$ 在通信时不是同时工作，它们与单片机的接口是双向传输，所以两者可并联在一根数据线上，分时工作。CPU 还从 CLK 端送时钟信号到 ADC0832。

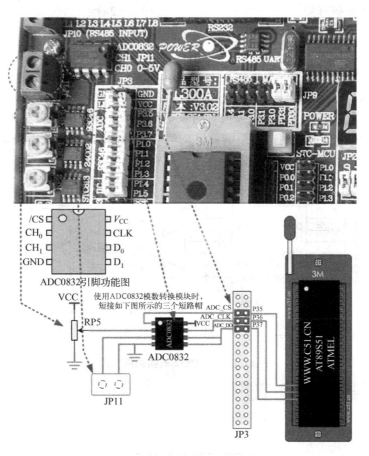

图 8.20　串行模/数转换器 ADC0832 的应用

## 实训 8　D/A、A/D 转换

### 1. 实训目的

（1）进一步理解 D/A、A/D 转换的原理，转换的方式及各自的特点。
（2）了解 D/A、A/D 集成芯片的结构、功能测试及应用。

### 2. 实训仪器及材料

（1）仪器：示波器。
（2）数字电子实训箱。
（3）材料：

| | | |
|---|---|---|
| DAC0832 | 8bit　D/A 转换 | 1 片 |
| ADC0809 | 8bit　逐次逼近式 A/D 转换器 | 1 片 |
| LM324 | 通用运算放大器 | 1 片 |
| 74LS74 | 双 D 触发器 | 1 片 |
| 74LS02 四或非门 | | 1 片 |
| 电阻：10kΩ 按钮开关 | | 2 个 |

### 3. 实训内容

（1）D/A 转换器实训。LM324 工作时，$V_{CC}$ 接 +12V，GND 接 -12V。D/A 转换器实训电路如图 8.21 所示。按图接好线，检查电路准确无误后接通电源。按表 8.4 在 DAC0832 的信号输入端 $D_0 \sim D_7$ 利用电平输出器输入相应的数字信号，分别用电压表测量各输入情况下对应的模拟输出电压 $u_O$，并将测试结果填入表 8.4，然后将输出电压按序号填入图 8.22 所示的波形图中。

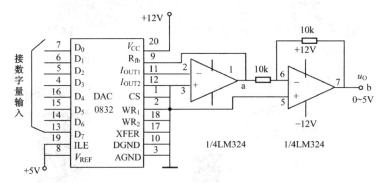

图 8.21　DAC0832 的实训接线图

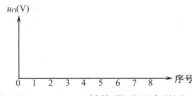

图 8.22　D/A 转换器测试波形图

表 8.4　DAC0832 的 $D_0 \sim D_7$ 输入的信号

| 序　号 | 数 字 输 入 | | | | | | | | 模拟电压输出（V） |
|---|---|---|---|---|---|---|---|---|---|
| | $D_7$ | $D_6$ | $D_5$ | $D_4$ | $D_3$ | $D_2$ | $D_1$ | $D_0$ | $u_O$ |
| 1 | 0 | 0 | 0 | 0 | 0 | 0 | 0 | 0 | |
| 2 | 0 | 0 | 0 | 0 | 0 | 0 | 0 | 1 | |
| 3 | 0 | 0 | 0 | 0 | 0 | 0 | 1 | 1 | |
| 4 | 0 | 0 | 0 | 0 | 0 | 1 | 1 | 1 | |
| 5 | 0 | 0 | 0 | 0 | 1 | 1 | 1 | 1 | |
| 6 | 0 | 0 | 0 | 1 | 1 | 1 | 1 | 1 | |
| 7 | 0 | 0 | 1 | 1 | 1 | 1 | 1 | 1 | |
| 8 | 0 | 1 | 1 | 1 | 1 | 1 | 1 | 1 | |

（2）A/D 转换器实训。A/D 转换器实训如图 8.23 所示。ADC0809 有 8 路输入通道，根据输入的 ABC 地址，就可以选择任意通道输入。其管脚与 ADC0804 基本相同，差异主要：A、B、C——地址信号；ALE——锁存信号，给该端加正脉冲，锁存 A、B、C 的地址；STA——转换开始启动端，正脉冲启动；OE——数据输出允许时，该端有一正脉冲输入时，可读出转换结果。

ADC0809 的读取方法有两种：一种是用延时方法，在启动转换开始后，延时 $150\mu s$ 左右（以 CLK 的频率取 640kHz 为例），再读取 $D_0 \sim D_7$ 的数据；另一种是检测 ADC0809 在转换结束时 EOC 端产生的脉冲信号，当检测到该信号为高电平时读取 $D_0 \sim D_7$ 的数据。本实训采用延时输出。

确保电路接线正确后接通电源。电路中，只要按动一下开关 K，相当于给 STA 一个正脉冲，就可以启动 ADC。由于实训箱不能提供 640kHz 的连续脉冲，此处提供 100kHz 的连续脉冲取代。由于实训所需转换速度要求不高，所以实训能正常进行。

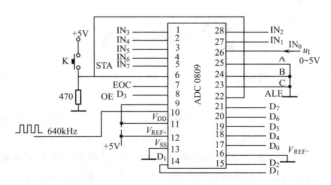

图 8.23　利用 ADC0809 实训接线图

按表 8.5 中模拟电压输入栏中的 $u_I$ 数值输入到 $IN_0$，观察发光二极管的发光情况，将结果记录在表 8.5 中。每次转换电压应该按一下开关 K，启动 DAC 工作。

表 8.5　A/D 转换器输入输出表

| 数 字 输 出 | | | | | | | | 模拟电压输入（V） |
| --- | --- | --- | --- | --- | --- | --- | --- | --- |
| $D_7$ | $D_6$ | $D_5$ | $D_4$ | $D_3$ | $D_2$ | $D_1$ | $D_0$ | $u_I$ |
| | | | | | | | | 0 |
| | | | | | | | | 0.5 |
| | | | | | | | | 1 |
| | | | | | | | | 2 |
| | | | | | | | | 2.5 |
| | | | | | | | | 3.5 |
| | | | | | | | | 4 |
| | | | | | | | | 4.5 |
| | | | | | | | | 5 |

另把输入电压加至 $IN_1$，观察发光二极管的发光情况，说明出现这种情况的原因。

### 4. 实训报告要求

（1）画出实训有关的波形与表格。

（2）说明 ADC 和 DAC 的作用。

（3）在 A/D 转换实训中，按图 8.22 的接法，把待转换电压从 $IN_1$ 输入，会出现什么现象？为什么？

### 5. 想想做做

用音乐集成电路输出的音乐信号作为 ADC0809 的输入信号，然后在 ADC0809 的八个数据输出端接发光二极管，同时输入到 DAC0832 的数据输入端，DAC0832 加电压放大器后其输出接喇叭，其余使能端满足各自的工作条件。DAC0832 的取样脉冲可由振荡分频集成电路 CD4060 产生，不同的分频输出不同取样频率的脉冲。观察指示灯的变化和喇叭输出声音的变化。特别注意取样脉冲改变时音质的变化。

 **本章学习指导**

（1）把数字信号转换成模拟信号的电路称为数/模（D/A）转换。它的主要指标有：分辨率、转换精度和转换时间。

（2）数/模转换器有电阻网络型和一位 D/A 转换器。电阻网络 D/A 转换器是把输入数据量转换成与之相对应数值大小成正比的电压或电流输出。书中介绍的 R-2RT 型网络 D/A 转换器只需两种阻值的电阻，易于集成化，应用较广。一位 D/A 转换器则是把输入数据量的大小转换成脉宽的宽窄，然后通过低通滤波器取出与脉宽成正比的平均直流成分，得到模拟信号。本章在数/模转换过程以 DAC0832 为例，讲述了 D/A 转换器的使用，在使用 D/A 转换器时，利用控制线可使芯片按要求进行工作。

（3）把模拟信号转换成数字信号的电路称为模/数（A/D）转换。它的主要指标有：分辨率和转换时间。模/数转换器的转换步骤是：采样、保持、量化、编码。在采样时，采样频率 $f_S$ 和输入信号最大频率 $f_{imax}$ 之间的关系是：$f_S \geqslant 2f_{imax}$。模/数转换器主要有并行比较型、逐次逼近型和双积分型。本章主要讲述了逐次逼近型的工作原理及其芯片 ADC0804 的应用。

 **习 题 8**

8.1 说出模/数转换和数/模转换的概念。

8.2 实现模/数转换要经过哪些过程？

8.3 图 8.6 中，若 $V_{REF} = -10V$，$R_f = R$，当输入数字量 $D_3D_2D_1D_0$ 分别为 1100 和 0110 时，求输出电压 $u_o$ 的值。

8.4 有一个 8 位 R-2RT 型电阻网络 D/A 转换器，若输入 $D_7 \sim D_0$ 为 00010100 时，输出电压 -1V，问输入为 00101000 时，输出电压应为多少伏？

8.5 有一个 8 位 D/A 转换器，要求输出电压在 0 ~ 10V 之间，问当 00000001 输入时，输出电压应为多少伏？

8.6 有一个 DAC 满刻度电压为 20V，需要在其输出端分辨出 0.1mV 的电压，试求至少需要多少位二进制数？

8.7 参考图 8.8，当使用 DAC0832 进行数/模转换时，在希望直通（即输入数字量直接得到模拟转换）的情况下，其控制线应如何相接？

8.8 1 位 DAC 转换器主要应用在哪一方面？简述其工作原理。

8.9 A/D 转换的步骤如何？在进行采样时，采样信号的频率 $f_S$ 和输入模拟信号的最高频率 $f_{imax}$ 之间应满足什么条件？

8.10 在进行 A/D 转换时，为什么说量化误差是无法消除的？而减小量化误差可采用什么方法？

8.11 A/D 转换器有几类？各有什么特点？适用于什么场合？

8.12 说明 V/F、F/V 的作用。

8.13 有一个 8 位二进制 D/A 转换器，$V_{REF} = 10V$。为保证 $V_{REF}$ 偏离标准值所引起的误差小于 $\frac{1}{2} V_{LSB}$，问允许 $V_{REF}$ 的最大变化量 $\Delta V_{REF}$ 是多少？$V_{REF}$ 的相对稳定度应为多少？

# 第9章　大规模集成电路及其应用

数字信息在运算或处理过程中，通常需要较长时间的存储。正是因为有了存储器，计算机才有了对信息的记忆功能。存储器的种类很多，前面介绍的寄存器是一种保存少量数值的存储器，本章主要介绍存储量比较大的存储器。数字光盘可以存储信息，计算机的硬盘可以存储数字信息，计算机的内存条、U盘、智能卡等可以存储信息。本章主要讨论半导体存储器。半导体存储器以其品种多、容量大、速度快、耗电省、体积小、操作方便、维护容易等优点，在数字设备中得到广泛应用。目前，数码相机、计算机的内存、显示存储器、智能家电控制系统等普遍采用了大容量的半导体存储器。

通过这一章的学习，可以掌握的知识有：

(1) 半导体存储器的类型。

(2) RAM 和 ROM 的特点。

(3) 掌握 RAM 和 ROM 的运用方法。

## 9.1　半导体存储器概述

半导体存储器：一种能存储大量二值数据的半导体器件。

在电子计算机以及其他数字系统的工作过程中，需要对大量的数据进行存储，这时会用到半导体存储器。

### 9.1.1　半导体存储器的分类

半导体存储器从存、取功能上可以分为只读存储器（Read-Only Memory，简称 ROM）和随机存储器（Random Access Memory，简称 RAM）两大类。两者最大的区别是，一旦存储器失去电源，RAM 中所有数据会丢失而 ROM 不会。例如，电视机中保存频道信息的存储器是 ROM，所以只要预先调谐好频道，以后不用每次开机都重新调谐；计算机的内存是 RAM，如果修改文件时没有及时把修改过的信息保存到硬盘中，一旦忽然断电，那么对文件所做的修改都将消失。

从输入/输出方式来分，可以分成串行和并行的方式。串行方式常常配合 $I^2C$ 串行总线（使用两线：时钟线 SCL 和数据线 SDA，其中时钟线用于产生时钟节拍信号，数据线用于读/写数据）和三串行总线（片选线 CS、时钟线 SK，串行数据线 DI/DO）的形式使用。串行存储器的外接线非常少，如配合 $I^2C$ 串行总线使用的存储器 24LC×× 系列的引线总共只有 8 根，但它的传输速度较慢。并行方式传输速度快，但数据线和地址线数较多，外接线比较复杂。下面以并行存储器件为例进行介绍。

### 9.1.2 存储器的主要指标

存储器对数据的存储能力类似于学生公寓供学生住宿的能力。学生公寓有多间房，各个房间有不同的房号，每间房间住宿着一定数量的学生。存储器内分成很多存储单元，每一个存储单元有固定的地址，并存储固定数量的数据。存储器的主要指标如下。

#### 1. 存储器容量

存储器容量是反映存储器存储能力的指标，它是指存储器中存储二进制位数的总数。

存储器的基本存储单位相当于一个触发器，只能存储 1 位（bit）二进制数。在计算机系统中，数据总线通常是多位二进制数，如 4 位、8 位、16 位等。由多个基本存储单位构成单元组，称为地址单元（又称为字单元）。为了识别各个存储地址单元，每一地址单元有一固定的地址与之对应。存储器容量就是地址总数和每一地址单元所存储位数（字长）的乘积。设存储器有 $n$ 根地址线，有 $m$ 根数据输出线，则根据其共有 $2^n$ 种不同的地址，每一地址单元存储 $m$ 位二进制数，可计算出其最大容量为：

$$容量 = 2^n \times m (\text{bit})$$

通常把 8 位二进制数称为 1 个字节（Byte）。由于存储器中存储单元的数目很大，习惯上将 $2^{10} = 1024$ 个存储单元称为 1K，$2^{20} = 1024\text{K} = 1\text{M}$，$2^{30} = 1024\text{M} = 1\text{G}$。

例如，并行存储器有 11 根地址线，8 根数据线（8 位输出），它的容量就是 $2^{11} \times 8 = 2\text{K} \times 8 = 16\text{Kbit}$，又可称为 2KB，习惯上还记作 $2\text{K} \times 8$ 位。对应的地址范围用二进制数表示为 00000000000B～11111111111B，用十六进制数表示为 000H～7FFH。

#### 2. 存取时间

存取时间是反映存储器性能的一个重要指标。存取时间是指存储器从接收到寻址信号到读/写数据为止的时间。存储器的读过程通常要比写过程快。存取时间的快慢对应于存储器工作速度的快慢。通常存储器的工作速度都是以纳秒（$10^{-9}$ s）数量级工作。

想一想：在安装计算机中购买内存条（内存条是存储器的一种），除了要考虑容量大小外，还要考虑什么？

## 9.2 存储器的结构和工作原理

### 9.2.1 存储器的结构

存储器的电路结构框图如图 9.1 所示。存储器的电路结构包含存储矩阵、地址译码器、存储器读/写控制和输出缓冲器。

地址译码器的作用是把 $n$ 根地址线译码成 $2^n$ 条字线输出，根据地址去选择相应的存储单元，读出其所存储的数据。存储矩阵的作用是存放大量的数据存储矩阵，若每个地址单元中存放 $m$ 位二进制数，则其存储量为 $2^n \times m$；$m$ 也是输入/输出数据线（又称为 I/O 口或位线）的数量。

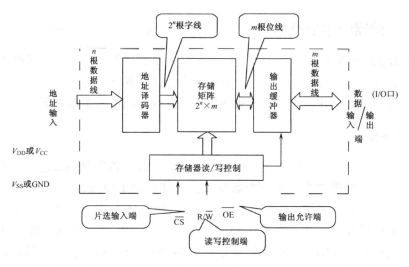

图 9.1　存储器的电路结构

存储器读/写控制首先利用片选端$\overline{CS}$（有些芯片标$\overline{CE}$）来确定芯片是被选中处于正常工作，还是未被选中不工作。未选中时，输入/输出端处于高阻状态。

由于有些存储器是可读可写的，所以数据线可以实现双向传送。但存储器工作于读还是写状态，则由读写控制端控制。读写控制端 R/$\overline{W}$（有些芯片标$\overline{WE}$、或编程控制端PGM；有些存储器只能读出数据不能写入数据，则没有写控制端）决定该存储器处于写入数据还是读出数据的工作状态，即数据的传输方向。

输出缓冲器的通常由三态门或 OC 门组成，所以利用读出允许端$\overline{OE}$控制其数据是否可以从存储器输出。此处$\overline{OE}$表示低电平有效，在正常读写数据时，该端应为有效电平。

存储器的外引线有以下几类：地址线、数据线、控制线和电源线。不同型号存储器的控制线的名称略有差异，但功能基本一致。在相同的数据线条件下，存储量越大的存储器，其地址线数会相应增加。

### 9.2.2　存储器的工作原理

以一个 $2^2 \times 4$ 的存储器为例进行说明。它有二根地址线 $A_1$、$A_0$，四根数据线 $D_3 \sim D_0$，其模拟结构如图9.2和图9.3所示。二根地址线有四种地址组合，假设对应输出数据如表9.1所列。

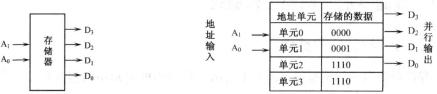

图9.2　$2^2 \times 4$ 存储器的模拟结构一　　　　图9.3　$2^2 \times 4$ 存储器的模拟结构二

不同的 $A_1$、$A_0$ 组合就选中不同的数据单元。如 $A_1 A_0 = 10$，则选中数据单元 2，输出单元 2 存储的数据 $D_3 D_2 D_1 D0 = 1110$。

不同种类的存储器工作原理是一样的，只不过保存二进制数据的存储单元结构不同。

表 9.1　$2^2 \times 4$ 存储器的数据表

| 地　　　址 | | 数　　　据 | | | |
|---|---|---|---|---|---|
| $A_1$ | $A_0$ | $D_3$ | $D_2$ | $D_1$ | $D_0$ |
| 0 | 0 | 0 | 0 | 0 | 0 |
| 0 | 1 | 0 | 0 | 0 | 1 |
| 1 | 0 | 1 | 1 | 1 | 0 |
| 1 | 1 | 1 | 1 | 1 | 0 |

### 9.2.3　存储器的工作时序

为保证存储器准确无误的工作，加到存储器上的地址、数据和控制信号必须遵守几个时间边界条件。

控制线如图 9.1 所示，图 9.4 给出了存储器读出过程的定时关系。读出操作过程如下：

（1）欲读出单元的地址加到存储器的地址输入端。

（2）加入有效的片选信号 $\overline{\text{CS}}$。

（3）在 R/$\overline{\text{W}}$ 线上加高电平，经过一段延时后，所选择单元的数据出现在 I/O 端，此时数据线上的数据为有效读出数据。

（4）让片选信号 $\overline{\text{CS}}$ 无效，I/O 端呈高阻态，本次读出过程结束。

由于地址缓冲器、译码器及输入/输出电路存在延时，在地址信号加到存储器上之后，必须等待一段时间 $t_{\text{AA}}$，数据才能稳定地传输到数据输出端，这段时间称为地址存取时间。如果在 ROM 的地址输入端已经有稳定地址的条件下，加入片选信号，从片选信号有效到数据稳定输出，这段时间间隔记为 $t_{\text{ACS}}$。显然在进行存储器读操作时，只有在地址和片选信号加入，且分别等待 $t_{\text{AA}}$ 和 $t_{\text{ACS}}$ 以后，被读单元的内容才能稳定地出现在数据输出端，这两个条件必须同时满足。图 9.4 中 $t_{\text{RC}}$ 为读周期，它表示该芯片连续进行两次读操作必需的时间间隔。

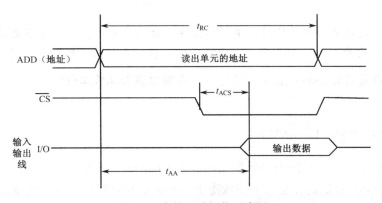

图 9.4　存储器读操作时序图

写操作的定时波形如图 9.5 所示。写操作过程如下：

（1）将欲写入单元的地址加到存储器的地址输入端。

（2）在片选信号 $\overline{\text{CS}}$ 端加上有效电平，使存储器选通。

（3）将待写入的数据加到数据输入端。

（4）在 R/$\overline{\text{W}}$ 线上加入低电平，进入写工作状态。

（5）使片选信号$\overline{\text{CS}}$无效，数据输入线回到高阻状态。

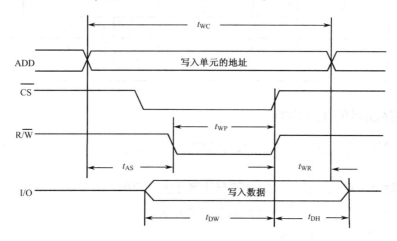

图 9.5　存储器写操作时序图

　　由于地址改变时，新地址的稳定需要经过一段时间，如果在这段时间内加入写控制信号（即 R/$\overline{\text{W}}$ 变低），就可能将数据错误地写入其他单元。为防止这种情况出现，在写控制信号有效前，地址必须稳定一段时间 $t_{\text{AS}}$，这段时间称为地址建立时间。同时在写信号失效后，地址信号至少还要维持一段写恢复时间 $t_{\text{WR}}$。为了保证速度最慢的存储器芯片的写入，写信号有效时间不得小于写脉冲宽度 $t_{\text{WP}}$。此外，对于写入的数据，应在写信号 $t_{\text{DW}}$ 时间内保持稳定，且在写信号失效后继续保持 $t_{\text{DH}}$ 时间。在时序图中还给出了写周期 $t_{\text{WC}}$，它反映了连续进行两次写操作所需要的最小时间间隔。

想一想：

（1）存储器的地址与该地址对应单元所保存的数据的关系，地址是不是很像指针？

（2）在 C 语言中，指针就是这里描述的地址。程序是如何找到相应的存储单元的？

（3）如果存储器的$\overline{\text{CS}}$端一直为有效电平，存储器能否正常工作？

## 9.3　只读存储器（ROM）

　　只读存储器（ROM）是断电以后数据不会丢失的半导体存储器。

　　早期研制的只读存储器在正常工作状态下只能从中读取数据，不能快速地随时修改或重新写入数据。现在一些新型的只读存储器，可以随时修改和写入数据，但速度相对随机存取存储器 RAM 较慢。只读存储器主要适用于存储那些相对固定数据的场合。

### 9.3.1　常用 ROM 介绍

　　早期的 ROM 一般需由专用装置写入数据，后期设计的一些存储器也可以在线编写数据，如数码相机记忆卡所用的快闪存储器。按照数据写入方式特点不同，ROM可分为以下几种。

### 1. 掩膜存储器

掩膜存储器也称为固定存储器，其存储的数据在芯片生产时已经确定，一经成品用户无法更改其存储内容。

这种存储器通常用于大批量生产的固定数据存储器，如智能洗衣机的工作流程控制的程序、电视机微处理器的程序等等。生产厂商研制成功后，把工作程序固化，由集成电路生产厂商生产，批量大，成本特别低廉。

图9.6是一个$2^2 \times 4$位NMOS掩膜ROM的结构图，它采用NMOS管作为存储单元，其对应的真值表见表9.1。二条地址线$A_1A_0$对应的四条译码输出线（$W_0 \sim W_3$）称为字线，可以选取四个字单元中的一个。存储矩阵由四条字线和四条位线（$Y_3 \sim Y_0$）组成。位线和字线交叉处表示存储一位二进制数。对于图9.6中的存储矩阵，假如$A_1A_0 = 10$，则选中$W_2$字线，此时$W_2 = 1$，$W_0 = W_1 = W_3 = 0$，$T_{21}$、$T_{22}$、$T_{23}$导通，$Y_3 = 0$、$Y_2 = 0$、$Y_1 = 0$，$Y_0$由于交叉处无MOS管，为1，经非门输出后，$D_3 = 1$、$D_2 = 1$、$D_1 = 1$、$D_0 = 0$，和真值表相对应。从上分析可知，存储单元以有无MOS管来分别表示存储数据"1"和存储数据"0"。即存储矩阵的结构决定了输出的结果。图9.6说明了若$A_1A_0 = 01$时输出的结果。

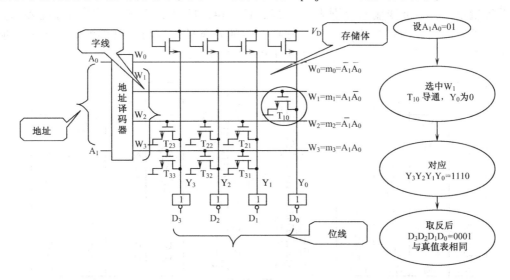

图9.6　$2^2 \times 4$NMOS掩膜ROM的结构图

### 2. 一次性可编程只读存储器（PROM）

出厂时，PROM内的数据为全1或全0，用户可根据个人的需要改写数据。但只能写入一次，一旦写入就不能再修改。又称为OTPROM（One Time Program ROM）。

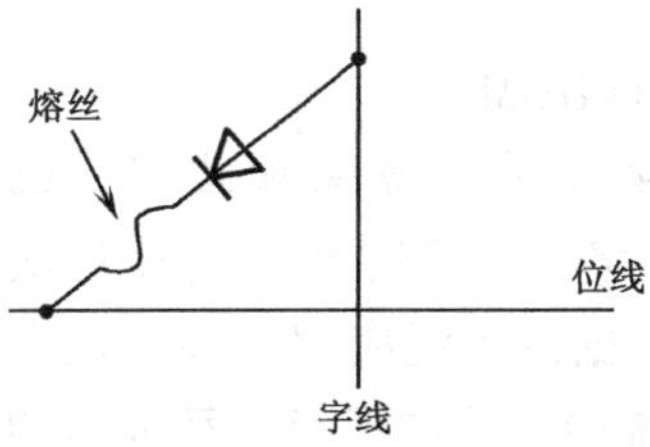

这种存储器通常用于生产量较少的智能控制产品，如刚开发成功的智能洗衣机，进行小批量试产时的程序的存储。

图9.7所示是PROM的一种存储单元，一位熔丝式PROM。在存储矩阵中所有字线和位线交叉处，都跨接了二极管的熔丝。出厂时，所有单元的熔丝都是通的，此时对应

图9.7　一位熔丝式PROM

位线为"1"，因此此时所接字线全部为"1"，即全部存储单元的内容均为"1"；满足这样条件的芯片通常称为空白芯片。用户编程时，如果要某一单元写入"0"，则选中此单元，在字线上加上合适且足够能量的电脉冲，在脉冲电流的作用下，熔丝熔断，此时位线数据改变为"0"。因为熔丝烧断后不能再恢复，因此 PROM 只能进行一次性编程。

### 3. 紫外线可擦除 EPROM（Ultraviolet PROM）

紫外线可擦除 EPROM 是利用紫外线可以擦除原存储信息，再进行重写的 ROM。

紫外线可擦除 EPROM 的存储单元是采用叠层栅 MOS 管存储单元。在出厂时，所有存储单元全为"1"。用户编程时（即写 0 时），通过施加高于正常工作电压 $V_{DD}$ 的编程高电压 $V_{PP}$ 到选中的存储单元来存储"0"。要擦除所写入的信息时，要把存储器从工作电路上取下，放在专用擦除装置内，用强紫外线或 X 光照射来擦除所有内容，使所有存储单元恢复为"1"，然后再进行改写。由于它写入后还可以反复地擦除再写入，具有很大的灵活性。以前常用于调试程序时使用，也用于小批量的电子产品，现在由于新器件的出现，已很少使用。

图 9.8 所示是一部分常用的 Intel 公司的系列的紫外线可擦除 EPROM 芯片。它们的存储器容量分别是 2K×8 位，4K×8 位，8K×8 位，16K×8 位，32K×8 位。图中可见，所有芯片外引线的类型都是相同的。它们输出数据线都是 8 位，所以输出数据线数相同，只是由于存储器容量不同，地址线输入分别为 11，12，13，14，15 根，以满足不同的寻址要求。这些芯片都采用双列直插式封装，芯片上方有透明的石英玻璃窗口，可供擦除时紫外线照射用。编程后，应使用不透光的纸把 EPROM 的窗口遮盖起来。

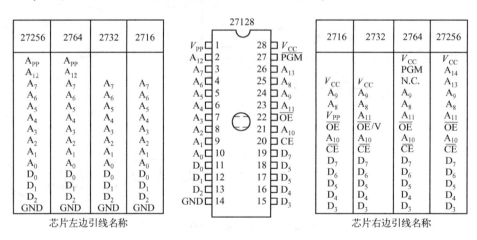

图 9.8　常用的 Intel 公司系列紫外线可控制 EPROM 芯片

### 4. 电可擦除 E²PROM（Electrically PROM，简称 E²PROM）

电可擦除 E²PROM 是在加入电源的情况下就可以进行改写的 ROM。

E²PROM 读、写、擦操作均在 5V 电源下进行，且可逐字节进行擦除和改写，或按"块"（block）擦除和改写。这比紫外线擦除的 EPROM 方便很多，可擦除改写的使用次数也多得多，通常可达 $10^6$ 次。而 E²PROM 可以在线擦除和改写数据，广泛应用于停止供电后仍需保存的信息，如电视机的频道调谐数据保存、数据采集系统中数据的保存、智能卡的数据保存等等，使用非常广泛。常用的通用 E²PROM 有 2864（8K×8 位）、28C010（1 兆位）、

28C020（2 兆位）、28C040（4 兆位）等。

### 5. 快闪存储器（Flash Memory）

快闪存储器是用电擦除的可编程 ROM。

快闪存储器是 20 世纪 80 年代末期问世的。快闪存储器既吸取了 EPROM 结构简单、编程可靠的优点，又保留了 $E^2PROM$ 用电擦除的快捷特性，具有 RAM 随机存储的性能，又兼有 ROM 断电后数据不丢失的性能。能重复使用且非常方便，功耗低，集成度很高，是目前为数不多的同时具备大容量、高速度、非易失性可在线擦写特性的存储器，其价格低于 $E^2$PROM。

在快闪存储器中，编程是对字节或字进行的，但擦除是对区块进行的。这意味着在编程时才需要对存储器选址，在擦除时并不需要。因此，用于实现选址所需要的硅片面积大为减少，并且，它能够以"闪电般"的速度一次擦除一个区块，因而称为"快闪存储器"。

快闪存储器作为可擦除、可编程非易失性存储器件，由于能够以电写入的方式在现场更新存储内容的形式，正日益广泛地用于手持 PC 机、便携蜂窝移动电话、数码相机、单片机程序存储器、汽车导航系统等。同时，快闪存储器也开始用于音响系统，其典型运用就是在 MP3 播放机中，把快闪存储器用于记录和重放媒体。在需要经常更新软件以提供新服务的应用中，都广泛地使用快闪存储器，如计算机主板的 BIOS 程序。

常用的快闪存储器有 Intel 公司的 28F010（1 兆）、28F020（2 兆）、28F040（4 兆）等。

想一想：这么多种 ROM 的存储器，它们各自适合应用于何处？请列举出这些存储器应用实例。图 9.9 是一些存储器的外形图。

（a）电视机内存储节目信息的存储器

（b）某一控制电路用的存储器

图 9.9　一些存储器的处形图

## 9.3.2　应用举例

在数字系统中 ROM 的应用十分广泛，如组合逻辑、字符产生、波形变换和计算机的数据和程序存储等。

### 1. 用于查表的表格

存储器经常用作存储数据的表格，因为输入地址，就可将存储在该地址单元的数据输出。

下面以存储器作为函数运算表电路来进行说明。

数学运算是数控装置和数字系统中需要经常进行的操作，如果事先把要用到的基本函数变量在一定范围内的取值和相应的函数取值列成表格，写入只读存储器中，则在需要时只要给出规定"地址"就可以快速地得到相应的函数值。这种 ROM 实际上已经成为函数运算表电路。

**例 9.1** 试用 ROM 构成能实现函数 $y = x^2$ 的运算表电路，$x$ 的取值范围为 $0 \sim 15$ 的正整数。

**解：**（1）分析要求、设定变量。自变量 $x$ 的取值范围为 $0 \sim 15$ 的正整数，对应的 4 位二进制正整数，用 $B = B_3 B_2 B_1 B_0$ 表示。根据 $y = x^2$ 的运算关系，可求出 $y$ 的最大值是 $15^2 = 225$，可以用 8 位二进制数 $Y = Y_7 Y_6 Y_5 Y_4 Y_3 Y_2 Y_1 Y_0$ 表示。

（2）列真值表—函数运算表。如表 9.2 所示。

**表 9.2　例 9.1 中 Y 的真值表**

| 输入对应十进制数 | 输入（地址） | | | | 输出（保存的数据） | | | | | | | | 输出对应十进制数 |
|---|---|---|---|---|---|---|---|---|---|---|---|---|---|
| | $B_3$ | $B_2$ | $B_1$ | $B_0$ | $Y_7$ | $Y_6$ | $Y_5$ | $Y_4$ | $Y_3$ | $Y_2$ | $Y_1$ | $Y_0$ | |
| 0 | 0 | 0 | 0 | 0 | 0 | 0 | 0 | 0 | 0 | 0 | 0 | 0 | 0 |
| 1 | 0 | 0 | 0 | 1 | 0 | 0 | 0 | 0 | 0 | 0 | 0 | 1 | 1 |
| 2 | 0 | 0 | 1 | 0 | 0 | 0 | 0 | 0 | 0 | 1 | 0 | 0 | 4 |
| 3 | 0 | 0 | 1 | 1 | 0 | 0 | 0 | 0 | 1 | 0 | 0 | 1 | 9 |
| 4 | 0 | 1 | 0 | 0 | 0 | 0 | 0 | 1 | 0 | 0 | 0 | 0 | 16 |
| 5 | 0 | 1 | 0 | 1 | 0 | 0 | 0 | 1 | 1 | 0 | 0 | 1 | 25 |
| 6 | 0 | 1 | 1 | 0 | 0 | 0 | 1 | 0 | 0 | 1 | 0 | 0 | 36 |
| 7 | 0 | 1 | 1 | 1 | 0 | 0 | 1 | 1 | 0 | 0 | 0 | 1 | 49 |
| 8 | 1 | 0 | 0 | 0 | 0 | 1 | 0 | 0 | 0 | 0 | 0 | 0 | 64 |
| 9 | 1 | 0 | 0 | 1 | 0 | 1 | 0 | 1 | 0 | 0 | 0 | 1 | 81 |
| 10 | 1 | 0 | 1 | 0 | 0 | 1 | 1 | 0 | 0 | 1 | 0 | 0 | 100 |
| 11 | 1 | 0 | 1 | 1 | 0 | 1 | 1 | 1 | 1 | 0 | 0 | 1 | 121 |
| 12 | 1 | 1 | 0 | 0 | 1 | 0 | 0 | 1 | 0 | 0 | 0 | 0 | 144 |
| 13 | 1 | 1 | 0 | 1 | 1 | 0 | 1 | 0 | 1 | 0 | 0 | 1 | 169 |
| 14 | 1 | 1 | 1 | 0 | 1 | 1 | 0 | 0 | 0 | 1 | 0 | 0 | 196 |
| 15 | 1 | 1 | 1 | 1 | 1 | 1 | 1 | 0 | 0 | 0 | 0 | 1 | 225 |

根据真值表，在计算机中利用相应软件按一定的书写规则编好程序，如把十进制数值 7 转换成四位二进制数值地址为 0111，对应输出 $[49]_D$，按序对应 $Y_7 Y_6 Y_5 Y_4 Y_3 Y_2 Y_1 Y_0 = [00110001]_B = [31]_H$，十六进制数值表示的地址 7 处输入数据 $[31]_H$ 即可。每位数值转换成四位地址，然后在相应地址的数据处输入两位十六进制数。输入完毕后，通过下载可把数据写到存储器内。通过某一型号编程器的软件输入数据如图 9.10 所示。图中对输入数为 3 时对应的数据值作了说明。

注意：分析存储器输出时，可以研究所有输出端同时构成的代码的规律（相当于多变量输入，多变量输出），也可以分析其中一个输出端不同时刻的输出规律（相当于只有一个变量输出）。

想一想：一种医疗器械电动按摩器，有几个输出端，每一输出端都可以产生不同的高低脉冲变化模式，你能否把它们的控制原理和例 9.1 结合起来分析。

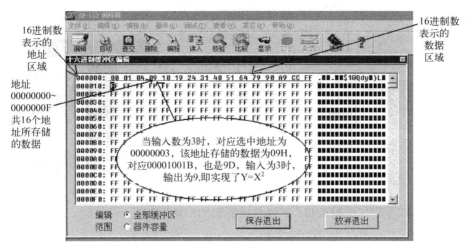

图 9.10　例 9.1 对应编程器内的数据

## 2．实现任意组合逻辑函数

从图 9.11 所示的 ROM 的逻辑结构示意图可知，只读存储器的基本部分是与门阵列和或门阵列，与门阵列实现对输入变量的译码，产生变量的全部最小项，或门阵列完成有关最小项的或运算。由于任何逻辑函数都可以用最小项表达式表达，理论上，ROM 可以实现任何组合逻辑函数。图 9.11 中的 $Y_3 = \sum_M (0, 3, 6, 9, 12, 15)$，其余的输出端表达式读者自行读出。在不同的存储单元放置不同的数值，就可得到不同的逻辑函数。

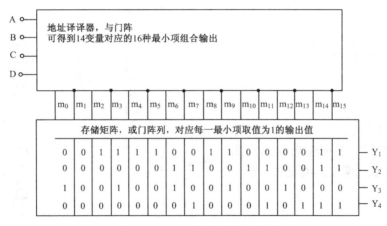

图 9.11　ROM 存储矩阵结构图

## 3．字符显示

字符发生器常用于显示终端、打印机及其他一些数字装置。将各种字母、数字等字符事先存储在 ROM 的存储矩阵中，再以适当方式给出地址码，某个字符就能读出，并驱动显示器进行显示。

图 9.12 是用 ROM 构成字母"T"的原理图。采用 8 行 8 列的方式存储，将字母"T"分割成若干部分并在相应单元存入信息"1"，如图 9.12（a）所示。当输入地址在 000 ～ 111 之间周期地循环变化时，即可逐行扫描各字线，把字线 $W_0 \sim W_7$ 所存储的字母"T"的字形信息从位线 $D_0 \sim D_8$ 读出，然后把数据逐行转换显示，从而使显示设备（如发光二极管

矩阵、阴极射线管光栅矩阵）一行行地显示出图9.12（b）所示的字形。

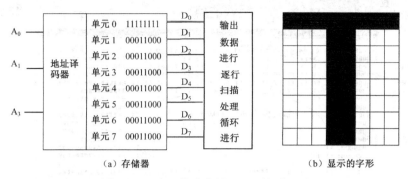

（a）存储器  （b）显示的字形

图9.12 ROM构成字母"T"的原理图

想一想：

（1）利用存储器实现逻辑功能时，真值表与存储器的地址和数据是如何对应的？

（2）二维的数据"表"与存储器的地址和数据是如何对应的？

### 9.3.3 常用的 $E^2PROM$ 举例

2864（8K×8位）是常用的 $E^2PROM$ 芯片，其容量是8K×8位，即8K字节。它有13根地址线（$2^{13} = 8 \times 2^{10}$），8根输出线，它与同容量的EPROM2764是兼容的。外引线如图9.13。

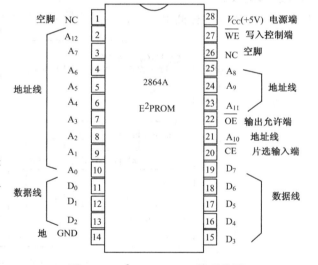

2864$E^2PROM$ 的工作电源为5V，工作方式有四种，具体如下。

#### 1. 待机方式

当 $\overline{CE}$ 为高电平时，2864A进入低功耗的待机状态。此时，数据输出线呈高阻态，工作电流不到正常工作电流的一半。

#### 2. 读出方式

当片选输入端 $\overline{CE}$、输出允许端 $\overline{OE}$ 为

图9.13 $E^2PROM2864A$ 外引线图

低电平、写入控制端 $\overline{WE}$ 为高电平，并输入地址码时，可从 $D_7 \sim D_0$ 读出该地址单元的数据。

#### 3. 编程方式

写入时使片选输入端 $\overline{CE}$ 为低电平、输出允许端 $\overline{OE}$ 为高电平，写入控制端 $\overline{WE}$ 为低电平，送入地址码，数据即从 $D_7 \sim D_0$ 送入并固化在相应存储单元中。

#### 4. 数据查询方式

在写入数据时，若片选输入端 $\overline{CE}$、输出允许端 $\overline{OE}$ 为低电平、写入控制端 $\overline{WE}$ 为高电平，

则输出最高位 $D_7$ 的数据是取反的，若写完毕，此时将输出原始数据。将此数据与写入数据的最后一个字节的最高位相比较，当两者相同时，说明写周期结束。

## 9.4 随机存储器（RAM）

随机存储器也叫随机读/写存储器，简称 RAM。它在工作时可以随时从任何一个指定地址读出数据，也可以随时将数据写入任何一个指定的存储单元中去。

RAM 的优点：读、写方便，使用灵活。缺点：数据易失（即一旦停电以后所存储的数据将随之丢失）。

随机存储器分为静态存储器（Static Random Access Memory，简称 SRAM）和动态存储器（Dynamic Random Access Memory，简称 DRAM）。SRAM 主要用于对速度要求比较快的器件，如显示卡的内存；而 DRAM 由于功耗低，价格便宜，宜于集成化，常用于对容量要求比较大的器件，如计算机的内存条，有些用于显示卡的内存。

RAM 各控制线对电路的工作状态的控制情况见表 9.3。

表 9.3　控制线对电路的工作状态的控制情况

| $\overline{CE}$ | $\overline{OE}$ | R/$\overline{W}$ | 工 作 模 式 | 输入/输出 |
| --- | --- | --- | --- | --- |
| 高 | 任意 | 任意 | 没选中 | 高阻 |
| 低 | 高 | 高 | 禁止输出 | 高阻 |
| 低 | 低 | 高 | 读出数据 | 数据输出 |
| 低 | 任意 | 低 | 写入数据 | 数据输入 |

表 9.3 中 R/$\overline{W}$ 表示读/写控制端。不同芯片的控制线引线名称可能不同，功能基本一致。

### 1. 静态随机存储器（SRAM）

静态随机存储器是有自保持功能的 RAM。

静态随机存储器的存储单元是靠内部触发器的自保持功能存储数据的。这种存储单元被读出后仍能保持原来的状态，它的读出是非破坏性的，只要电源不中断，其保存信息便能长期保存。因为每一单元都有触发器、门控电路等，所以结构比较复杂。图 9.14 是典型的六管静态存储单元。它的特点是存储单元有自保持功能，功耗高，成本高。

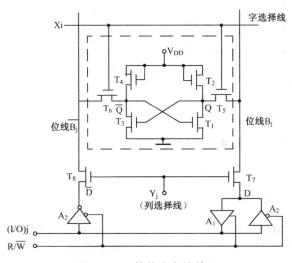

图 9.14　六管静态存储单元

### 2. 动态随机存储器（DRAM）

动态随机存储器是需要刷新的存储器。单管动态存储器是最典型的动态随机存储器，其存储单元的结构如图 9.15（a），构成的内存条的形状如 9.15（b）所示。

它是利用电容的电荷存储效应来存储信息的，当电容上存有电荷，则表示存储信息"1"，否则表示存储信息"0"。由于电容存在漏电流，电容上存储的电荷（信息）不能保持很久，所以，必须经常地、周期性地进行刷新。刷新是在电容电荷消失以前加以恢复补充。刷新将增加外围电路的复杂性。但由于单管动态存储单元的结构简单，功耗低，便于大规模集成，常用来生产大容量的存储器。它的特点是功耗小，成本低，但需刷新。

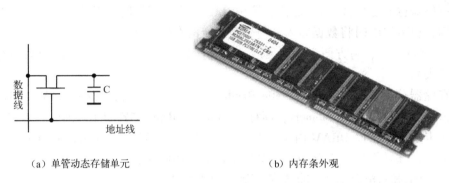

（a）单管动态存储单元　　　　　　　（b）内存条外观

图 9.15　动态存储器 DRAM

### 3. SRAM 6264 简介

SRAM 6264 是双列直插 CMOS 静态 RAM。图 9.16 所示是其外引线图，它的外接线与存储器同为 $8K \times 8$ 位的 $E^2PROM2864$ 的引线结构非常相似。它的电源电压为 $+5V$。它的四条控制线对芯片工作状态的控制见表 9.4。

从表 9.4 可知，若 $\overline{CS_1} \cdot CS_2 = \overline{CE}$，则它的控制功能和 $E^2PROM$ 2864 完全相同。

表 9.4　6264 的工作状态

| $\overline{CS_1}$ | $CS_2$ | $\overline{OE}$ | $\overline{WE}$ | 工作模式 | 输入/输出 |
|---|---|---|---|---|---|
| 1 | × | × | × | 没选中 | 高阻 |
| × | 0 | × | × | 没选中 | 高阻 |
| 0 | 1 | 1 | 1 | 禁止输出 | 高阻 |
| 0 | 1 | 0 | 1 | 读出数据 | 数据输出 |
| 0 | 1 | 1 | 0 | 写入数据 | 数据输入 |

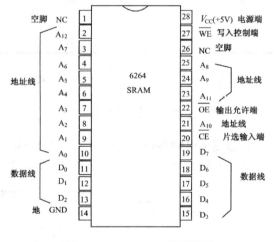

图 9.16　SRAM6264 外引线图

**想一想**：存储器集成电路引脚可分为哪几类？在使用存储器集成电路时，要注意哪些问题？

### 4. 常用的几种 RAM

SDRAM 是 Synchronous Dynamic Random Access Memory（同步动态随机存储器）的简称，是前几年普遍使用的内存形式。SDRAM 不仅可用做主存，在显示卡上的显存方面也有广泛应用。SDRAM 曾经是长时间使用的主流内存，但随着 DDR SDRAM 的普及，SDRAM 也正在

图 9.17 路由器采用的的存储器

慢慢退出主流市场。

DDR SDRAM 是 Double Data Rate SDRAM 的缩写，是双倍速率同步动态随机存储器的意思。SDRAM 在一个时钟周期内只传输一次数据，它是在时钟的上升期进行数据传输；而 DDR 内存则是在一个时钟周期内传输两次次数据，它能够在时钟的上升期和下降期各传输一次数据，因此称为双倍速率同步动态随机存储器。DDR 内存可以在与 SDRAM 相同的总线频率下达到更高的数据传输率。图 9.17 所示是路由器采用的存储器外观，包括 4Mbit 的 Flash ROM 和 1M×16bit 的 SDRAM。

# 9.5 可编程逻辑器件（PLD）简介

## 9.5.1 概述

可编程逻辑器件（Programmable Logic Device，简称 PLD）是一种半定制性质的专用集成电路，用户在使用前可对它进行编程，可自行配置各种逻辑功能。

这种器件既有集成电路硬件工作速度快、可靠性高的优点，又具有软件编程灵活、方便的特点，因此十分适用于小批量生产的系统或产品的开发和研制。

PLD 的基本结构如图 9.18 所示。输入电路用来对输入信号缓冲，并产生原变量和反变量两个互补的信号供与阵列使用。与阵列和或阵列用于实现各种与或结构的逻辑函数，若进一步与输出电路中的寄存器以及输出反馈电路配合，还可以实现各种时序逻辑函数。输出电路则有多种形式，可以是基本的三态门输出；也可以配备寄存器或向输入电路提供反馈信号；还可以做成输出宏单元（Macro Cell）由用户进行输出电路结构的组态等，使 PLD 功能非常灵活、完善。

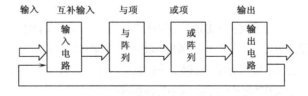

图 9.18 PLD 的基本结构

PLD 主要有以下几类：可编程逻辑阵列（Programmable Logic Array，缩写为 PLA）、可编程阵列逻辑（Programmable Array Logic，缩写为 PAL）、通用阵列逻辑（Generic Array Logic，缩写为 GAL）、复杂可编程逻辑器件（Complex Programmable Logic Device，缩写为 CPLD）等类型。严格地讲，一次性可编程 PROM 也属于 PLD 之列。PLD 的分类比较见表 9.5。PROM、PLA、PAL、GAL 的集成度较低，一般用于实现较简单的逻辑功能。FPGA（Field Programmable Gate Array）是现场可编程门阵列的英文缩写。20 世纪 90 年代出现了内嵌复杂功能模块（如加法器、乘法器、RAM、CPU 核、DSP 核、PLL 等）的 SoPC。

表9.5　PLD 分类比较

| | | PROM | PLA | PAL | GAL | CPLD |
|---|---|---|---|---|---|---|
| 研制时间 | | 20 世纪 70 年代初期 | 20 世纪 70 年代中期 | 20 世纪 70 年代后期 | 20 世纪 80 年代初期 | 20 世纪 80 年代末期 |
| 阵列结构 | 与 | 固定 | 可编程 | 可编程 | 可编程 | 可编程 |
| | 或 | 可编程 | 可编程 | 固定 | 固定 | 固定 |
| 输出电路 | | 固定 | 固定 | 固定 | 可组态 | 可组态 |
| 使用 | | 主要用于存储器 | 用于组成逻辑电路，一般的只能编程一次。应用不广泛 | 用于组成逻辑电路，多数为双极型，工作速度快，只能一次编程，有些 CMOSPAL 可擦除和多次编程应用广泛 | 用于组成逻辑电路。采用 E² PROM 工艺，可编程上百次。设有专门保密位，安全性好。通用性好，应用灵活方便，得到广泛应用。用户对输出电路也可组态 | 分成可擦除可编程逻辑器件 FPLD 和高密度可编程逻辑器件 HD-PLD。有紫外线和电可擦除两种。集成度高，速度快，功耗低，使用灵活和高抗干扰等。可以重复编程十万次 |

### 9.5.2　PLD 器件的描述规则

PLD 器件的逻辑图通常采用简化表达方法。图 9.19 中，线路交叉片的黑色小点表示电路在该处是连接的。图 9.18（a）所示是一个基本输入和互补输出单元结构逻辑的表示方法，图 9.18（b）所示是三输入的与门表示方法，图 9.19（c）所示是或门表示方法。

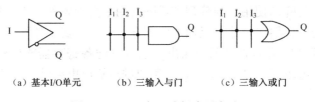

（a）基本I/O单元　　（b）三输入与门　　（c）三输入或门

图9.19　PLD 与、或门表示方法

PLD 用图 9.20 所示表示点连接功能，其中"·"表示已由生产厂家连接好，不可编程，"×"表示可编程连接，用户可以在编程时将不需要的"×"去掉。在图 9.21 中，图（a）所示是用逻辑门电路符号表示的电路，图（b）所示是用 PLD 符号表示的电路，虽然表示的方法不同，但电路功能是一样的。两电路都是异或门。

（a）固定连接符　　（b）编程连接符　　（c）擦除断开状态符

图9.20　PLD 连接点表示符号

图 9.20（a）的表达式是 $F = A\overline{B} + \overline{A}B = A \oplus B$。在图 9.20（b）中，通常将 0、1、2、3 称为列。$X_1$、$X_2$ 称为行。阵列中有几列表明一个与门可以和几个输入端相连接，通过"×"

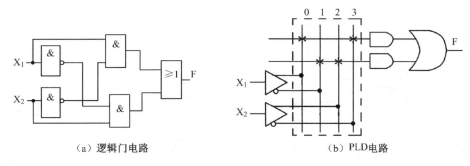

（a）逻辑门电路　　　　　　　　　　（b）PLD电路

图 9.21　逻辑门电路与 PLD 电路比较示意图

或 "·" 与该输入线连接的输入信号就是该与门的一个输入信号，所以图（b）的表达式是 $F = X_1 \cdot \overline{X_2} + \overline{X_1} \cdot X_2 = X_1 \oplus X_2$，即实现异或功能。

　　在图 9.20（b）中，输入是固定地连接到列线上，输出或门固定不变，虚线内即是可编程的与门阵列，对它进行编程相当于在芯片内部阵列上建立真值表，和逻辑功能之间建立一一的对应关系。

### 9.5.3　PLD 的开发环境

　　PLD 的开发需要在开发平台下进行。开发平台通常称为 EDA 工具，由五个模块组成：设计输入编辑器、HDL 综合器、仿真器、适配器、下载器。每个 PLD 的生产厂家为了方便用户通常都提供集成的开发环境，如 Altera 的 MAX + plus Ⅱ、Quartus Ⅱ。

　　普通 PLD 器件的开发通常包括逻辑设计、选择器件和编写关于器件编程信息的标准格式文件（JEDEC 文件），然后把 JEDGC 文件下载到编程器，对器件进行编程，编程完成后还要进行逻辑功能测试，测试通过的器件再插入印制板使用。

　　现在的 FPGA/CPLD 通常不用专门的编程器，利用 PC 机和下载线就可能实现 JEDGC 文件的下载。这种下载技术称为 ISP（In－System Programmable）技术，采用这一技术的芯片称为高密度在系统可编程逻辑器件（In－System Programmable Scale Integration，简称 ISPLSI）。

　　对于 PLD 的开发最主要的就是把设计按要求输入到开发平台。EDA 工具的设计输入可分为：图形输入和 HDL 文本输入。图形输入包括原理图输入、状态图输入和波形图输入三种；HDL 文本输入是使用硬件描述语言的输入设计文本。常用的硬件描述语言有 VHDL、Verilog HDL、AHDL（Altera HDL）。很多开发平台都支持多种设计输入方式。

 想一想：如果要学习使用 PLD 需要学习哪些方面的知识？

## 9.6　大规模集成电路的综合应用

### 9.6.1　波形产生电路

　　图 9.22 是一种以 $E^2PROM2864$ 为中心的 8 种波形发生器的电路图。

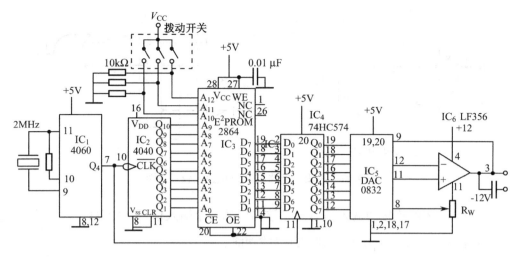

图 9.22　产生 8 种波形的电路图

E$^2$PROM2864 是 8K×8 位的存储器，把它分成 8 段地址，每段占 1KB 地址空间，每段地址存入一种波形的数据值，共计存入 8 种波形的数据值。2864 有 13 根地址线，通常低 10 位地址线组成 $2^{10}=1024=1K$ 对应于每种波形的地址空间。高 3 位地址线组成 $2^3=8$ 种地址组合，来选择 8 种波形中的其中一种。利用计算机和编程器，通过专用的编程语言编程得到表示 8 种波形的程序后，把数据写入 2864。

写入数据时，片选输入端$\overline{CE}$、写入控制端$\overline{WE}$为低电平，读出允许端$\overline{OE}$为高电平，在 +5V 的工作电源下就可以按指定的地址（$A_{12} \sim A_0$ 的值）将数据从 $D_7 \sim D_0$ 写入到 2864 中去。

已写入程序的 E$^2$PROM2864 和其他器件互相连接，可构成如图 9.22 所示能产生 8 种波形的电路。图中，4060 作为时钟发生器，产生 2MHz 的脉冲波，经 4 级 2 分频后从第 7 脚输出送到 4040 作为计数脉冲。

12 位二进制计数器 4040 有 $Q_0 \sim Q_{11}$ 位输出，其中只选用 $Q_1 \sim Q_{10}$ 输出端连接 2864 的地址 $A_0 \sim A_9$，来选择存储器中一个完整波形的地址空间，并与拨动开关的位置相结合，来确定具体输出中是 8KB 地址中的哪个 1KB 范围，即选中何种波形。波形的频率为计数器时脉冲频率的 $1/2^{10}=1/1024$。

存储器 2864 由于片选输入端$\overline{CE}$、读出允许端$\overline{OE}$为低电平，写入控制端$\overline{WE}$为高电平，处于读出工作状态，所以，它将根据输入的地址数码选中相应单元，并把表示某一波形的数字量读出，送到 8D 锁存器 74HC574。

8D 锁存器的作用是避免由于存储器存取时间的存在，对后级 D/A 转换电路产生影响。锁存器将数据量送入 D/A 转换器 DAC0832 进行数/模转换，因 0832 是电流输出型 D/A 转换器。因此在输出端需要外接高输入阻抗的运算放大器 LF356，将电流信号转换成电压信号进行放大后输出。

选用 4060 不同的分频端输出，相当于给 4040 输入不同频率的计数脉冲，可以改变 4040 输出地址码的转换频率，并改变 2864 读出数据的速度，从而调整输出波形的频率。调节 $R_W$ 改变基准电压，从而改变输出信号的幅度，调节时注意幅值为 0 ~ −9V 之间。两者结合，使此电路输出的 8 种波形的频率和幅度都可调整。

## 1. 时钟发生器

图 9.23 中所示的 CD4060 是 14 位二进制串行计数器，只要配与 2MHz 晶振就可以产生 2MHz 的脉冲信号，它自带计数分频器，可以得到 $f = 2\mathrm{MHz}/2^n$（$n = 4 \sim 10$，12，13，14），从而输出不同频率的脉冲信号。图 9.22 中主要利用其 $f = 2\mathrm{MHz}/2^4 = 125000\mathrm{Hz}$ 的 $Q_4$ 输出。

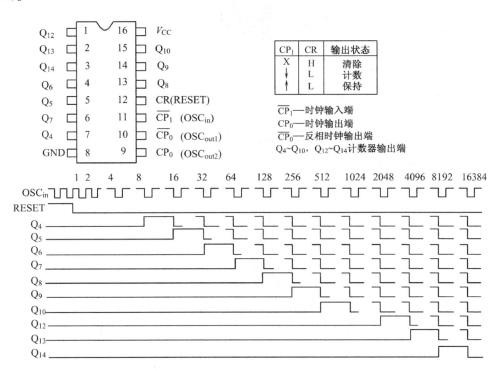

图 9.23　4060 引脚图、功能表和时序图

## 2. 地址计数器的组成

地址计数器由 12 位二进制计数器 74HC4040 构成，该芯片已在计数器内容中给予介绍，它有 $Q_0 \sim Q_{11}$ 位输出，其中只选 $Q_0 \sim Q_9$ 输出端连到 $\mathrm{E}^2\mathrm{PROM}$ 的地址 $A_0 \sim A_9$，正好对应存储器中一个完整波形的地址空间（000H～3FFH），至于是 8KB 地址中的哪一个 1KB 范围，则决定于存储器三位高地址 $A_{10} \sim A_{12}$ 的组合情况。一个完整的波形周期，计数器从全 0 计数到全 1。所以计数器时钟脉冲频率的 $1/2^{10} = 1/1024$ 为输出波形的频率。

## 3. E²PROM

$\mathrm{E}^2\mathrm{PROM}$ 中的波形数据用专用的编程器写入，在编程时按指定地址写入数据。把编程器与计算机的打印机接口相连，打开编程器电源，启动计算机编程器软件；选择相应的器件，读入需写入数据对应的文件，最后把数据编程到存储器中。图 9.24 所示是一种编程的软件版面，图 9.25 是一种编程器的外观图。

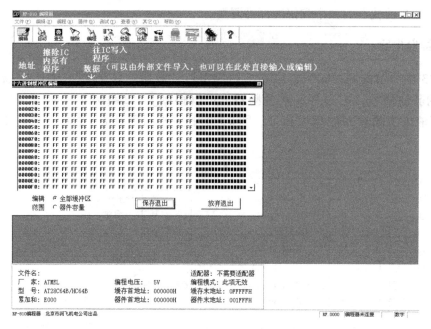

图 9.24  编程软件版面图

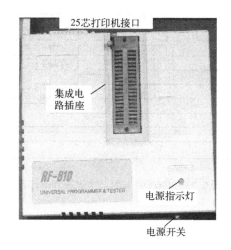

图 9.25  RF810 编程器外观

将 8 种类型的波形数据输入固化在存储器中，各波形的地址分配和波形如图 9.26 所示。地址的高三位 $A_{12}$，$A_{11}$，$A_{10}$ 接波形开关能产生从 000 ~ 111 的 8 种组合状态，分别提供 8 种波形的高三位地址（$A_{12}$，$A_{11}$，$A_{10}$）。如果这些地址是由地址线直接提供的，波形切换也可通过软件编程实现。

### 4. 数据锁存器

74HC574 锁存器的引脚图和功能表如图 9.27 所示。加入锁存器的作用是在存储器从地址有效到数据输出的时间间隔内避免对后级转换的影响。图 9.28 所示为锁存器时序图。图中，时钟脉冲上升沿读入数据由 $Q_0$ ~ $Q_7$ 输出，而地址计数是脉冲下降沿动作，因此 Q 输出的数据与 $E^2PROM$ 的指定时间延时 1/2 周期，以保证输出数据有效。

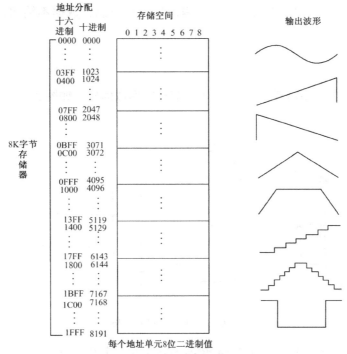

图9.26 E²PROM 的地址和波形

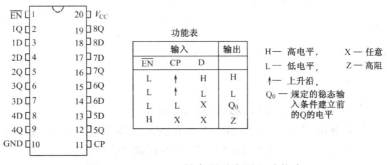

图9.27 74HC574 锁存器引脚图和功能表

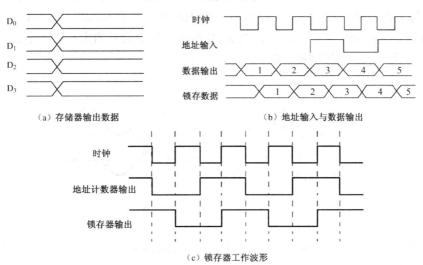

（a）存储器输出数据　　　　　　　　（b）地址输入与数据输出

（c）锁存器工作波形

图9.28 锁存器的时序图

当 74HC374 的第 1 脚 $\overline{EN}$ 为高电平时，输出端为高阻态，数据不输出；$\overline{EN}$ 为低电平时，数据输出。

### 5. D/A 转换

D/A 转换是将 74HC374 输出的数字信号变换成模拟信号，如图 9.29 所示。

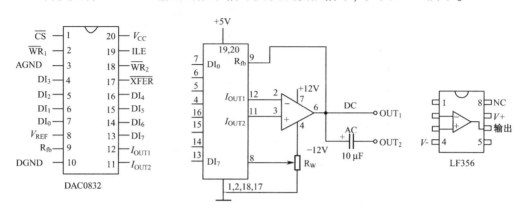

图 9.29　D/A 转换示意图

锁存器输出的稳定信号提供了 D/A 转换的数字量。其中，输入锁存器功能 ILE 固定接高电平，$\overline{CS}$（片选端）接固定低电平，芯片处于选中状态，$\overline{WR_1}$，$\overline{WR_2}$，$\overline{XFER}$，固定为低电平时，D/A 处于直通工作状态，输入数据直接转换成模拟量。第 8 脚参考电压输入端用一个可调电位器。输出电压幅度为：

$$u_0 = -\frac{V_{REF}}{2^n}\left(2^{n-1}\cdot D_{n-1}+2^{n-2}\cdot D_{n-2}+\cdots+2^0\cdot D_0\right)$$

可见 $V_{REF}$ 的变化将影响输出 $u_0$，也可以接固定 $V_{CC}$ 电压。

因为 0832 是电流输出型 D/A 转换器。因此在输出端需要接运算放大器将电流信号转换成电压信号。为了提高精度，电流型 D/A 转换器不能接大的负载，下一级必须采用高阻抗输入回路。在电路中使用模拟运算放大器 LF356，以满足高输入阻抗和放大的要求。

LF356 输入阻抗超过 $10^{12}\Omega$，共模抑制比为 100dB，增益 100dB，频带 0～5MHz。输出若通过电容耦合即可输出交流波形，如图 9.30 所示。辅出信号的大小可用电位器 $R_W$ 来调节运算放大器的反馈深度，控制输出幅值。

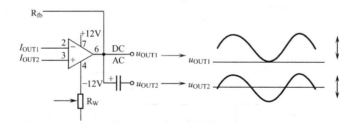

图 9.30　交直流输出波形

输出端的输出含直流成分输出正弦波时。当 8 脚所接 $V_{REF} = -5V$ 时，变化的幅度为 0～5V 之间。如果用电容耦合，隔离了直流成分，输出电压在 $-2.5 \sim +2.5V$ 之间。

在整个电路中如果时钟频率为 1.024MHz，则输出波形的频率为 1/1024MHz＝1kHz，所以说该电路可以获得很低频率的波形。

通过调节电位器 $R_W$ 改变输出幅度，通过选取 14 级计数器（CD4060）的不同输出可以改变输出波形的频率。

### 6. 存储数据设计

存储器的数据设计与 D/A 转换精度和输出波形形状有关。

设输出波形为如图 9.31 所示的正弦波形时，可以把波形分成四个区间 0°～90°，90°～180°，180°～270°，270°～360°。

每个波形分配到的地址空间长度为 1KB＝1024 个字节，这 1KB 长度的空间只能存放一个完整波形的基本周期数据。一个字节的数据最多只能有 256 种状态，所以 8 位数字量（$2^8$～256）的步长为 1/256，误差为

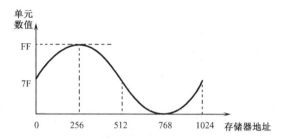

图 9.31　正弦波地址单元值分配关系

0.4%，若需要提高精度可以用更多位数的 D/A 转换器，但通常 8 位 D/A 转换后所产生的模拟波形已经满足要求。所以，正弦波的地址单元值分配（0000～03FF），见表 9.6。

表 9.6　波形地址单元值分配表

| 地址 | 0 | 1 | 2 | 3 | 4 | 5 | 6 | 7 | 8 | 9 | A | B | C | D | E | F |
|---|---|---|---|---|---|---|---|---|---|---|---|---|---|---|---|---|
| 00000 | 7F | 80 | 81 | 81 | 82 | 83 | 84 | 84 | 85 | 86 | 87 | 88 | 88 | 89 | 8A | 8B |
| 00010 | 8B | 8C | 8D | 8E | 8F | 8F | 90 | 91 | 92 | 92 | 93 | 94 | 95 | 95 | 96 | 97 |
| 00020 | 98 | 99 | 99 | 9A | 9B | 9C | 9C | 9D | 9E | 9F | 9F | A0 | A1 | A2 | A2 | A3 |
| 00030 | A4 | A5 | A5 | A6 | A7 | A8 | A8 | A9 | AA | AB | AB | AC | AD | AD | AE | AF |
| 00040 | B0 | B0 | B1 | B2 | B3 | B3 | B4 | B5 | B5 | B6 | B7 | B7 | B8 | B9 | B9 | BA |
| 00050 | BB | BC | BC | BD | BE | BE | BF | C0 | C0 | C1 | C2 | C2 | C3 | C4 | C4 | C5 |
| 00060 | C6 | C6 | C7 | C7 | C8 | C9 | C9 | CA | CB | CB | CC | CD | CD | CE | CE | CF |
| 00070 | D0 | D0 | D1 | D1 | D2 | D3 | D3 | D4 | D4 | D5 | D5 | D6 | D7 | 07 | D8 | D8 |
| 00080 | D9 | D9 | DA | DA | DB | DC | DC | DD | DD | DE | DE | DF | DF | E0 | E0 | E1 |
| 00090 | E1 | E2 | E2 | E3 | E3 | E4 | E4 | E5 | E5 | E5 | E6 | E9 | E7 | E7 | E8 | E8 |
| 000A0 | E9 | E9 | E9 | EA | EA | EB | EB | EC | EC | EC | ED | ED | ED | EE | EE | EF |
| 000B0 | EF | EF | F0 | F0 | F0 | F1 | F1 | F1 | F2 | F2 | F2 | F3 | F3 | F3 | F4 | F4 |
| 000C0 | F4 | F5 | F5 | F5 | F5 | F6 | F6 | F7 | F7 | F7 | F7 | F8 | F8 | F8 |
| 000D0 | F9 | F9 | F9 | F9 | F9 | FA | FA | FA | FA | FA | FB | FB | FB | FB | FB | FB |
| 000E0 | FC | FC | FC | FC | FC | FC | FC | FD | FD | FD | FD | FD | FD | FD | FD | FD |
| 000F0 | FD | FD | FE | FE | FE | FE | FE | FE | FE | FE | FE | FE | FE | FE | FE | FE |
| 00100 | FE | FE | FE | FE | FE | FE | FE | FE | FE | FE | FE | FE | FE | FE | FE | FD |
| 00110 | FD | FD | FD | FD | FD | FD | FD | FD | FD | FD | FC | FC | FC | FC | FC | FC |
| 00120 | FC | FB | FB | FB | FB | FB | FB | FA | FA | FA | FA | FA | F9 | F9 | F9 | F9 |
| 00130 | F9 | F8 | F8 | P8 | F8 | F7 | F7 | F7 | F7 | F6 | F6 | F6 | F5 | F5 | F5 | F5 |

| 地址 | 0 | 1 | 2 | 3 | 4 | 5 | 6 | 7 | 8 | 9 | A | B | C | D | E | F |
|---|---|---|---|---|---|---|---|---|---|---|---|---|---|---|---|---|
| 00140 | F4 | F4 | F4 | F3 | F3 | F3 | F2 | F2 | F2 | F1 | F1 | F1 | F0 | F0 | F0 | EF |
| 00100 | EF | EF | EE | EE | EE | ED | ED | EC | EC | EC | EB | EB | EA | EA | E9 | E9 |
| 00160 | E9 | E8 | E8 | E7 | E7 | E6 | E6 | E5 | E5 | E5 | E4 | E4 | E3 | E3 | E2 | E2 |
| 00170 | E1 | E1 | E0 | E0 | DF | DF | DE | DE | DD | DD | DC | DC | DB | DA | DA | D9 |
| 00180 | D9 | D8 | D8 | D7 | D7 | D6 | D5 | D5 | D4 | D4 | D3 | D3 | D2 | D1 | D1 | D0 |
| 00190 | D0 | CF | CE | CE | CD | CD | CC | CB | CB | CA | C9 | C9 | C8 | C7 | C7 | C6 |
| 001A0 | C6 | C5 | C4 | C4 | C3 | C2 | C2 | C1 | C0 | C0 | BF | BE | BE | BD | BC | BC |
| 001B0 | BB | BA | B9 | B9 | B8 | B7 | B7 | B6 | B5 | B5 | B4 | B3 | B2 | B2 | B1 | B0 |
| 001C0 | B0 | AF | AE | AD | AD | AC | AB | AB | AA | A9 | A8 | A8 | A7 | A6 | A5 | A5 |
| 001D0 | A4 | A3 | A2 | A2 | A1 | A0 | 9F | 9F | 9E | 9D | 9C | 9C | 9B | 9A | 99 | 99 |
| 001E0 | 98 | 97 | 96 | 95 | 95 | 94 | 93 | 92 | 92 | 91 | 90 | 8F | 8F | 8E | 8D | 8C |
| 001F0 | 8B | 8B | 8A | 89 | 88 | 88 | 87 | 86 | 85 | 84 | 84 | 83 | 82 | 81 | 81 | 80 |
| 00200 | 7F | 7E | 7D | 7D | 7C | 7B | 7A | 7A | 79 | 78 | 77 | 76 | 76 | 75 | 74 | 73 |
| 00210 | 73 | 72 | 71 | 70 | 6F | 6F | 6E | 6D | 6C | 6C | 6B | 6A | 69 | 69 | 68 | 67 |
| 00220 | 66 | 65 | 65 | 64 | 63 | 62 | 62 | 61 | 60 | 5F | 5F | 5E | 5D | 5C | 5C | 5B |
| 00230 | 5A | 59 | 59 | 58 | 57 | 56 | 56 | 55 | 54 | 53 | 53 | 52 | 51 | 51 | 50 | 4F |
| 00240 | 4E | 4E | 4D | 4C | 4C | 4B | 4A | 49 | 49 | 48 | 47 | 47 | 46 | 45 | 45 | 44 |
| 00250 | 43 | 42 | 42 | 41 | 40 | 40 | 3F | 3E | 3E | 3D | 3C | 3C | 3B | 3A | 3A | 39 |
| 00260 | 38 | 38 | 37 | 37 | 36 | 35 | 35 | 34 | 33 | 33 | 32 | 31 | 31 | 30 | 30 | 2F |
| 00270 | 2E | 2E | 2D | 2D | 2C | 2B | 2B | 2A | 2A | 29 | 29 | 28 | 27 | 27 | 26 | 26 |
| 00280 | 25 | 25 | 24 | 24 | 23 | 22 | 22 | 21 | 21 | 20 | 20 | 1F | 1F | 1E | 1E | 1D |
| 00290 | 1D | 1C | 1C | 1B | 1B | 1A | 1A | 19 | 19 | 19 | 18 | 18 | 17 | 17 | 16 | 16 |
| 002A0 | 15 | 15 | 15 | 14 | 14 | 13 | 13 | 12 | 12 | 12 | 11 | 11 | 11 | 10 | 10 | 0F |
| 002B0 | 0F | 0F | 0E | 0E | 0E | 0D | 0D | 0D | 0C | 0C | 0C | 0B | 0B | 0B | 0A | 0A |
| 002C0 | 0A | 09 | 09 | 09 | 09 | 08 | 08 | 08 | 07 | 07 | 07 | 07 | 06 | 06 | 06 | 06 |
| 002D0 | 05 | 05 | 05 | 05 | 05 | 04 | 04 | 04 | 04 | 04 | 03 | 03 | 03 | 03 | 03 | 03 |
| 002E0 | 02 | 02 | 02 | 02 | 02 | 02 | 02 | 01 | 01 | 01 | 01 | 01 | 01 | 01 | 01 | 01 |
| 002F0 | 01 | 01 | 00 | 00 | 00 | 00 | 00 | 00 | 00 | 00 | 00 | 00 | 00 | 00 | 00 | 00 |
| 00300 | 00 | 00 | 00 | 00 | 00 | 00 | 00 | 00 | 00 | 00 | 00 | 00 | 00 | 00 | 00 | 01 |
| 00310 | 01 | 01 | 01 | 01 | 01 | 01 | 01 | 01 | 01 | 01 | 02 | 02 | 02 | 02 | 02 | 02 |
| 00320 | 02 | 03 | 03 | 03 | 03 | 03 | 03 | 04 | 04 | 04 | 04 | 04 | 05 | 05 | 05 | 05 |
| 00330 | 05 | 06 | 06 | 06 | 06 | 07 | 07 | 07 | 07 | 08 | 08 | 08 | 09 | 09 | 09 | 09 |
| 00340 | 0A | 0A | 0A | 0B | 0B | 0B | 0C | 0C | 0C | 0D | 0D | 0D | 0E | 0E | 0E | 0F |
| 00350 | 0F | 0F | 10 | 10 | 10 | 11 | 11 | 12 | 12 | 12 | 13 | 13 | 14 | 14 | 15 | 15 |
| 00360 | 15 | 16 | 16 | 17 | 17 | 18 | 18 | 19 | 19 | 19 | 1A | 1A | 1B | 1B | 1C | 1C |
| 00370 | 1D | 1D | 1E | 1E | 1F | 1F | 20 | 20 | 21 | 21 | 22 | 22 | 23 | 24 | 24 | 25 |
| 00380 | 25 | 26 | 26 | 27 | 27 | 28 | 29 | 29 | 2A | 2A | 2B | 2B | 2C | 2D | 2D | 2E |
| 00390 | 2E | 2F | 30 | 30 | 31 | 31 | 32 | 33 | 33 | 34 | 35 | 35 | 36 | 36 | 37 | 38 |
| 003A0 | 38 | 39 | 3A | 3A | 3B | 3C | 3C | 3D | 3E | 3E | 3F | 40 | 40 | 41 | 42 | 42 |
| 003B0 | 43 | 44 | 44 | 45 | 46 | 47 | 47 | 48 | 49 | 49 | 4A | 4B | 4C | 4C | 4D | 4E |
| 003C0 | 4E | 4F | 50 | 51 | 51 | 52 | 53 | 53 | 54 | 55 | 56 | 56 | 57 | 58 | 59 | 59 |
| 003D0 | 5A | 5B | 5C | 5C | 5D | 5E | 5F | 5F | 60 | 61 | 62 | 62 | 63 | 64 | 65 | 65 |
| 003E0 | 66 | 67 | 68 | 69 | 6A | 6B | 6B | 6C | 6C | 6D | 6E | 6F | 6F | 70 | 71 | 72 |
| 003F0 | 73 | 73 | 74 | 75 | 76 | 76 | 77 | 78 | 79 | 7A | 7B | 7B | 7C | 7D | 70 | 7E |

任意波形都可以按这种方法设计存储数据，并可以根据电路实际输出波形的状态反过来再修改存储器数据，使波形的失真最小。

实际上，如果在编程器中按地址逐个输入数据是非常繁琐和易出错的。通常这些数据可使用编程语言编写后再编译后自动产生。

想一想：如果不通过调节基准电压值调输出幅度，可采用哪一种方法？提示：可利用外加可调电阻给运放作为反馈电阻，利用改变反馈深度的方法来改变幅度。

### 9.6.2　霓虹灯控制电路

图9.32所示电路是霓虹灯控制电路。图中，2864的片选端$\overline{\text{CE}}$接地，此芯片接通电源可以进入正常的读写状态。

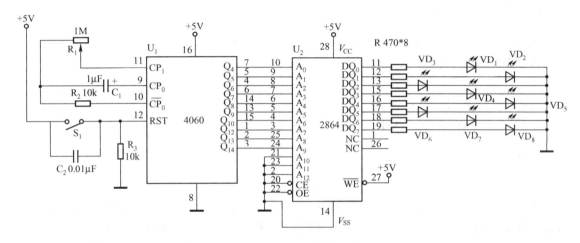

图9.32　霓虹灯控制电路

4060是带振荡器的14位二进制计数器。$CP_1$为时钟输入，$CP_0$为时钟输出，$\overline{CP_0}$时钟信号经非门后输出，它们与$R_1$、$R_2$和$C_1$构成振荡器，振荡出来的频率分频后输入作为存储器的地址数据。当断开$R_1$和$C_1$时，它仅当作14位二进制计数器使用，对$CP_1$输入脉冲进行计数。

$R_3$和$C_2$起到开机复位的作用。2864是高电平复位。电路接通电源时，由于$C_2$上未建立电压，近似为短路线，RST相当于接通+5V，为高电平复位。随着$C_2$充电，$C_2$上电压上升，复位端RST电压下降，当$C_2$充满电时，近似为开路线，$R_3$上无电流流过，RST电压为0，复位结束。在工作过程中如果想复位，可以按动$S_1$，使RST接到高电平。

在本霓虹灯控制电路中，由于只利用了存储器的10根地址线，则地址单元有$2^{10}$个，每一地址单元存储8位数据，可控制8盏灯的变化，所以可按霓虹灯按$2^{10}$种规律变化。应用编程器，输入按需要变化规律对应的数据，写入到存储器2864。把写好程序的芯片插入到电路相应位置的集成电路插座上，安装到电路中。此电路由于读使能端低电平有效，而写使能端接+5V电源，为高电平无效，所以电路工作时只进行读出而不写入。接通电源，存储器即按输入地址输出存储器内对应的数据。

若在输出端加上功率放大电路，可以对更多的发光二极管进行控制。

想一想：图9.32电路中，2864的所有地址单元都已使用了吗？霓虹灯最多可达到多少种变化形式？

## 实训9 霓虹灯控制电路

### 1. 实训目的

（1）理解存储器各引脚的功能。掌握集成电路2864的使用方法。
（2）掌握存储器的有关地址、数据和信号传送等概念。
（3）掌握编程器的使用。

### 2. 实训仪器及材料

| | |
|---|---|
| 8K×8位 $E^2$PROM 2864（或2K×8位 $E^2$PROM 2816） | 1块 |
| 内含振荡器的14位串行二进制计数器4060 | 1块 |
| 按键开关 | 1个 |
| 电容　1μF　1个，0.01μF　1个 | |
| 电阻　470Ω　8个，1kΩ　2个，10kΩ　2个，1MΩ | 1个 |

### 3. 实训内容

按图9.32连接好霓虹灯控制电路的电路图。

利用专用编程器编程后写入到存储器中，然后安装到电路中。电路工作时只进行读出不写入。指示灯的变化规律由老师和学生一定约定，然后利用编程器编程，再写入2864之中。写好程序的芯片插入到电路相应位置的集成电路的插座上，接通电源，电路即开始工作。

### 4. 实训报告要求

（1）如果使用2816，应如何接线？
（2）说明 $S_1$ 的作用。
（3）说明实训电路的工作原理和实训的现象。
（4）若希望此电路长时间循环发光，编程时要注意什么。想想可以对此电路进行何种方法改进？

### 5. 想想做做

如果要设计一个用点阵显示"欢迎您来到广东机电职业技术学院"的电路，需要什么集成电路？各个芯片应该怎样连接？在制作过程中，如何分级进行以减少电路各级的错误，顺利完成电路。

本章学习指导

（1）本章主要介绍存储二值数据的半导体存储器件只读存储器（ROM）和随机存储器（RAM）。

只读存储器在断电时数据不会丢失。只读存储器分为：掩膜 ROM、一次可编程 ROM（OTPROM）、可擦除可编程 ROM（EPROM）。而可擦除可编程 ROM 又分为紫外线可擦除 EPROM、$E^2$PROM 和快闪存储器。

随机存储器存、取非常方便，但它的数据在断电时会丢失。随机存储器可以分为静态存储器和动态存储器。静态存储器适用于一些要求存储速度快的场合，而动态存储器适用于存储量大的场合。

（2）本章还简介了通用阵列逻辑的一些基本知识。

注意：所有存储器的外接线都由电源线、数据线、地址线和控制线构成。不同芯片的控制线引线名称可能有所不同，但其功能基本相同。

# 习　题　9

9.1　半导体存储器可以分成几类？ROM 和 RAM 的最大区别是什么？

9.2　存储器的主要指标是哪些？如何标注存储器的容量？

9.3　有一存储器，其地址线有 10 根，数据线有 8 根，它的存储容量为多大？

9.4　对于一个存储容量为 32K×16 位的 RAM，下列哪些说法是正确的？

（1）该存储器有 512K 个存储单元。

（2）每次可同时读/写 8 位数据。

（3）该存储器有 32 根地址线。

（4）该存储器的字长为 16 位。

（5）访问该存储器的某个存储单元时需要 15 位地址码。

（6）该存储器的十六进制数地址范围是 0000H～FFFH。

9.5　指出下列存储系统各具有多少个存储单元？至少需要几根地址线和数据数？

（1）64K×1　　（2）256K×4　　（3）1M×1　　（4）128K×8

9.6　设存储器的起始地址为全 0，试指出下列存储系统的最高地址为多少？

（1）2K×1　　（2）16K×4　　（3）256K×32

9.7　ROM 有哪几种类型？哪几种 ROM 具有多次擦除重写功能？

9.8　OTPROM、紫外线可擦除 PROM 和 $E^2$PROM 各有什么特点？

9.9　快闪存储器具有什么特点？

9.10　RAM 有几种主要的类型？其各有何特点？

9.11　静态 RAM 和动态 RAM 在工作方式上有哪些区别？分别用于哪些场合？一般情况下，DRAM 的集成度比 SRAM 的集成度高，为什么？

9.12　PLD 器件有哪几种类型？

# 第10章 课程设计

前面，我们学了很多数字电路部件，有基本门电路、编码器、译码器、加法器、数据选择器、数据分配器、数值比较器、触发器、计数器、寄存器、脉冲产生和整形电路等。通常情况下，一个数字电路系统是多个数字部件的集合体。如何综合利用各单元电路，合理地设计一个实用型的数字电子产品是本章研究的重点。

通过这一章的训练，你将具备电子工程师所需要的基本技能。

## 10.1 概述

### 10.1.1 课程设计的基本任务

本课程设计的基本任务是：着重培养学生对数字集成电路应用方面的综合实践技能，掌握综合运用理论知识解决实际问题的能力；学生通过电路设计、安装、调试、整理资料、答辩等环节，形成独立思考问题的能力；以及培养他们课本知识以外的一些科技工作者必须具备的基本技能，并培养学生的创新能力和再学习的能力。如查阅资料、懂得如何根据需要选择器件等，从而逐步熟悉开展科学实践的程序和方法。

本课程设计的内容贯穿整个教学过程。教师可在开学前向学生公布选题，然后在授课到相应内容时把项目当作使用例子进行讲解。学生可以用一周实习周的时间来完成相应项目的制作，也可以在课余时间按要求完成相应的项目。

### 10.1.2 课程设计的基本要求

通过课程设计各环节的实践，应使学生达到如下要求。

**1. 初步掌握数字逻辑电路分析和设计的基本方法**

（1）根据设计任务和指标，初选电路。

（2）通过调查研究，设计计算，确定电路方案。

（3）掌握正确的布线方法。

（4）选测元器件，安装电路，独立进行试训，并通过调试改进方案。

（5）分析实训结果，写出设计总结报告。

**2. 培养学生具有一定的自学能力和独立分析问题、解决问题的能力**

（1）学会自己分析，找出解决问题的方法。

（2）对设计中遇到的问题，能独立思考，查阅资料，寻找答案。

（3）掌握一些测试电路的基本方法，实训中出现一般故障，能通过"分析、观察、判断、试验、再判断"的基本方法独立解决。

（4）能对实训结果进行分析和评价。

### 3. 掌握制作电子产品的基本技能

提高安装、布线、调试等基本技能，巩固常用仪器的正确使用方法。

### 4. 培养科学实践的作风

通过严格的科学训练和工程设计实践树立严肃认真，一丝不苟，实事求是的科学作风，并培养学生具有一定的生产观点、经济观点、全面观点及团结协作的精神。

## 10.1.3 课程设计的基本步骤和方法

### 1. 方案设计

根据设计任务书给定的技术指标和条件，初步设计出完整的电路（这一阶段又称为"预设计"阶段）。

这一阶段的主要任务是准备好实训文件，其中包括：画出方框图；画出构成框图的各单元的逻辑电路图；画出整体逻辑图；提出元器件清单；画出各元件之间的连接图。要完成这一阶段的任务，需要设计者进行反复思考，大量参阅文献和资料，将各种方案进行比较及可行性论证，然后才能将方案确定下来。

课程设计可采用设计数字系统的自下而上的方法（试凑法）来进行设计。试凑法的具体步骤是：

（1）明确待设计系统的总体方案。

（2）把系统方案划分为若干相对独立的单元，每个单元的功能再由若干个标准器件来实现，化分为单元的数目不宜太多，但也不能太少。

（3）设计并实施各个单元电路。在设计中应尽可能多地采用中、大规模集成电路，以减少器件数目，减少连接线，提高电路的可靠性，降低成本。这要求设计者应熟悉器件的种类、功能和特点。

（4）把单元电路组装成待设计系统。设计者应考虑各单元之间的连接问题。各单元电路在时序上应协调一致，电气特性上要匹配。此外，还应考虑防止竞争冒险及电路的自启动问题。

衡量一个电路设计的好坏，主要看它是否达到了技术指标及能否长期可靠地工作。此外还应考虑经济实用，容易操作，维修方便。为了设计出比较合理的电路，设计者除了要具备丰富的经验和较强的想象力之外，还应该尽可能多地熟悉各种典型电路的功能。只要将所学过的知识融会贯通，反复思考，周密设计，一个好的电路方案是不难得到的。

### 2. 方案试验

对所选定的设计方案进行安装调试。

由于生产实际的复杂性和电子元器件参数的离散性，加上设计者经验不足，一个仅从理论上设计出来的电路往往是不成熟的，可能存在许多问题，而这些问题不通过实验是不容易检查出来的，因此，在完成方案设计之后，需要进行电路的装配和调试，从以发现实验现象与设计要求不相符合的情况，再进行调试。为便于同学们掌握实际硬件装调技能，我们选用在实验箱上进行方案试验。对某些较复杂的电路，可分单元电路依次进行安装调试，一般先装调主电路后装调控制电路，分别达到指标要求之后，再联系起来统调。

（1）安装。在装配电路的时候，一定要认真仔细，一丝不苟，注意集成块不要插错或方向插反，连线不要错接或漏接并保证接触良好，电源和地线不要短路，以避免人为故障。

（2）调试。单元电路安装好后，应该先认真进行通电前的检查。通电后，检查每片集成电路的工作电压是否正常（TTL 型集成电路电源电压为 $+5 \pm 0.25$V），这是电路有效工作的基本保证。调试该单元电路直至正常工作。调试可分为静态调试和动态调试两种，一般组合电路应静态调试，时序电路应动态调试。

统调主电路的方法是将已调试好的若干单元电路连接起来，然后跟踪信号流向，由输入到输出，由简单到复杂，依次测试，直至正常工作。因此时控制电路尚未安装，需人为地给受控电路加以特定信号使其正常工作。

调试控制电路常分为两步：第一步单独调试控制电路本身，施加于控制电路的各个信号可以人为设定为某种状态，直至正常工作。第二步将控制电路与系统主电路中各个功能部件连接起来，进行电路统调。

调试过程中要充分利用实验箱提供的调试功能及三用表等工具。

（3）故障排除。实训中出现了故障和问题，不要急躁，要善于用理论与实践相结合的方法去分析原因，这样就可能较快地找出解决问题的方法和途径。

一般常见故障源为：接触不良（特别是当电源线接触不良时可能工作不稳定）、接线错误（错接或漏接）、器件本身损坏（需单独测试其功能方能确定确实损坏）、多余的输入端未正确处理（一般若悬空会有较大干扰，应接固定电平）、设计上有缺陷（出现预先估计不到的现象，这就需要改变某些元件的参数或更换元器件，甚至需要修改方案）。

寻找故障的常用方法有：

（1）观察法。

（2）信号注入替代法。

（3）信号寻迹法。

（4）电路替代法。

（5）分段测试法。

（6）单步检查法（用单脉冲）。

（7）多步检查法（用连续脉冲）。

（8）逻辑分析仪。

（9）最新的故障诊断技术。

### 3. 工艺设计

完成制作实验样机所必需的文件资料，包括整机结构设计及印制电路板设计等。

### 4. 样机制作及调试

包括组装、焊接、调试等。

## 5. 总结鉴定

考核样机是否全面达到规定的技术指标，能否长期可靠地工作，同时写出设计总结报告。

以上叙述了一个数字系统装置的设计制作全过程。

### 10.1.4 课程设计实验文件的标准格式

在整个课程设计的过程中，每个同学应完成三个文件：预设计作业、方案实验预习报告及课程设计总结报告。

#### 1. 预设计作业

（1）画框图的原则。

① 比较简单的逻辑电路的框图一般由几个方框构成，复杂一些的电路由十几个方框构成，所画的框图不必太详细，也不能过于含糊，关键是反映出逻辑电路的主要单元电路、信号通路、输入、输出以及控制点的设计思路。

② 框图要能清晰地表示出控制信息和数据信息的流向。

③ 每个方框不必指出功能块中所包含的具体器件，但应标明各方框的功能名称。

④ 所有连线必须清晰整齐。

（2）画逻辑图的原则。

① 所有小规模器件应使用标准逻辑符号。

② 中、大规模集成电路的符号，规定画成一个方框，框内应标明器件的型号或名称，引出脚的符号应标注清楚。必要时还可以标注出引出脚的顺序号。各引出脚不要求按顺序排列，可按设计者要求排列。

③ 电阻、电容、电感类元件应计算出具体值。

④ 若作为正式图纸还应列出元器件清单，放在图纸的右下角。

#### 2. 方案试验预习报告

由学生自己拟定，内容包括：调试和指标测试内容、方法及步骤，测试线路图，所用仪器设备，记录测试结果的表格等。

#### 3. 课程设计总结报告

限期完成，内容及格式要求如下。

---

《数字电子技术》课程设计
实 习 报 告

题目：

指导教师：

设计人员（学号）：

组号：

**班级：**

日期：

---

## 10.2　提供的参考选题及参考方案

课程设计提倡学生自己选定选题和设计方案。方案必须涵盖的数字电子技术知识点不少于三个。本指导书有的是给出方案设计的参考电路，有的直接给出一个设计结果。如采用本章所提供的直接设计结果，对其改进创新程度应不低于 30%。否则成绩最高不超过 80 分。课程设计结果最后必须利用万能板或敷铜板制成可以正常工作的电路板，从而进行实际调试并供老师进行性能考核。

课程设计的内容可参照以下几种选题，也可以是以前内容的想想做做部分，如第 6 章的篮球比赛计数电路；或者是前述课程实用电路，如 8 种波形产生电路、霓虹灯控制电路、汽车尾灯控制系统的改进等等。

设计方案时，学生应通过期刊杂志、相关书籍及互联网等充分查阅有关资料，掌握相关的理论知识和电路制作技能，然后再制定方案并进行制作。

### 10.2.1　设计数码抢答器

#### 1. 设计要求

（1）7 个参赛选手，用 1～7 号表示，抢答赛中，锁定并显示最先抢答选手号。

（2）报警提醒主持人等功能。

（3）主持人控制电路。

#### 2. 课题涵盖的知识点

编码器、锁存器、脉冲发生器、译码器、三极管的开关特性应用等知识。

#### 3. 设计课题中部分单元电路的原理说明

（1）数码抢答器整机工作原理框图。数码抢答器的整机工作原理构图如图 10.1 所示。图 10.2 提供了一种供参考用的整机电路图。电路组成如下：$U_1$ 组成 8 线 3 线编码器，$U_3$、$U_{7A}$ 形成锁存脉冲，其中 $C_1$ 有延时作用，74LS175 锁存编码信号，$K_9$ 为主持人复位开关，$U_2$、$U_6$ 组成译码显示电路，$U_5$、$U_{7B}$ 组成报警电路。

由于清零输出与 $K_0$ 开关接通时，数码显示都为 0，所以选手使用 $K_1$～$K_7$ 开关。

（2）编码器。按照预先的约定用文字、数码、图形等字符或图片表示特定对象的过程统称为编码。

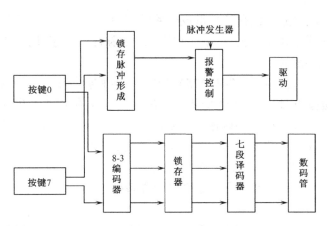

图 10.1　数码抢答器整机工作原理框图

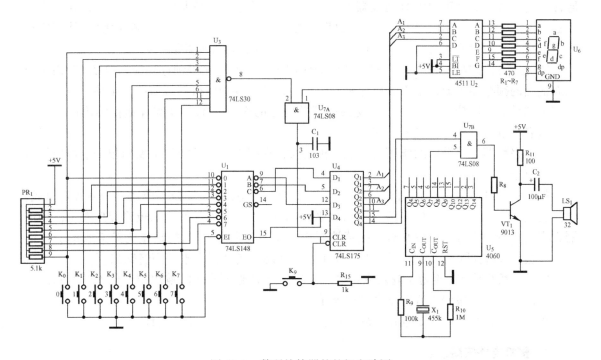

图 10.2　数码抢答器的整机电路图

　　在本项目中为了便于锁存、显示抢答的选手号，可利用二进制编码器将 8 位选手的按键号编为 3 位二进制数码。

　　编码器可以用小规模集成电路设计而成，也可以直接用中规模集成电路如 8 线 3 线编码器 74148 来实现。此电路如用 74147 还可以有 10 个输入抢答端。

　　（3）译码显示器。本项目可采用七段数码显示译码器。其作用是将 8421BCD 码译码后通过数码管显示出来。

　　驱动共阴数码管的显示译码器可采用 MC14511，其功能见表 3.11。参考电路图 10.1MC14511 输出所接 $R_1 \sim R_7$ 为限流电阻，以免电流过大而烧毁数码管或七段译码器 MC14511，阻值一般为 470Ω。

　　数码管的 dp 端为小数点控制端，如果要使用，一般应另外设计电路进行控制，本项目中不用，将其接地。

（4）锁存脉冲形成电路。锁存脉冲形成电路的作用为当有选手按下按键的瞬间形成一个脉冲信号，送到锁存器作为锁存输入数码所需的时钟脉冲，这里注意应与锁存器（或触发器）所需的脉冲极性相配合。

因为本项目中使用的锁存器（74LS175）所需的时钟脉冲为正边沿脉冲，所以在静态无人抢答时，即无按键按下时（按键输入端为高电平 1），锁存脉冲输出应为低电平 0，而一旦有选手按下按键（即按键盘缓冲区输入有 0 时），锁存脉冲输出应变为高电平 1，由上分析可知，锁存脉冲形成电路满足与非门逻辑关系（全 1 为 0，有 0 为 1），选用 8 输入与非门集成电路（74LS30）。本项目中 74LS30 输出端接一小容量电容的目的为延时等待，以确保在锁存脉冲出现前编码器将需要锁存的数据已经准备好。

（5）锁存器。

① 利用集成正边沿 D 触发器 74LS175 完成数据锁存功能。74LS175 是由具有共用时钟脉冲和清零端的四个正边沿 D 触发器构成，在 CP 由低电平向高电平变化瞬间，锁存器将输入数据 $D_4 \sim D_1$ 锁存，由 $Q_4 \sim Q_1$ 输出，过后又维持不变（即使 $D_4 \sim D_1$ 可能变化），从而实现数据的锁存，所以要实现数据的锁存，关键在于 CP 时钟信号的控制。

② 也可利用 74LS373（三态输出 8 路透明同步锁存器）完成锁存功能。74LS373 由 8 个三态输出的锁存器组成，常用于单片机系统中地址的锁存和微机总线系统，本项目也可利用来完成选手的抢答功能。它可以实现锁存开关信号的作用，也可以实现锁存编码信号的作用。读者可以自行设计相应的电路。

（6）报警器。报警器的作用为有选手抢答时，在报警信号的控制下发出报警响声以提示主持人有选手抢答。

报警器由脉冲振荡器 $U_5$（MC14060）、报警控制门电路 $U_{7B}$ 和振荡驱动三极管 $VT_1$ 组成，当没有选手抢答时，报警控制信号为低电平，$U_{7B}$ 输出总为低电平，三极管 $VT_1$ 截止，扬声器无报警声音；当有选手抢答时，报警控制信号变为高电平，$U_{7B}$ 的输出为第五脚的脉冲信号，三极管 $VT_1$ 在脉冲信号的驱动下工作于开关状态，扬声器有报警声音输出。

提示：可以将 $U_{7B}$ 改为 3 输入或 4 输入与门，分别接不同的 $U_5$ 输出端，使不同的脉冲信号相互调制，这样报警声音就不会太单调了。

报警信号也可以由 555 电路实现，或者采用 74LS04 非门产生。请读者自行设计。

### 4. 整机电路安装、调试

（1）安装。安装调试的先后顺序是：先安装调试编码部分，然后安装译码显示部分，两部分安装完后可连接起来进行调试，此时，因为数据锁存部分没有安装，所以没有锁存功能，按下相应按键，数码管显示相应数字，但松开后，数码管又显示数字 0。然后断开前面编码和显示部分的连线，安装锁存部分，再统一调试编码、锁存、显示部分。最后再安装调试报警部分，这样可使学生边安装，边学习，边思考和巩固理论知识，同时进一步形成数字电路系统的概念。

在安装数码管前，应先测量数码管的好坏，选用万用表的 R×10Ω 或 R×1Ω 挡，根据内部等效电路将其等效为 8 个发光二极管进行测量，以共阴数码管为例：将红表笔接数码管公共端（接地端），黑表笔分别接其他各段，相应的字段应点亮，并且阻值较小，而共阳数码管则表笔接法相反。

元件布局：选用万用板进行焊接前，应综合考虑整个项目元件的排布和走线，焊接集成电路最好使用集成电路插座，这样便于后面检修和元件的重复利用。焊接前先将元件插座插在万用板上模拟元件布局，考虑完全后再焊接电路。

（2）调试。

① 编码部分调试。在焊接完成后，应仔细对照电路图检查焊接是否有误，然后通电调试，在没有按键按下时，输出端应全部为低电平（0.5V以下），否则应检测电路，再根据前面的功能真值表 4.6 按下相应的按键，用万用表检查输出的高低电平状态是否正确，具体确认以下四点：

在 $K_0 \sim K_7$ 没有按键按下时，编码集成电路 $U_1$ 所有输入端都应为高电平。

在 $K_0 \sim K_7$ 没有按键按下时，编码集成电路 $U_1$ 所有输出端都应为低电平。

在 $K_0 \sim K_7$ 某一个按键按下时，编码集成电路 $U_1$ 三个输出的编码状态是否符合编码要求。

编码集成电路 $U_1$ 三个编码输出管脚到锁存器 74LS175 的输入管脚是否连接正确，注意高位和低位的区分。

② 显示部分调试。将 MC14511 的 ABC 与编码输出的 $D_0$、$D_1$、$D_2$ 相连。接译码器输出端（应注意高低位不要接反，否则数据显示不正常），在按键 $K_0 \sim K_7$ 没有按下时，观测数码管应该显示为 0，当某按键按下时，数码管应该显示相应数字（注意，因为此时并没有安装锁存部分，所以按键弹起来后，数据又恢复为 0，即暂时没有锁存功能），并测试显示译码器集成块 $U_6$ 的各管脚电压是否与表 10.1 相同。

表 10.1　显示译码器 MC14511 各管脚电压值

| 管脚标号 | 管脚号 | 正常电压（V） | 测量电压（V） | 管脚标号 | 管脚号 | 正常电压（V） | 测量电压（V） |
|---|---|---|---|---|---|---|---|
| $V_{DD}$ | 16 | 5 | | a | 13 | 3.6 | |
| GND | 8 | 0 | | b | 12 | 3.6 | |
| A | 7 | 0 | | c | 11 | 3.6 | |
| B | 1 | 0 | | d | 10 | 3.6 | |
| C | 2 | 0 | | e | 9 | 3.6 | |
| D | 6 | 0 | | f | 15 | 3.6 | |
| LT | 3 | 5 | | g | 14 | 0 | |
| BI | 4 | 5 | | | | | |
| LE | 5 | 0 | | | | | |

③ 锁存部分调试。先按下复位开关 $S_9$，此时用万用表测量 $U_4$（74LS175）的 1 脚复位端应为低电平，松开复位开关 $S_9$，1 脚恢复为高电平，同时数码管应该显示为 0。

$K_0 \sim K_7$ 中没有按钮按下时，$U_3$ 输入端应全部为高电平，$U_3$ 输出端应全部为低电平。

$U_{7A}$ 输入脚 2 脚和输出脚 3 脚应全部为低电平，输入脚 1 脚应为高电平。

当 $K_0 \sim K_7$ 中某一按键按下时，$U_{3A}$ 输出应变为高电平。

$U_{7A}$ 输出应变为高电平

测量集成块 $U_4$ 的各脚电压并与表 10.2 正常值比较。

表 10.2　锁存器 74LS175 各管脚电压值

| 管脚标号 | 管脚号 | 正常电压（V） | 测量电压（V） | 管脚标号 | 管脚号 | 正常电压（V） | 测量电压（V） |
|---|---|---|---|---|---|---|---|
| $V_{CC}$ | 16 | 5 | | $Q_4$ | 15 | 0 | |
| GND | 8 | 0 | | $\overline{Q_4}$ | 14 | 3.6 | |
| $\overline{CLR}$ | 1 | 0（$S_9$ 按下） | | $D_1$ | 4 | .0 | |
| | | 5（$S_9$ 弹起） | | $D_2$ | 5 | 0 | |
| CP | 9 | 0 | | $D_3$ | 12 | 0 | |
| $Q_1$ | 2 | 0 | | $D_4$ | 13 | 5 | |
| $Q_2$ | 7 | 0 | | | | | |
| $Q_3$ | 10 | 0 | | | | | |

④ 报警部分调试。先检查脉冲振荡器 $U_5$（MC14060）的 12 脚是否接地，然后判断 $U_5$ 是否起振。判断方法可以采用示波器测试 $U_5$ 的第 7 脚是否有 3.6V 左右的脉冲电压，如果有脉冲电压，表明振荡和分频计数器 $U_5$ 工作良好。如果没有示波器，可用万用表测量 $U_5$ 第 3 脚 $Q_{14}$ 端电压是否在 0~3.6V 之间摆动，如果有，表明振荡和分频计数器 $U_5$ 工作良好。

在脉冲振荡器 $U_5$ 工作正常后，按一次主持人复位键 $K_9$，用万用表检查报警控制门 $U_{7B}$ 的第 4 脚是否为低电平，三极管 $VT_1$ 应处于截止状态，基极为低电平，集电极为高电平。

然后按动 $K_0 \sim K_7$ 中的任意一个，此时用万用表检查报警控制门 $U_{7B}$ 的第 4 脚是否为高电平，控制门 $U7_B$ 被打开，第 6 脚输出脉冲，三极管 $VT_1$ 应处于开关状态，扬声器 B 中应发出报警声音。

想一想：能否附加电路，使电路能够实现 8 路抢答？即无选手抢答时显示 0，有选手抢答时可对应显于 1~8 中任一数。

## 10.2.2　设计数字钟

### 1. 设计要求

（1）用数字显示时、分、秒。12 小时循环一次。

（2）可以在任意时刻校准时间，要求可靠方便。

（3）能以音响自动正点报时，12 小时循环一次。要求第一响为正点，以后每隔一秒或半秒钟响一下，几点钟就响几声。

### 2. 课题涵盖的知识点

脉冲产生电路，任意进制计数器的构成，译码、显示电路，比较电路。

### 3. 设计课题中部分单元电路的原理说明

图 6.8 是数字时钟电路整机组成框图。图 10.3 是一个只有时、分显示的电路，可以显示分钟和小时变化的电路图，秒输出用两个发光二极管的闪烁来表示。

图 10.3 整机电路图的工作原理如下：首先由 $U_1$（MC14060）的 $Q_{14}$（第 3 脚）产生 2Hz

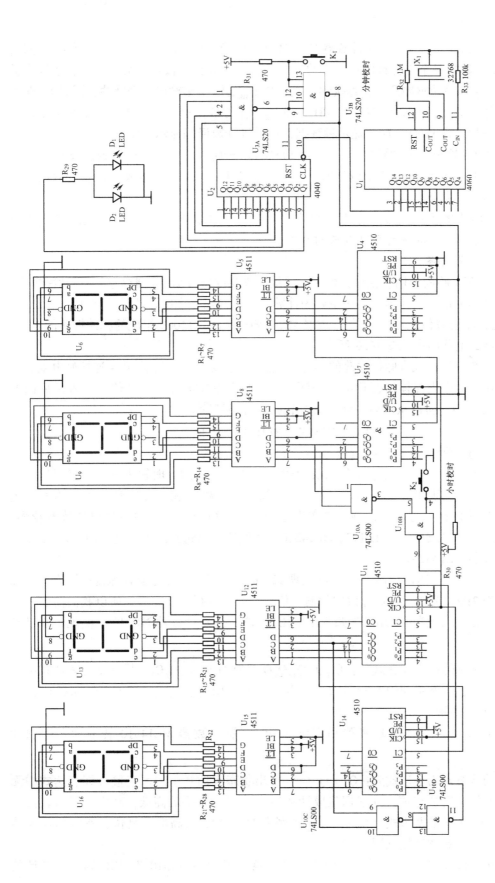

图10.3 数字时钟整机电路图

的振荡信号，然后由 12 级二进制计数器 $U_2$（MC14040B）和 $U_{3A}$、$U_{3B}$组成 120 计数器分频，从 $U_{3B}$ 的输出端输出一个 1 分钟跳变一次的分脉冲，作为分钟计数器的分钟信号，按键开关 S 作为分钟调时的手动脉冲开关，每按动一次，从 $U_{3B}$ 的输出端输出一个脉冲，同时 $U_2$ 的 $Q_1$ 管脚输出秒脉冲信号驱动发光二极管 $LED_1$、$LED_2$，作为秒指示（因为 2Hz 的信号经 1 位二进制计数器分频后为 1Hz）。如要显示秒数据，可另接计数译码显示电路。

从 $U_{3B}$ 输出端输出的分钟脉冲经 $U_4$（MC14510）"分钟个位"计数器计数，经 $U_5$ 七段译码驱动数码管 $U_6$，显示分钟的个位计时，$U_7$、$U_8$、$U_9$ 和 $U_{10A}$、$U_{10B}$ 组成六进制计数器，作为"分钟十位"计数器。

同时 $U_{10B}$ 输出的复位信号又作为"时计数器"的计数脉冲，$U_{11}$、$U_{14}$、$U_{10C}$、$U_{10D}$ 组成二十四进制计数器，同时 $S_2$ 作为小时校时开关。

（1）脉冲振荡电路。

① 脉冲振荡电路的作用。主要为数字电路提供满足要求（频率、脉冲宽度、脉冲幅度、占空比等）的脉冲信号，在本项目中主要为计数器产生满足要求的计数时钟脉冲。

② 集成脉冲振荡和 14 位二进制计数器 MC14060。由 MC14060 组成的脉冲振荡的 14 位二进制计数器的电路图参见图 10.3 所示。

MC14060 是一块集成有脉冲振荡的 14 位二进制计数器，当按照图 10.4 连接好电阻和晶振后，就能稳定地产生晶体所标称的振荡频率（图中为 32768Hz）脉冲信号输入到后面的 14 位二进制计数器，所以从最后一级 $Q_{14}$ 输出的脉冲信号频率为：

$$32768/2^{14} = 32768/16384 = 2Hz$$

（2）时、分、秒计数器。秒信号经秒计数器、分计数器、时计数器之后，分别得到"秒"个位、十位、"分"个位、十位以及"时"个位、十位的计时输出信号，然后送至译码显示电路，以便实现用数字显示时、分、秒的要求。"秒"和"分"计数器应为六十进制，而"时"计数器应为十二进制。要实现这一要求，可选用的中规模集成计数器较多，这里推荐 74LS90，74LS161，74LS192，MC14510，由读者自行选择。参考电路用的是 4510 集成十进制计数器 MC14510。

① 利用 12 位二进制计数器 MC14040 实现 120 进制计数器。由于脉冲振荡电路产生的脉冲信号频率为 2Hz，要作为分钟计数器的输入信号，必须进行 120 分频，所以我们需要一个 120 进制的计数器。同样可利用反馈归零法使用 12 位二进制计数器 MC14040 实现 120 进制计数器。

写出 120 进制的译码表达式为：$\overline{Q_{12}}Q_{11}\overline{Q_{10}}Q_9Q_8Q_7Q_6Q_5Q_4\ \overline{Q_3}\overline{Q_2}\overline{Q_1}$，挑出状态表达式中的原变量写成与项，实例中 MC14020 为高电平复位，所以以用与表达式，即 $R = Q_7Q_6Q_5Q_4$；具体连接如图 10.3 所示。

② 反馈归零法的具体实现步骤和实例——十进制计数器 MC14510 转换为六进制计数器。

写出 6 的状态译码表达式为：$\overline{Q_3}Q_2Q_1\overline{Q_0}$，挑出状态表达式中的原变量（即表达式中无横线标记的变量）写成与项，并根据集成计数器有效复位电平的高低，确定使用与表达式（高电平复位）或与非表达式（低电平）。实例中 MC14510 为高电平复位，所以用与表达式，即 $R = Q_2Q_1$；具体连接见图 10.3。

（3）利用二级 MC14510 构成二十四进制计数器。因为 MC14510 为 BCD 码十进制计数器，所以写出二十四进制的 BCD 码状态译码表达式为前级计数器 2，用 8421BCD 码表示为 $\overline{Q_3}\,\overline{Q_2}Q_1\,\overline{Q_0}$；个位计数器为 4，用 8421BCD 码表示为 $\overline{Q_3}Q_2\,\overline{Q_1}\,\overline{Q_0}$。十位计数器为 2。

挑出状态表达式中的原变量写成与项，由于 MC14020 为高电平复位，所以用与表达式，$R = Q_1$（前级）$Q_2$（后级）。具体连接见图 10.3。

（3）译码显示电路。选用器件时应当注意译码器和显示器件的相互配合。一是驱动功率要足够大，二是逻辑电平要匹配。例如，采用共阴型的 LED 数码管作为显示器件时，则应采用"译码"输出为高电平有效的译码电路。若采用输出为低电平有效的译码电路，则需要另加非门。因数码管工作电流较大，可选用功率门或者 OC 门。推荐使用显示译码器 74LS49、74LS249，MC14511。

对于"时"十位的译码显示，在设计时应注意：一是在显示 1 点至 9 点时，"时"的十位均是 0，此时应使"时"十位上的"0"熄灭而不显示；二是"时"的十位实际上只是显示"0"（熄灭）和"1"（亮）两种状态，此时可以考虑不用七段显示译码电路，这样可以节省一块中规模集成电路，但必须另设计电路以驱动 LED 数码管，该驱动电路必须考虑驱动能力和电平匹配的问题。

（4）校时电路。校时原理。在刚接通电源或者时钟走时出现误差时，则需要进行时间的校准。通常可以在整点时刻和利用电台或电视台的信号进行校准，也可以在其他时刻利用别的时间标准进行校准。校准时间总是在选定的标准时间到来之前进行的，一般来说分四个步骤：首先把时计数器置到所需的数字；然后再将分计数器置到所需数字；在此同时或之后，应将秒计数器清零，时钟暂停计数，处于等待启动阶段；当选定的标准时刻到达的瞬间，按启动按钮，电路则从所预置时间开始计数。由此可知，校准电路应具有预置小时、预置分、等待启动、计时四个阶段，因此，在设计校对电路时，应能方便、可靠地实现这四个阶段所要求的功能。必须注意，增加校准电路不能影响时钟的正常计时。

本项目的校准电路用与非门 74LS00 实现。按动校时开关强制输入一个计数脉冲。从而改变时间。此电路标准时要求先校准小时，然后校准分钟，想想为什么？有没有可能对电路进行改进，实现小时、分钟校准互不影响。

（5）自动报时电路（原理图中省略了这一功能）。

① 音响电路。

a. 音频振荡器。音频振荡信号 $u_S$ 可为正弦波或矩形波，一般频率在 $800 \sim 1000\,\mathrm{Hz}$ 左右，可用 RC 环形振荡器、自激多谐振荡器和 555 集成电路定时器构成。

b. 音响控制电路。用 TTL 功率门或集电极开路门（OC 门）可以直接驱动小功率喇叭发声，如图 10.4 所示。若 $u_s$ 是周期 1s 的矩形波，则会产生响一下停一下，响停共一秒的声音。$Q_Z$ 是报时控制信号，可由 MC14510 的输出经门电路实现。

图 10.4　音响控制电路

② 自动报时原理。经过分析我们知道，要实现整点自动报时，应当在产生分进位信号（整点到）时，响第一声，但究竟响几下则要由时计数的状态来确定。由于时计数器为十二进制，报时要求 12 小时循环一次，所以需要一个十二进制计数器来计响声的次数，由分进位信号来控制报时的开始，每响一次让响声计数器计一个数，将时计数器与响声计数器的状态进行比较，当它们的状态相同时，比较电路则发出停止报时的信号。图 10.5 所示为自动报时原理框图。

自动报时的原理我们还可以用图 10.6 的波形来加以说明。例如，当时钟计数器计到 2

点整时，应发出两声报时。从波形可以看出，当分进位信号产生负脉冲时，触发器被置为 1 状态，$Q = 1$，在响声信号即 2Hz 的方波 $u_K$ 的控制下，响一秒，停一秒。由于此时的时计数器的状态为 "2 "，当响了第二声之后，响声计数器也计到 "2" 的状态，经电路比较后，输出一负脉冲信号加至 RS 触发器的控制端，使 RS 触发器变为 0 状态，即 $Q = 0$，停止报时。

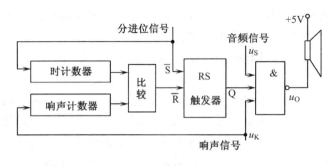

图 10.5　自动报时原理框图

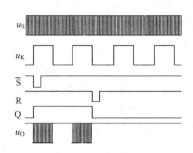

图 10.6　自动报时工作波形举例

③ 推荐几种自动报时方案。

a. 直接利用时计数器输出状态与响声计数器的状态加以比较，来控制音响电路。由于时计数器是由十位和个位计数器组成，且十位计数器为二进制计数器，个位计数器为十进制计数器，其输出状态为五位二进制数，因此这时响声计数器也应为与此相对应的五位二进制计数器（同样由十位和个位计数器构成），然后将其状态与时计数器的状态加以比较。如图 10.7 所示。

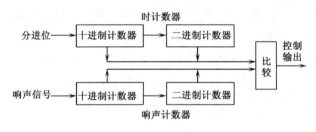

图 10.7　自动报时方案一

b. 如图 10.8 所示，利用一块集成电路芯片构成四位十二进制的响声计数器。那么在时计数器与响声计数器的状态进行比较时，必须注意，这时的响声计数器为四位计数器，而时计数器为五位计数器，两者不能直接加以比较，应先将五位的时计数器的状态转换为相应的四位状态，然后再与响声计数器的状态相比较。

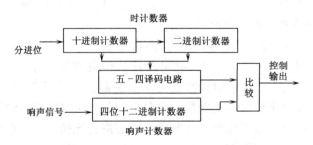

图 10.8　自动报时方案二

c. 响声计数器采用减法计数器。当分进位信号到来的同时，将时计数器的新状态分别置入响声计数器的十位和个位，然后每响一声响声计数器减一，当其十位和个位均减至 0 时，输出一控制信号，使触发器的状态 Q 为 0，以便封锁报时通路。如图 10.9 所示。

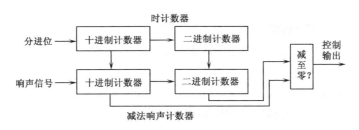

图 10.9　自动报时方案三

④ 比较电路的实现。两个二进制数的比较，一种方法是利用数据比较器，另一种方法是按位加以比较。我们知道，两个二进制数，只有当它们每一对应位的数码均相同时，这两个数才相同，因此可以将时计数器的状态与响声计数器的状态按对应的位利用门电路加以比较，其电路请同学们自己思考而得出。

⑤ RS 触发器的选用。在图 10.5 所示原理图中，利用 RS 触发器来控制音响电路，这就需要自己利用与非门构成 RS 触发器。实际上利用 JK 触发器或 D 触发器等集成触发器的直接置 0/置 1 端也可以构成控制电路。

请读者仔细分析电路应满足的时序关系，正确选择电路形式及输入信号，设计出这一部分的具体电路图。设计时，如果不利用时计数器而另设计一个十二进制的计数器，应注意保证时计数器和该十二进制的计数器之间的同步，特别是在重新校时之后总能保证同步，否则就不能保证实现正确报时。

### 4. 整机电路安装、调试

按图 10.3 在焊接好电路并检查连线无误后，可按以下步骤调试：

（1）用万用表测量 $U_1$ 的第 3 脚应有 0 ~ 3.6V 的电压摆动，说明脉冲振荡部分正常。

（2）二极管 $LED_1$、$LED_2$ 每秒闪烁一次，说明 $U_2$ 工作正常。

（3）按动一次 $K_1$，同时用万用表测 $U_{3B}$ 输出应有 0 ~ 3.6V 电压变化，说明 $U_{3B}$ 工作正常。

（4）按动一次 $K_1$，同时用万用表测 $U_4$ 计数输出管脚 $Q_0$（第 6 脚），电压应向相反方向变化（如原来为低电平，按一次 $S_1$ 后应变为高电平），说明 $U_4$ 计数基本工作正常。

（5）按动一次 $K_1$，数码管 $U_6$ 数值加 1，说明 $U_5$、$U_6$ 工作正常。

（6）不按动 $K_1$，等待一分钟后，数码管 $U_6$ 数值加 1，即分钟个位计数器工作正常。

（7）断开 $U_{3B}$ 输出管脚 8 和 $U_4$ 时钟管脚 CP 的连线，用一根导线将 $U_1$ 的 $Q_{14}$ 输出脉冲引出，作为 $U_4$，$U_{7R}$ 的快速计数脉冲，这样便于调试，观察分钟计数器是否正常，特别注意能否进位，是否计数到 59 后在下一脉冲时变为 0。

（8）断开 $U_{10}$ 输出管脚和 $U_{11}$，$U_{14}$ 时钟管脚 CP 的连线，用一根导线将 $U_1$ 的 $Q_{14}$ 输出脉冲引出，作为 $U_{11}$，$U_{14}$ 的快速计数脉冲，这样便于调试，观察时计数器是否正常，特别注意能否进位，是否计数到 23 后在下一脉冲时变为 0。

想一想：市面上有些数字钟的价格非常便宜。试查阅资料，说明原因。

### 10.2.3 设计音乐 D/A 和 A/D 转换电路

#### 1. 设计要求

（1）以音乐 IC 作为模/数转换的信号源。
（2）用模/数转换后的二进制代码驱动发光二极管。
（3）产生转换所需的时钟信号。
（4）模数转换的速度可调。
（5）把数模转换后的二进制代码转换成模拟量，通过运放，驱动喇叭发出音响。

#### 2. 课题涵盖的知识点

数模转换、模数转换、脉冲波形产生电路、运放和基本门电路。

#### 3. 设计课题中部分单元电路的原理说明

图 10.10 是音乐 D/A 和 A/D 转换电路的电路图。

图 10.10 中 ADC0804 的作用是进行模数转换即把音乐集成电路发出的音乐声作为信号源，然后把它转换成数字信号，并把其转换的结果用发光二极管的发光情况表示出来。同时，这些数字信号送到模数转换器 DAC0832，把数字信号转换成模拟信号，然后输出经 MIC4558 放大后驱动喇叭发声。其中 4060 产生模数转换的启动转换脉冲，用来控制转换输出的频率。如输出频率太低，则喇叭发出的声音失真大，否则失真小。

（1）A/D（模/数）转换器 ADC 0804。集成 A/D 转换器 ADC 0804 在工作原理上属于逐次比较型，单电源供电（+5V），COMS 工艺制造，输出电平与 TTL、COMS 器件兼容，可直接驱动数据总线，分辨率为 8 位，转换时间为 $100\mu s$，它们还有其他型号 ADC 0802 ~ ADC 0805，实际上 ADC 0801 ~ ADC 0805 管脚、内部电路结构完全相同，只是最大非线性误差不同，ADC 0801 误差最小，而 ADC 0804 误差较大。

在课程设计的项目中利用 ADC 0804 实现把输入的模拟信号转换为相应的数字信号，电路如图 10.11 所示。

ADC 0804 的输入电压范围为 0 ~ 5V，所以采用单端输入方式，则 $V_{in}$（−）管脚接地，输入电压接在 $V_{in}$（+）管脚。参考电压可由片内提供 9.5V，$V_{REF}$/2 管脚悬空，A/D 转换所需的时钟脉冲由内电路产生，所以 $\overline{CLKI}$、CLKR 外接一个电阻和电容产生 A/D 转换所要求的时钟脉冲。采用典型应用时的参数：$R_5 = 10k\Omega$，$C_1 = 150pF$，$f_{CLK} \approx 640kHz$，转换速度为 $100\mu s$。片选管脚 $\overline{CS}$ 接地，芯片正常工作，$DB_0 \sim DB_7$ 经排电阻 $RP_1$ 限流后驱动发光二极管 $LED_1 \sim LED_8$。指示 A/D 转换完成后，对应的输入信号由拨动开关 $S_3$ 进行选择，当打到上端时，输入信号电位器的中间抽头，调节电位器可以实现输入电压在 0 ~ 5V 之间变化，当 $S_3$ 打到下端时，输入信号为音乐片 $U_7$，输出经 $VT_1$ 放大的音乐信号。$\overline{WR}$ 为 A/D 转换启动控制脚，接在 $U_{3A}$ 的输出端，$U_{3A}$、$S_2$、$U_1$ 组成转换脉冲振荡和手动转换信号形成电路。当 8 位拨码开关 $S_2$ 不同开关闭合时，利用 $U_1$（MC14060）自动为 A/D 转换器提供转换所需的启动脉冲；当 $S_2$ 全部断开时，按动一次按键开关 $S_1$ 即可产生一个启动信号。INTR 为转换结束输出信号，与 $\overline{RD}$ 读信号控制管脚连接，可以在每次转换完成后自动将转换结果由 $DB_0 \sim DB_7$ 输出。

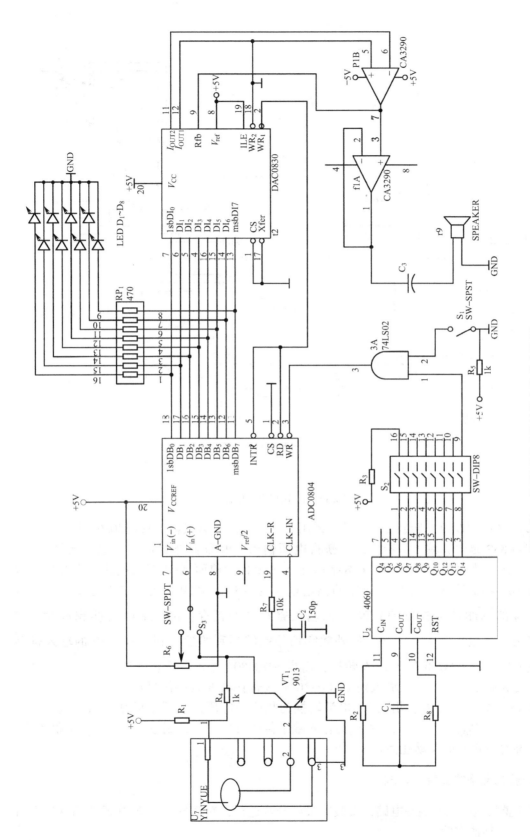

图10.10 音乐D/A和A/D转换电路的电路图

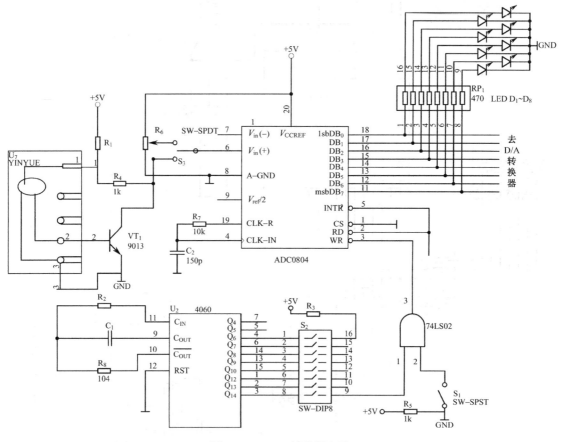

图 10.11　A/D 转换器电路

（2）D/A（数/模）转换器。本项目采用集成 8 位 D/A 转换器 DAC0830/0831/0832。

DAC0832 是电流输出型器件，要获得电压输出，就需要外加电流 – 电压转换电路，一般可用运算放大器实现要转换的数字信号（本项目为前面 A/D 转换电路输出的数字信号）由 $DI_0 \sim DI_7$ 输入，DAC 转换器的供电电压为 + 5V，采用单缓冲工作方式，由来自 ADC0804 的 $\overline{INTR}$ 信号控制 DAC0830 的输入寄存器的锁存，ADC0804 转换完成时，其 $\overline{INTR}$ 信号由高电平变为低电平，使外数字信号能够顺利的输入到 DAC0830 的输入寄存器，进入后面的 DAC 寄存器 D/A 转换，而当 ADC0804 进入下次转换时，其 $\overline{INTR}$ 信号由低电平变为高电平，使已经输入到 DAC0830 输入寄存器的数字信号被锁存。外接的运算放大器 P1B 将 DAC0830 输出的 $I_{out1}$ 电流转换为相应的电压，采用单极性输出方式，输出电压为：$u_{out} = V_{REF}N_B/256$，其中 $N_B$ 为输入数字信号对应的十进制数。f1 A 为电压跟随器，可以提高对扬声器的驱动能力。

### 4. 整机电路的安装，调试

参考整机电路图安装好电路，安装时最好分步进行，在实现 A/D 转换成功的基础上再进行 D/A 转换的实验。

（1）A/D 转换器的安装。

① 一般音乐片其中椭圆形凹起部分内有厂家生产时已经存储的音乐信号，如"生日快乐"等流行歌曲，一般工作电压为 3~5V 左右。图 10.12 是音乐管脚连接图。其第 1 脚旁边一般有"＋"号表示正电源，第 6 脚接负电源，只要接好电源，内部音乐就可由第 5 脚输出，但一般声音很小，所以在 4、5、6 脚之间加入三极管 $VT_1$，焊接时注意第 4 脚接集电极（c 极），第 5 脚接基极（b 极），第 6 脚接发射集（e极），在 1、4、6 脚焊接短而硬导线连接于电路板。焊接时，切记焊接时间不能太长，以免附着于音乐片表面的铜箔脱落。

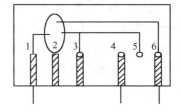

图 10.12　音乐片管脚连线图

② 三极管 $VT_1$ 在焊接前一定要先测量质量好坏和判断管脚。

③ 音乐片部分焊好后，可接入一个 32Ω 的小扬声器试听音乐效果。

④ 将拨动开关 $S_2$ 拨到上端，用万用表测量 $V_{IN}$（＋）端电压，同时调节 $R_6$，观察电压，应在 0~5V 之间平滑变化。

⑤ 将示波器接于 $\overline{WR}$ 端，将拨码开关 $RP_1$ 的一个开关闭合，$\overline{WR}$ 端应有启动脉冲。

⑥ 将万用表接到 $\overline{WR}$ 端，将拨码开关 $RP_1$ 全部断开，按动按键开关 $S_1$，$\overline{WR}$ 端电压应在 0~3.6V 变化。

（2）A/D 转换器的测试。

① 在以上调试全部正常后，拨码开关 $RP_1$ 全部断开，将拨动开关 $S_2$ 拨到上端，A/D 转换处于手工启动状态，按动一次按键开关 $S_1$ 产生一个启动信号，发光二极管的亮灭代表了转换后的数字信号，调整 $RP_1$，利用万用表将输入模拟电压数值调到表 10.3 所示数值，写出在不同输入模拟电压下的 A/D 转换结果。

表 10.3　不同输入模拟电压 A/D 转换结果表

| 输入模拟电压（V） | 数字信号输出 | | | | | | | |
| --- | --- | --- | --- | --- | --- | --- | --- | --- |
| | $DB_0$ | $DB_1$ | $DB_2$ | $DB_3$ | $DB_4$ | $DB_5$ | $DB_6$ | $DB_7$ |
| 0 | | | | | | | | |
| 0.5 | | | | | | | | |
| 1 | | | | | | | | |
| 1.5 | | | | | | | | |
| 2 | | | | | | | | |
| 2.5 | | | | | | | | |
| 3 | | | | | | | | |
| 3.9 | | | | | | | | |
| 4 | | | | | | | | |
| 4.5 | | | | | | | | |
| 5 | | | | | | | | |

② 将拨码开关 $SP_1$ 的其中一个闭合，此时 A/D 转换的启动脉冲由 $U_1$（MC14060）产生，将拨动开关 $S_2$ 拨到上端，平滑调节 $RP_1$，可以从发光二极管的亮灭指示当前输入信号的大小。

（3）D/A 转换电路的安装、调试和检测。焊接 D/A 转换器部分电路后，和前面的 A/D 转换电路一起连接进行实训测量。

① 将拨码开关 $SP_1$ 全部断开，将拨动开关 $S_2$ 拨到上端，A/D 转换处于手工启动状态，按动一次按键开关 $S_1$ 产生一个启动信号，发光二极管的亮灭代表了转换后的数字信号，调整 $RP_1$，结合万用表将输入电压调到下表数值，填写在不同输入电压下的 A/D 转换结果，即 $DB_0 \sim DB_7$ 的高低电平状态，同时用万用表测量 $U_{6A}$ 的输出电压，填入表 10.4，并与输入模拟电压比较。

表 10.4　不同输入模拟电压 A/D、D/A 转换结果表

| 输入模拟电压（V） | 数字信号输出 | | | | | | | | 输出模拟电压（V） |
|---|---|---|---|---|---|---|---|---|---|
| | $DB_0$ | $DB_1$ | $DB_2$ | $DB_3$ | $DB_4$ | $DB_5$ | $DB_6$ | $DB_7$ | |
| 0 | | | | | | | | | |
| 0.5 | | | | | | | | | |
| 1 | | | | | | | | | |
| 1.5 | | | | | | | | | |
| 2 | | | | | | | | | |
| 2.5 | | | | | | | | | |
| 3 | | | | | | | | | |
| 3.9 | | | | | | | | | |
| 4 | | | | | | | | | |
| 4.5 | | | | | | | | | |
| 5 | | | | | | | | | |

② 将拨码开关 $SP_1$ 的一个闭合，此时 A/D 转换的启动脉冲由 $U_1$（MC14060）产生，拨动开关 $S_2$ 拨到上端，平滑调节 $RP_1$，可以从发光二极管的亮灭指示当前输入信号的大小。同时用万用表测量 $U_{6A}$ 的输出电压，并与输入模拟电压比较是否相同。

③ 将拨码开关 $SP_1$ 的一个闭合，此时 A/D 转换的启动脉冲由 $U_1$（MC14060）产生，将拨动开关 $S_2$ 拨到下端，此时音乐片信号输入到 ADC0804 进行 A/D 转换，A/D 转换的结果又输入到 DAC0803 作为 D/A 转换器的数字输入信号，此时可从扬声器中听到音乐。

④ 验证采样公式，分别将拨码开关 $SP_1$ 的各个开关闭合，听扬声器中的音乐，可以得到如下结果：拨码开关中越靠近上端的开关闭合，采样的频率越高，音乐的失真越小，声音的质量越好；拨码开关中越靠近下端的开关闭合，采样的频率越低，音乐的失真越大，声音的质量越差；当最下端的几个开关闭合时，采样频率太低，不满足一般采样频率 $f_s$ 至少要高于信号频率中最高频率 2 倍以上的采样要求，即不满足 $f_s \geq 2f_{imax}$，根本无法还原出原声音。

想一想：是否可以用其他音源如 MP3 的输出信号作为模拟信号源？音乐 IC 有

些是用输出脉冲波的形式来产生音乐，这些脉冲波是一种模拟信号还是一种可用数字量信号？

## 10.2.4　设计 $3\frac{1}{2}$ 位直流数字电压表

### 1. 设计要求

（1）能测试 $-5V \sim +5V$ 的电压。

（2）数码管显示 $3\frac{1}{2}$ 位电压值。

（3）采用 CC14433 构成直流数字电压表。

### 2. 课题涵盖的知识点

A/D 转换电路、译码驱动电路、OC 门驱动电路、数码管扫描显示电路等。

### 3. 设计课题中部分单元电路的原理说明

（1） $3\frac{1}{2}$ 位双积分 A/D 转换器 CC14433

CC14433 是 CMOS 双积分式 $3\frac{1}{2}$ 位 A/D 转换器，它是将构成数字和模拟电路的约 7700 多个 MOS 晶体管集成在一个硅芯片上，芯片有 24 只引脚，采用双列直插式，其引脚排列与功能如图 10.13 所示。

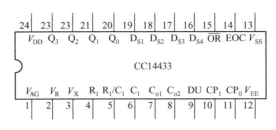

图 10.13　CC14433 引脚排列

引脚功能说明：

$V_{AG}$（1 脚）：被测电压 $V_X$ 和基准电压 $V_R$ 的参考地。

$V_R$（2 脚）：外接基准电压（2V 或 200mV）输入端。

$V_X$（3 脚）：被测电压输入端。

$R_1$（4 脚）、$R_1/C_1$（5 脚）、$C_1$（6 脚）：外接积分阻容元件端 $C_1 = 0.1\mu F$（聚酯薄膜电容器），$R_1 = 470k\Omega$（2V 量程）；$R_1 = 27k\Omega$（200mV 量程）。

$C_{01}$（7 脚）、$C_{02}$（8 脚）：外接失调补偿电容端，典型值 $0.1\mu F$。

DU（9 脚）：实时显示控制输入端。若与 EOC（14 脚）端连接，则每次 A/D 转换均显示。

$CP_1$（10 脚）、$CP_o$（11 脚）：时钟振荡外接电阻端，典型值为 $470k\Omega$。